안전관리론 (I)

Safe &
Security Management in life

정준식 · 강영숙 · 김재호 · 함우형

도서출판 진영사

안전관리론(Ⅰ)

정준식 · 강영숙 · 김재호 · 함우형

2018년 09월 14일 초판 인쇄
2018년 09월 18일 초판 발행
발행인 박 진 영
발행처 도서출판 진영사
인천광역시 부평구 갈산동 185번지 풍진빌딩 303호
전화 : 032)505-4207
팩스 : 032)505-4206
E-mail : 0183734207@hanmail.net
등록 : 122-91-77317

ISBN 978-89-6541-377-6 93350
값 17,000원

머 리 말

최첨단 사회라 할 수 있는 현대사회는 과학, 의료, 교통, 통신 등 다양한 분야의 첨단기술로 우리들에게 생활수준 향상과 많은 편익을 제공해 주었다. 그러나 한편으로는 이러한 인간의 편익과 복지를 위한 현대사회의 많은 혜택들이 오히려 일상 속에서 많은 안전위협요소로 작용하고 있음은 분명한 사실이다. 현대사회의 다양한 위협들을 미리 예방하거나 안전하게 관리하지 못하면 우리들의 생명, 신체, 재산, 국가 및 조직 등의 많은 기능수행에 큰 피해와 혼란을 가져오게 된다. 대부분의 안전관리활동은 위험을 최소한으로 줄이기 위한 활동일 뿐이지 사실 완벽한 안전관리 및 보안의 구축은 불가능하다.

현대사회의 위험은 끊임없이 변하기 때문에 안전관리도 시대나 상황에 따라 변해야 하며 안전관리에 들이는 비용과 노력이 계속 달라질 수 있음에 대해 이해하고 계획할 수 있어야 한다. 안전관리는 모든 사람의 책임이며 자신의 안전을 남이 대신해 줄 수는 없다는 것에 그 중요성을 갖고 있고, 인간은 자기가 생활하는 영역에서 안선 활동을 할 필요가 있으므로 안전의식과 수단을 더욱 강화할 필요가 있나.

우리의 귀중한 생명을 보호하고 안전을 추구하려는 노력은 국가의 제도, 정책과 함께 사회 전반적인 질서의식과 타인을 먼저 배려하는 민주시민의식, 공동체의식, 자기책임의식도 함께 성장해야 하는 것이다.

따라서 본서는 인간의 생활 속에서 발생하는 각종 사고 및 위협요소에 대한 안전관리와 안전의식 제고를 위한 기초적인 교육 자료로 사용하고자 한다.

일상생활에서 우리의 안전을 위협하는 안전위협요소가 너무나 광범위하여 본서의 내용을 구싱함에 있이서 (안전관리Ⅰ), (안전관리Ⅱ)로 구분하여 위험요인에 대한 안전관리를 일부만 다루었고 구성상 미비한 점이 많으나 앞으로 계속 노력하여 보완해 나갈 것임을 약속드린다.

그동안 학문적으로 도움을 주신 존경하는 교수님들과 이 책이 완성되기까지 늘 성의를 다하여 연구하도록 힘을 실어 주시고 훌륭한 책으로 만들어 주신 도서출판 진영사 사장님 이하 직원들께 깊은 감사의 말씀을 드린다.

2018년 08월

저자 드림

목 차

Chap. **1**

안전의 이론적 이해

1. 안전의 개요
2. Safety와 Security의 이해
3. 사고(Accident)의 개요
4. 안전교육(Safety Education)
5. 안전문화(Safety Culture)

제1장 안전의 이론적 이해

1. 안전의 개요

인간은 안전하게 삶을 영위해 나가고 싶은 욕구가 강렬하다. 그러나 생활 속에서 개인의 안전은 치안, 산업재해, 교통사고, 건강, 환경오염 등 다양한 형태로 위협받고 있다.

독일의 사회학자 볼프강 소프스키(sofsky)는 "미래 사회를 이끌어가는 주도 이념은 자유, 평등, 박애가 아니라 안전"이라고 역설하고 있다. 심리학자 매슬로우(Maslow)는 욕구 5단계론을 통해, 인간은 생리적인 욕구가 만족되면 자연스럽게 안전에 대한 욕구를 추구한다고 했고, 그렇게 안전이 확보되면 그제야 비로소 자신의 소속감·사랑에 대한 욕구 → 존중욕구 → 자아실현욕구가 순차적으로 나타난다고 했다.

안전은 단순히 재난이나 사고를 피하는 소극적인 개념이 아니라 사람들이 무언가를 선택할 때 중요하게 고려하는 요소이다. 즉, 안전은 삶의 질을 가늠하는 중요한 축으로 개인은 물론 조직, 사회 및 국가의 품격과 가치를 높이는 경쟁력이다. 그렇기 때문에 개인은 물론 우리사회가 안전교육 및 안전문화에 대한 가치와 그 중요성에 대해 더욱 중요한 가치로 여기고 공론화해야 하는 이유다.[1)]

1) 안전의 개념

일반적으로 안전(Safe, Safety)의 사전적 의미는 "편안하여 위험이 없음, 탈이 없음"이다. 안전(安全)의 동양적 의미는 安이 (갓머리 部)+ 女로서 여자가 집에 있다는 뜻으로 정서적인 안정을 뜻하며, 全은 八 + 王으로 나라의 위계질서를 상징하는 王이 궁궐에 앉아 위엄을 갖추고 있는 상태로서 질서가 유지되는 것을 뜻한다.

1) 출처: http://www.sportnest.kr/784 [스포츠둥지]

일반적으로 안전의 의미는 고통 또는 고통의 위험이나 사고로부터 자유로운 상태를 지칭하며, 사고의 가능성과 위험을 제거할 목적으로 하는 인간의 행동의 변화와 물리적 환경의 설계에서 발생한 상황 또는 상태를 말한다(이재영, 1992).

또한 안전이라는 의미는 재난이나 위험이 상존하지 않는 것을 의미할 뿐만 아니라 인간이 위해를 받거나 또는 받을 걱정이 없는 것, 사물이 손해나 또는 그 우려가 없는 것을 말하는 것이다.

넓은 의미에서 안전은 삶의 전부이며, 좁은 의미에서 안전은 사고를 방지하는 것을 포함하는 신체적 삶의 전부이며, 생활 중에 일어나기 쉬운 신체적 위험을 미연에 방지하고 생명을 위험으로부터 보호하여 생명의 존엄성을 확보하는데 있다고 한다.

가정에서 안전은 우리가 일상생활에서 접하는 모든 위험으로 부터 방지하고자 하는 것이며, 기업에서 안전 목표가 달성되었다는 것은 사람 · 재료설비나 제품도 손해, 손상을 받지 않으며 또 앞으로도 받을 우려가 없는 상태로 잘 관리되고 있는 이상적 상태를 뜻하는 것이다.

따라서 안전은 인간의 정신적 · 육체적 위험의 가능성을 없애고 사고 및 위험 여건을 제거하는 것을 목적으로 하는 인간의 내 · 외면적 행동(이성, 이념, 물리적 상태 등)에서 발생하는 상태를 뜻하는 것이다.

2. Safety와 Security의 이해

우리가 일반적으로 안전이라고 할 때 사용하는 영어는 "Safety"와 "Security"가 있는데 이 두 단어는 포괄적인 안전의 의미로 쓰이며 동의어로 쓰이기도 하지만 이 두 개의 단어를 세부적으로 구분하면 다른 개념적 특성이 있다.

1) Security와 Safety의 개념적 특성[2)]

Security는 안보(安保) 또는 보안(保安)이라는 의미로 무언가 안전(Safety)하지 않

2) 변상호, 안전의 개념과 특성에 따른 그 관리적 성향의 차이에 관한 이해, 2014년 겨울호, 소방안전지, 소방안전협회. http://blog.daum.net/noelson/16637463.

은 것을 안전(secure)하도록 보호해애 함을 뜻한다(Charles G Oakes, 2012)[3]. 즉 Security는 인간의 악의적인 행동으로 인한 피해를 예방하고 감소시키고 적절히 대응하는 것이며, 반면에 Safety는 안전사고, 인적재난, 자연재해와 같은 우발적 피해를 예방하고 감소시키기 위해 적절히 대응하는 것으로 구분할 수 있다. 〈표 1-1〉과 같이 Security는 피해의 원인이 인간의 악의적이고 고의적인 행위의 결과로 인한 것이라는 점에서 사람들의 뜻과 상관없이 우발적인 사고로부터 자신의 보호라는 Safety의 개념과는 구분할 수 있다.

〈표 1-1〉 Safety와 Security의 일반적 개념[4]

구 분	Security	Safety
대상유형	인간의 의도적인 적대행위 - 침략, 테러, 간첩, 범죄행위	인간의 의사에 반한 사고 - 안전사고, 인적재난, 자연재해
대응방식	침략·침입·적대행위에 대한 방어	관리부실 및 개인과실 방지
책임소재	거시적: 국가, 정부 미시적: 개인, 단체	개인우선→단체→정부 (*정부는 사회공공안전의 보호 책임)
정부역할	적대행위 방어, 대처, 처벌	안전관리, 안전교육, 지도, 계몽 부실관리 규제, 유사 시 구조 대응

*자료: 변상호(2014), 전게서, p.113

Security는 침략, 테러, 간첩, 범죄행위와 관련 된 국방, 치안, 정보 등의 분야로서 국가적 안보(National Security)는 인간의 고의적인 적대행위로 인한 위협으로 인한 국가적 위기상황에서 국가적인 거시적 가치를 보호하기 위한 것이다. 따라서 고의적인 위협이나 적대행위를 방어하는 거시적인 안보 및 보안을 지키는 책임은 우선적으로 공권력을 가진 국가에 있다. 또한 정부는 절도, 폭행 등 미시적인 위협으로부터 대처하고 범법자를 체포하여 처벌하는 일을 하지만 위해행위에 대하여 보안은 개인에게도 책임이 따른다. 그러나 개인의 자기방어 대비책은 법테두리 안에서 극히 제한적이기 때문에 개인들은 자신의 생명과 재산 등의 보호

3) Oakes, Charles G, (2012), Safety versus Security in Fire Protection Planning, The American Institute of Architects; Knowledge Communities, May 2009, Retrieved on June 22, 2011.

4) 변상호(2014), 「재난과 재난관리정책의 재해석에 기반한 '재난대응 수행원칙'의 도출과 검증」, 한국행정학보(제48권 제2호), p.113.

와 안전화보를 위해선 정부의 Security기능에 더욱 의존적일 수밖에 없다.

반면에 화재사고, 교통사고, 산업재해 등과 같은 개인적인 과실이나 시스템의 고장, 노후 및 불량, 관리부실 등 사람들의 비의도적인 문제로 인하여 신체적, 재산적 피해가 발생하는 위험(Hazard)으로부터 미시적인 가치의 보호를 뜻하는 안전(Safety)은 개인적 책임이 가장 우선 시 된다. 정부는 사회공공안전의 보호책임을 수행하기 위하여 개인 또는 기업이 안전(Safety)을 잘 관리하고 있는지를 점검하고 부실관리의 규제를 통하여 안전관리를 지도해야 한다. 아울러 사람들이 위험으로부터 자신의 안전(Safety)을 보호할 수 있도록 안전체험, 안전상식 등의 학습을 쌓도록 지도하고 계몽할 수 있다. 또한 개인 또는 기업의 대처능력을 벗어난 인적사고, 자연재해 등 대형재난에 대비하여 국가차원의 안전관리(National Safety)를 위하여 정부 또는 지방자치단체는 사람들의 생명과 재산을 보호해 줄 수 있는 구조대, 소방대 등과 같이 만약의 사태에 대비할 수 있는 정부의 역할과 장치가 충분히 준비되어 있어야 한다.

2) Security와 Safety의 관리의 성향적 구분

〈표 1-2〉 Safety와 Security의 관리적 성향 구분[5)]

구 분	Security	Safety
관련조직	군 · 경찰 · 검찰 · 정보 · 교도 등 -안보 및 보안기관	소방 · 방재 · 교통(자동차, 항공기, 선박)산업 · 전기 · 가스 · 식품위생 · 환경 · 보건 등 -안전관리기관
조직특성	관료화, 계층화 등 기계적	전문화, 학습화, 분권화 등 유기적
정보유통	폐쇄적, 제한적, 비밀유지	공개적, 확산적, 학습강조
리더십 유형	명령, 지시 등 권위적	지원, 참여, 위임 등 합리적
의사소통 경향	수직적, 일방적	수평적, 쌍방적
관리방법	침입방지, 시건, 보안, 통제 (공격, 방어무기배치, 처벌)	개방, 보호, 안내, 지도 (예방점검, 보수, 대비, 규제)

*자료: 변상호(2014), 전게서, p.113.

5) 변상호(2014), 전게서, p.113.

3. 사고(Accident)의 개요

1) 사고의 개념

안전과 더불어 항상 존재의미를 가지는 사고는 인간에게는 위험의 상태로 인해서 육체부분, 사고, 이상, 정신, 정서, 재산 등 많은 부분에서 심각한 결과를 초래하게 된다.

일반적으로 논하는 법적 한계의 사고는 미국안전회의(National Safety Council)에서 정의한 '인간을 사망·손상케 하거나 재산에 손실을 주는 예측치 못한 사건'이라고 기술하였고, 세계보건기구(WHO)는 '첫눈으로 보고 그것을 상해라고 알 수 있는 예기치 못한 사건'이라고 정의하였다. 그러나 이 두 정의에서는 육안으로 보는 것, 인체의 사망과 손상 및 재산의 손실만을 주로 의미하고 있기 때문에 정신적 질환의 유발, 심리적 이상상태 및 눈으로 식별할 수 없는 체내의 문제 등은 찾아 볼 수 없기 때문에 올바른 정의라고는 할 수 없다.

즉 사고는 동상, 화상, 정신이상, 신체, 그리고 그 인생이 지향하는 삶의 목표달성에 저해 요인이 되는 병질의 것이나 외상 등을 막론하고 말할 수 있는 것이다.

따라서 사고는 그 타고난 체질과 정기, 정서와 이념을 통해 추구하는 목표달성을 저해하는 인간의 내면세계와 외면상의 모든 손실을 망라한다고 정의할 수 있다.

전통적으로 안선을 위하여 다음과 같은 2가지 방법으로 사고를 다루어 왔다.

○ 사고방지책(accident prevention):

예기치 않게 발생하는 사고요소들을 제거하는 방법이며, 예를 들면 가정에서 화재위험에 대해 조절하는 것으로, 전기소켓이 지나치게 과열되지 않도록 하는 것, 창고에 화재잠재성 물질들을 미리 적절하게 집밖에 저장하는 것 등을 말한다.

○ 사고의 감소(accident mitigation):

예기치 않은 사건에 의해 초래되는 손해를 줄 이는 방법의 개발을 말하며 가정에서 화재소화기, 연탄가스탐지기 등을 설치하며 유사 시 탈출계획을 수립하는 것들을 포함한다. 사고감소를 위한 노력은 사고요소를 막는 것이 아니라 그 요소를 조절해서 안전한 결과를 갖게 하는 것이다.[6]

2) 사고의 분류

(1) 인적사고와 물적사고

① 인적사고 :

사고의 발생이 직접 사람에 상해를 입히는 것으로 이것을 사람의 동작에 의한 사고, 물건의 운동에 의한 사고, 접촉 흡수에 의한 사고의 3종류로 분류할 수 있으며 전도(넘어짐, 미끄러짐, 발걸림 등), 추락(떨어짐), 충돌(부딪히는 경우), 협착(狹窄: 틈새에 끼임, 말려들음), 격돌(激突 : 비래물(飛來物)이나 회전체가 부딪히는 경우), 압중(壓重 : 중량물이나 낙하물 밑에 깔리는 경우), 감전, 중독(中毒),질식 등

② 물적사고 :

간접적으로 사람의 상해에 관련되는 것이 많지만, 가령 상해가 일어나지 않아도 사고로 취급해야 하는 것도 있다.

물적사고는 결과로서 생산설비시설 등의 파괴, 소괴(燒壞), 오손(汚損) 등의 손실을 초래하여 생산정지라는 큰 경제적 손실을 초래한다. 물적사고의 분류는 폭발, 화재, 파괴, 분출(噴出), 누설, 절단, 비산, 낙하, 붕괴, 도괴(倒壞), 부식, 탈선, 누전, 정전, 기타.

이와 같은 물적사고 또는 인적사고는 우연히 발생하는 경우가 없다. 사고의 발생에는 반드시 원인이 있고, 그 원인을 제거함에 따라 사고의 발생을 방지할 수 있는 것이다. 사고의 개념을 피해와 명료하게 구분해서 생각한다면 피해의 발생은 우연에 의한 것이며 사고의 발생은 우연한 것이 아니고 확실한 원인에 의해서 발생하는 것이다. 따라서 사고의 발생을 예측한다면 그에 대한 방지대책도 사전에 제시가 가능한 것이다.

---

6) 권봉안 . 정순광, "청소년 수련원의 실태조사를 통한 안전교육 필요성의 고찰", 「청소년 안전교육 실천 방법모색」, 2001년도 하계학술세미나, 2001, pp.52~53.

(2) 자연적 재해와 인위적 재해

① 자연적 재해

천재(天災)라 불리는 재해로 미연에 방지하는 것이 불가능하므로 되도록 빨리 예견하여 피해를 최소한으로 줄이는 대책을 수립해야 한다.

– 지진, 태풍, 홍수, 번개, 이상기온, 가뭄, 적설, 동결 등

② 인위적 재해

인재는 대부분 인간의 과실이나 부주의로 인해 발생하며 예방이 가능하다.

○ 공장재해 : 공장, 사업장, 연구소 등의 화재 및 폭발, 노동상해, 공업중독, 직업병, 기기장치 고장 또는 파괴, 공장의 공해 등

○ 광산재해 : 광산의 낙반재해, 갱내 화재, 가스폭발 및 중독, 탄진(炭塵)폭발, 석탄 자연발화, 광해(鑛害) 등

○ 교통재해 : 차량충돌, 탈선 및 전복, 위험물의 수송사고 등

○ 항공재해 : 항공기 추락 및 폭발 등

○ 선박재해(해난) : 선박화재, 폭발, 충돌, 침몰, 좌초, 표류사고 등

○ 도시화재 : 도시의 주택, 점포 등 건물의 화재 및 소화활동에 따른 파괴와 손해

○ 도시공해 : 도시가정의 난방, 지동차 소음 및 배기, 생활하수구 등에 의한 환경오염 등

○ 가정재해 : 가정생활에 따른 중독, 질식, 추락 등

○ 공공재해(군중재해) : 특정장소에 모여 있는 군중에 의한 재해[7)]

3) 안전사고

안전사고란 안전 교육의 미비 또는 부주의로 일어나는 사고를 말하며, 고의성이 없는 어떤 불안전한 행동이나 상태가 선행되어 작업에 지장을 주거나 작업능

---

7) 김용수 · 김창은 · 심종칠, 『안전공학론』, 한올출판사, 1998, pp.41~44.

률을 저하시키며, 직접 또는 간접적으로 인명이나 재산의 손실을 가져올 수 있는 사건을 말한다.

(1) 안전사고 분류

① **인적사고 :** 사고발생이 직접 사람에게 상해를 주는 것

가) 사람의 동작에 의한 사고 : 추락, 충돌, 협착, 전도, 무리한 동작 등
나) 물체의 운동에 의한 사고 : 위험물 낙하, 비래, 토사나 구조물 붕괴 등
다) 접촉, 흡수에 의한 사고 : 감전, 이상온도 접촉, 유해물 접촉 등

② **물적사고 :** 상해는 발생되지 않더라도 경제적 손실을 초래한 사고

– 화재, 폭발, 파열 등

(2) 안전사고 발생원인

〈표 1-4〉 사고의 직접적 원인

불안전한 행동(인적 요인)	불안전한 상태(물적 요인)
위험 장소 접근	물체 자체의 결함
안전장치의 기능 제거	안전 방호 장치 결함
복장 · 보호구의 잘못 사용	복장 · 보호구의 결함
기계 · 기구의 잘못 사용	물체의 배치 및 작업 장소 결함
운전 중인 기계장치의 손질	작업 환경의 결함
불안전한 속도 조작 및 위험물 취급 부주의	생산 공정의 결함
불안전한 상태 방치, 불안전한 자세 및 동작	경계 표시 · 설비의 결함, 기타

〈표 1-5〉 사고의 간접 원인

기술적 원인	교육적 원인	관리상 원인
건물 · 기계 장치 설계 불량	안전 의식의 부족	안전 관리 조직 결함
구조 · 재료의 부적합	안전 수칙의 오해	안전 수칙 미 제정
생산 공정의 부적당	경험 · 훈련의 미숙	작업준비 불충분
점검 · 정비 보존 불량	작업 방법의 교육 불충분 유해 위험 작업의 교육 불충분	인원배치 부적당 작업지시 부적당

① **인적 요인**

*심리적 요인 : 망각, 고민, 집착, 판단 착오 등

*생리적 요인 : 피로 누적, 수면 부족, 신체 기능 저하, 고령 등

*환경적 요인 : 직장 내 대인 관계, 리더십 결여, 팀워크 결여 등

② **설비 요인** : 기계 설비 결함, 정비 및 점검 미흡

③ **작업적 요인** : 작업정보 및 방법의 부적절, 작업공간 부족, 작업환경 부적합 등

④ **관리적 요인** : 안전관리 및 교육 · 훈련부족, 적성배치불충분, 건강관리 불량 등

4) 하인리히법칙(Heinrich's Law: 1:29:300)

하인리히 법칙(Heinrich's Law)이란 사고원인의 상관성에 대한 법칙으로 요약적으로 말한다면, 대형사고가 발생하기 전에 그와 관련된 수많은 경미한 사고와 징후들이 반드시 존재한다는 것을 밝힌 법칙이다.

큰 사고는 우연히 또는 어느 순간 갑작스럽게 발생하는 것이 아니라 그 이전에 반드시 경미한 사고들이 반복되는 과정 속에서 발생한다는 것을 실증적으로 밝힌 것으로, 큰 사고가 일어나기 전 일정 기간 동안 여러 번의 경고성 징후와 전조들이 있다는 사실을 입증하였다. 다시 말하면 큰 재해는 항상 사소한 것들을

방치할 때 발생한다는 것이다.

1931년 허버트 윌리엄 하인리히(Herbert William Heinrich)가 펴낸 「산업재해 예방 : 과학적 접근 Industrial Accident Prevention : A Scientific Approach」이라는 책에서 소개된 법칙이다. 이 책이 출간되었을 당시 미국의 트래블러스 보험사(Travelers Insurance Company)라는 노재보험회사(勞災保險會社)의 부장을 하고 있던 H. W. 하인리히가 사고(事故)·재해(災害)에 대한 자료에서 철저한 조사를 수행한 데이터에서 확립한 법칙으로. 즉, 큰 사고의 이면에는 중간 사고가 29건, 사소한 작은 사고가 300건 발생하고 있다고 하는 법칙으로, 운전사고(運轉事故)에도 적용된다고 한다.

〈표 1-6〉 하인리히 법칙

1	29	300
중대사고 (Major incident)	경미사고 (Miner incident)	사소한 사고 및 전조 (Near misses)

업무 성격상 수많은 사고 통계를 접했던 하인리히는 산업재해 사례 분석을 통해 하나의 통계적 법칙을 발견하였다. 그것은 바로 산업재해가 발생하여 중상자가 1명 나오면 그 전에 같은 원인으로 발생한 경상자가 29명, 같은 원인으로 부상을 당할 이라고도 부른다. 즉 큰 재해와 작은 재해 그리고 사소한 사고의 발생 비율이 1:29:300이라는 것이다. 즉, 큰 사고의 대책만이 아니라 부각되지 않는 중간 사고(中事故)·작은 사고(小事故)에 대한 해석도 필요로 한다.

사소한 문제가 발생하였을 때 이를 면밀히 살펴 그 원인을 파악하고 잘못된 점을 시정하면 대형 사고나 실패를 방지할 수 있지만, 징후가 있음에도 이를 무시하고 방치하면 돌이킬 수 없는 대형사고로 번질 수 있다는 것을 경고한다.

하인리히 법칙은 노동현장에서의 재해뿐만 아니라 각종 사고나 재난, 또는 사회적·경제적·개인적 위기나 실패와 관련된 법칙으로 확장되어 해석되고 있다.[8)]

8) 네이버백과사전, http://100.naver.com/100.nhn?docid=927751(검색일: 2012.01.10)

4. 안전교육(Safety Education)

1) 안전교육의 개념

교육은 일반적으로 '인간이 삶을 영위하는데 필요한 지식, 의식, 태도 및 행위를 가르치고 배우는 과정이며 수단이라고 정의된다. 인간형성의 과정이며 사회개조의 수단이다.

교육을 통해 인간은 선천적인 힘이 자발적, 창조적으로 개발되기도 하며 후천적으로 계획된 목표나 방향의 가능성에 장애가 되는 것을 억제해준다.

합리성, 능률성, 자동성, 편리성들을 추구하는 현대 사회에서의 특성은 불가피하게 교통사고, 안전사고, 공해 사고 등을 유발하게 되며, 본의 아니게 고귀한 생명을 희생시키거나 상해를 입게 한다. 따라서 안전 교육이란 최대의 노력을 다해서 이러한 희생을 줄이기 위한 예방적인 목적을 갖는다. 예방적인 의미를 강조하는 관점에서 안전 교육의 개념을 살펴보면 다음과 같다.

안전 교육이란 일반적으로 안전을 위협하는 여러 요소로부터 건강한 생활을 유지하기 위한 적극적인 방법으로서 사고의 위험을 사전에 방지하여 사고율을 줄이고, 사고에 대한 대책을 마련하여 그 피해를 줄이기 위한 방법을 주된 내용으로 하는 교육을 의미한다. 즉, 안전에 대한 바람직한 행동의 변화와 태도 및 능력을 기르는 것을 목표로 하는 교육으로 정의할 수 있다.

안전교육이란 평소의 생활을 통하여 신체적 부상이나 때로는 생명을 위협할 수도 있는 모든 요인을 미리 알려주고 사전에 예방하게 함으로써 한사람의 생명도 잃지 않고, 한사람도 다치는 일이 없도록 하는 교육이다.

이러한 예방적인 개념과 함께 안전 교육을 실시하기 위한 경험 내용을 포함시킨 정의를 살펴보면 다음과 같다.

안전교육이란 상해, 사망 또는 재산의 피해를 일으키는 불의의 사고를 예방하는 것으로서 안전행동에 기여하는 습관, 기능, 태도 및 지식에 긍정적으로 영향을 미치는 경험의 총체(한국교육개발원, 1995)이다. 즉, 안전 교육에는 안전을 위해 필요한 사항을 이해시키는 지식의 교육, 위험요소를 예측하고 미리 예방하거나 신중히 행동하는 태도의 교육, 안전하게 행동할 수 있는 기능의 교육이 함께 포함되는 교육이라고 할 수 있다.

Worick는 안전교육(Safe Education)의 개념을 흔히 상해, 사망 또는 재산피해를 불러일으키는 불의의 사고를 예방하는 것이라고 하였다. 안전교육은 교육이라는 수단을 통하여 일상생활에서 개인 및 집단의 안전에 필요한 지식, 기능, 태도 등을 이해시키고 자신과 타인의 생명을 존중하며, 안전한 생활을 영위할 수 있는 습관을 형성시키는 것이다. 즉, 개인과 집단의 안전성을 최고로 발달시키는 교육이며 근본적으로는 인간생명의 존엄성을 인식시키는 것이다.

여기서 Florio의 정의를 기초로 안전교육을 세분화하면 다음과 같다.

첫째, 안전교육은 일상생활 전 영역에서 안전을 위해 필요한 사항 등에 관해서 이해시키고, 안전의 규칙을 지키며, 안전하게 행동할 수 있는 능력을 기르는 것이다.

둘째, 일상생활 속에 잠재해 있는 위험을 예측해서 항상 안전상의 위험을 확인하고, 정확한 판단으로 안전하게 행동할 수 있는 태도와 능력을 기르는 것이다.

셋째, 자신이나 타인의 안전생활을 존중하고 학교, 가정, 지역사회 등에서 안전하게 역할을 수행할 수 있는 태도와 능력을 기르는 것이다.

즉 안전교육은 일상생활에서 일어나는 사고를 미연에 방지하고, 불의의 재해나 돌발적인 사태가 발생했을 때에는 생명을 지키기 위해서 취해야 할 심신 양면의 행동을 지도할 목적으로 실시하는 교육이며,[9] 재해나 사고를 방지하고 안전을 목적으로 행하는 교육. 즉, 재해나 사고의 예방 및 그 피해를 최소한으로 줄일 수 있도록 신체 상해나 건강장애의 원인·예방·위험의 제거 등에 관한 지도, 안전에 대한 지적(知的)이해와 지도를 통하여 실천 능력을 높일 것을 목적으로 한다.

학교에서는 교통안전, 환경 안전, 재해에 대한 안전훈련, 사고의 처치에 관한 내용을 다룬다. 그 밖에 가정에서의 안전 교육, 직장 지역에서의 안전 교육 등이 있으며 기계적 장애, 전기·약품·가스·화재 따위에 의한 장애 등 안전을 위협하는 모든 것에 대한 안전 교육을 생각할 수 있다. 재해와 사고를 미연에 방지하고 피해를 최소한으로 막기 위하여 체육 운동을 통해서 민첩성이 뛰어난 강인한 체력 단련을 해 두는 것도 바람직한 안전 교육의 하나이다.[10]

9) 네이버백과사전 http://100.naver.com/100.nhn?docid=106968(검색일:2012.01.07)

안전사고는 가정, 교육기관, 기타 우리의 생활환경 어느 곳이라도 안전하지 못하거나 부모나 교사의 안전 지도가 소홀할 때 일어날 수 있다. 따라서 이러한 우발사고는 질병과 마찬가지로 예측 가능한 범위 안에서 발생하며 성인의 철저한 사전대책이나 감독에 의해 관리될 수 있다는 특징이 있다.

우발적인 사고를 예방하기 위한 방법은 크게 두 가지로 사고가 일어날 수 있는 환경적 요인을 개선하는 것과 사고를 유발할 수 있는 인간의 행동을 교육을 통해 변화시키는 것이다.

따라서 각종 사고를 방지하기 위해서는 안전시설과 설비를 완비하는 일 뿐만 아니라 사고에 대한 부모나 교사의 올바른 인식이 중요하다. 그러나 무엇보다도 중요한 것은 사고에 대한 유아 자신의 바른 인식과 이를 예방하기 위한 철저한 안전교육 일 것이다. 교육을 통해 얻어진 지식이나 태도는 단순한 지시나 감독에 의한 것보다 영구적인 효과를 갖게 되므로 특히 유아나 학생들을 대상으로 한 안전교육은 매우 중요하다.

사고 예방을 위한 안전교육은 어렸을 때부터 시작하는 것이 효과적이므로 안전에 관한 올바른 지식과 태도를 유아기부터 확립시킴으로써 위험 예지 능력 및 이에 대처할 수 있는 능력과 태도를 길러 주어야 할 것이다.

2) 안전교육의 유형

(1) 지식교육

- 재해발생의 원리를 통한 안전의식 향상
- 작업에 필요한 안전규정 및 기준 습득

(2) 기능교육

- 안전작업 기능 향상
- 위험 예측 및 방호장치 관리 기능

10) 네이버지식사전, http://terms.naver.com/entry.nhn?docId=451766(검색일:2012.01.07)

(3) 태도교육

- 표준작업방법 습관화
- 지시전달 확인 등 태도의 습관화

3) 안전교육의 원리[11)]

안전교육의 원리는 다음과 같이 크게 네 가지로 분류하여 생각해 볼 수 있다.

〈표 1-7〉 안전교육의 원리

일회성의 원리	단1회의 교육일지라도 실시 여부에 따라 생존과 사망을 결정할 수 있는 특성
지역적 특수성의 원리	지형, 산업, 인구구조 등 지역적 특수성을 고려한 교육 실시
인성교육의 원리	인격에 관한 교육, 타인의 생명을 존중하고 복지에 관심
실천의 원리	교육을 통하여 안전태도 및 습관 형성, 잠재적인 위험상황을 예측할 수 있고 올바른 대처능력 및 기술 습득

(1) 일회성의 원리

모근 교육에서는 직접 경험을 하는 것이 교육의 효과가 가장 높으나 안전과 관련 된 사고(Accident)는 직접 경험할 수 있는 것이 아니므로 안전교육은 시행착오로 는 배울 수 없는 지식이다. 그러나 안전사고와 관련하여 단 1회의 교육이라도 그 실시 여부에 따라 생존과 사망을 결정할 수 있는 특성이 있다.

(2) 지역적 특수성의 원리

안전교육은 지형, 산업, 인구구조 등 지역적 특수성을 고려하여 그 지역에 맞

11) 국민안전처, 생애주기별 안전교육길잡이 지도서 제1권, p.9.

는 교육을 실시하여야 한다. 예를 들면 해변 지역에서는 수상안전을, 복잡한 교통구조를 가진 도심에서는 그 환경에 맞는 교통안전을 강조하여 실시할 수 있다.

(3) 인성교육의 원리

안전교육은 자신의 생명 및 안전뿐만 아니라 타인의 생명과 안전도 존중할 수 있도록 해야 하는 교육으로 스스로 및 타인을 존중하고 타인의 안녕과 복지에도 관심을 갖도록 하는 인격에 관한 교육이며 인성교육이 수반되어야 한다.

(4) 실천의 원리

안전교육은 지식의 전달 뿐만 아니라 이를 통하여 안전태도, 안전에 필수적인 습관을 형성할 수 있어야 한다. 또한 안전지식과 태도를 바탕으로 잠재적인 위험상황을 예측할 수 있고 올바른 대처기술을 습득할 수 있도록 하는 실천교육이 반드시 수반되어야 한다.

4) 안전조치

우리 일상생활 중에서 안전의 목적을 달성하기 위해 접근하는 방법으로서 가장 바람직한 것은 어러 가지 형태로 존재하는 위험들을 근원적으로 제거해 주는 것이다.

그러나 이들 위험은 대부분 여러 가지의 형태로 존재하고 있어서 이것들을 근원적으로 제거하는 것은 쉽지가 않다. 따라서 근원적으로 위험을 제거하는 것이 곤란한 경우에는 이러한 위험이 전재함으로써 사고가 발생할 가능성이 어느 정도인가를 예측하여 어떠한 방법으로 이 사고의 위험성을 감소시킬 것인가 하는 것이 중요한 관점으로 대두된다. 사고발생의 가중성인 위험성이 감소되면 상대적으로 안전성이 증가하기 때문에 그만큼 사고방지와 재해예방의 효과를 얻을 수 있게 되는 것이다.

(1) 근원적 안전조치

이것은 위험에너지의 양을 위험하지 않은 정도로만 사용하든가 또는 위험원을 구조적·성능적으로 변형 또는 대체하여서 처음부터 위험하지 않도록 해 주는 조치로서, System을 설계하는 과정에서 Fail Safe와 Fool Proof의 개념이 기본적으로 포함되도록 안전설계를 하는 조치라 할 수 있다. 인간의 불안전한 행동이 어느 정도 존재하더라도 설비측면에서 근원적으로 안전을 어느 정도 유지해 주기 때문에, 안전에서는 가장 바람직한 안전조치로 보고 있고 또 적극 권장하고 있는 조치이다. 그러나 이 조치는 많은 설비투자를 요구하는 부담이 있다.

(2) 방호적 안전조치

근원적인 안전조치가 매우 곤란할 때, 그 다음으로 취할 수 있는 안전조치이다. 이것은 위험에너지에 대해서 격리와 차단의 기본개념으로 접근하는 방법이다. 이것은 위험에너지가 노출되는 부분을 덮개로 덮거나 , 가-드, 울타리 등으로 막아서 작업자나 다른 기계·설비가 서로 접촉하지 못하도록 하거나 또는 안전장치를 부착하여 에너지의 상태가 위험한 상황으로 되는 것이 감지되면 기계·설비나 공정이 정지하도록 하여 안전을 유지하는 방법 등을 말하며 현재 우리나라의 각종 작업현장에서 널리 활용되고 있는 안전조치이다. 그러나 방호적 조치의 결점은 기계나 설비를 수리정비하기 위해 이러한 방호조치를 자주 탈착하는 경우, 작업이 끝난 후 다시 조립하는 것을 생략하여 위험을 그대로 노출시키는 경우가 많다는 점이다. 따라서 안전점검을 실시할 때에는 바로 이러한 부분들을 철저히 점검하는 것이 필요하다.

(3) 보호적 안전조치

위의 두 가지 조치가 모두 곤란할 경우, 마지막으로 취할 수 있는 안전조치는 보호적인 안전조치로서, 이것은 작업자에게 각종 보호장구를 착용하도록 하는 것이다. 그러나 보호장구의 착용은 습관이 들이지 않은 사람에게는 상당히 불편을 주기 때문에 보호장구를 착용하고 작업을 하거나 활동을 한다는 것은 습관이 들

때까지의 상당한 노력이 없이는 어려운 일이다. 따라서 가능한 보호장구가 필요없는 작업장을 만들기 위해 노력하여야 하며, 이러한 노력으로도 도저히 해결할 수 없어 보호장구를 착용할 수밖에 없는 상황이 되면 모든 가능한 방법을 총동원하여 작업자들이 보호장구를 착용하고 작업에 임하도록 하여야 한다.

(4) 표시적 안전조치

위의 세 가지의 안전조치는 위험도를 낮출 수 있는 직접적인 안전조치이지만, 이와는 달리 위험을 직접 통제하지는 않지만 이에 못지않은 중요한 안전조치가 있는데 그것은 다름 아닌 간접적인 안전조치로서의 표시적 안전조치이다. 위험을 확인하기 어려운 장소나 착각하기 쉬운 곳, 또는 발견 된 위험이 당분간 방치될 수밖에 없는 상황이 전개되었을 때에는 이에 대한 위험을 다른 사람에게 알릴 수 있도록 하는 안전표지나 경고표지를 설치한다. 사람은 자신을 보호하려는 자기방어 본능이 있기 때문에 위험이 있다는 것을 알려만 주어도 바로 안전한 행동을 하려고 한다.

안전표지 및 경고표지에는 위험에 대한 표지뿐만 아니라 주의, 지시, 안내 등의 표지도 있으며, 이러한 각종 표지들은 안전교육의 역할을 대신할 수도 있는 중요한 의미를 함께 가지고 있다. 그러나 이러한 안전표지는 시간이 시나면 그 효과가 떨어져 버리기 때문에, 그 이전에 위험자체를 통제하는 직접적인 안전조치를 반드시 강구해야 한다.[12)]

5. 안전문화(Safety Culture)

우리나라는 1960년대 이후 경제개발 정책을 추진하여 한강의 기적이라고 불리는 눈부신 경제성장을 이룩하였다. 그러나 성장우선주의 정책과정에서 안전비용은 무시되기 일쑤였다. 즉, 눈앞의 성과에만 급급한 나머지 안전은 뒷전으로 밀리고 "빨리빨리"란 말이 우리나라를 상징하는 말처럼 되어버렸을 정도로 우리

---

12) 김두현 · 김상철, 「생활과 안전」, 도서출판 동화기술, 2003, pp.16~17.

국민들 사이에는 조급증이 널리 유포되었다.

그 결과 성수대교와 삼풍백화점 붕괴, 경기 화성 씨랜드 등을 비롯하여 최근 몇 년 사이 태안 해병대 캠프사고, 세월호 침몰사고, 마우나 리조트 붕괴사고 등 소중한 목숨을 앗아간 안타까운 참사는 대부분 후진국형 안전사고로서 엄청난 사회적 비용이 지불되었다. 즉 우리나라에서는 1995년 이전까지는 안전문화에 대한 인식 부족과 민간주도의 비체계적인 활동만을 펼쳤으나, 사회 곳곳의 다양한 대형안전사고. 붕괴사고 발생이후, 안전에 대한 국민의 관심이 고조되면서 정부 주도의 안전관련 법령이 제정되고 효율적인 협력체제 구축을 위한 노력 등이 시작되었다.

최근 대형사고의 재발방지대책에는 반드시라고 말할 정도로 '안전문화의 조성'이라는 말이 자주 거론된다. 안전문화는 최고경영자부터 제일선까지 공공조직이나 기업 전체의 행동원리로 확립해 가는 것이라고 한다.

'안전문화'라는 말이 일반적으로 사용되기 시작한 것은 1986년 체르노빌 원자력 발전소 사고 직후에 개최된 국제원자력안전자문위원회의 회의에서 원자력발전소의 대형사고를 방지하기 위해서는 '안전문화의 고양'이 가장 중요하다고 결론 내렸을 때부터라고 말해지고 있다.

그 후 ILO는 1997년에 지속가능하고 공평한 성장을 위해서는 세계에서 합의한 기술, 품질기준, 관리 등을 조화한 '안전문화'가 필요하다고 표명하였고, 또 ILO-OSHMS 가이드라인 인사말에서도 안전문화의 용어를 사용한 바 있다.[13)]

안전문화라는 용어는 1986년 소련 체르노빌 원자력 누출사고에 따른 원자력안전자문단(INSAG)의 보고서(Post Accident Review Meeting on the Cher Accident)에서 처음 사용되었다. 국제원자력자문단은 안전문화의 의미를 "조직과 개인의 자세와 품성이 결집된 것으로 모든 개인의 헌신과 책임이 요구되는 것이다." 라고 했으며, CCPS(미국화학공업협회)에서는 "공정안전관리를 정확히 실시하기 위해 모든 구성원이 공동으로 안전의식을 가지고 참여하는 것이다." 라고 하였다. 즉 개인과 조직의 안전에 관한 자세와 의식, 규제의 필요성에 따른 행동의 일원화가 필요한 차원에서 의미를 부여하고 있다. 이들이 내세우는 안전문화지침으로는 첫

13) 안전저널(http://www.anjunj.com)

째, 본질적으로 의문을 제기하는 자세를 가져야 하고, 둘째, 자만의 방지와 최상에 대한 의지를 가져야 하며, 셋째, 책임의식과 조직의 규제능력 함양이다.

안전문화란 안전제일의 가치관이 모든 활동 속에서 의식 관행이 안전으로 체질화되고 또한, 인간의 존엄성과 가치의 구체적 실현을 위한 행동양식과 사고방식, 태도 등의 총체적 의미이다.

산업안전분야에서 안전문화(Safety Culture)란 사업자나 개인이 작업 환경에서 '안전'이라는 목표에 도달하는 방식의 하나로써 "안전에 관하여 근로자들이 공유하는 태도나 신념, 인식, 가치관"을 통칭하는 개념이다.[14)]

그러나 안전문화에는 여전히 모호한 측면이 있고 그 개념에 대해 국제적으로 합의가 이루어져 있다고 말하기는 어렵다. 그런 만큼 안전문화를 구체화하려는 노력이 뒤따르지 않으면 안전문화는 자칫 의식개조론으로 흐르거나 메아리 없는 공허한 외침으로 끝날 수도 있다. 안전문화의 콘텐츠를 채우는 작업이 중요한 이유가 여기에 있다. 보통 우리들은 무엇인가를 의식한 순간에 그 무언가에 대해 접근할 건지 떨어질 건지 무시할 건지 등의 대응을 판단하고 있다. 즉, 의식하는 것이 다음의 행동, 자기방위의 단서가 된다. 안전도 동일하다. 의식한 순간에 위험수준은 훨씬 저하된다. 결국 안전의 반대는 무의식이다. 그렇다면 위험의 요소를 놓치지 않고 의식하는, 알아차리는 그러한 감성이 넘치는 것이야말로 안전문화가 정착되어 있는 상태라고 할 수 있다.

안전문화는 한마디로 '지키는 것', '의식하는 것', '전하는 것', '바꾸는 것'이라는 4가지 요소로 집약할 수 있다. 안전문화에 관한 문헌에 설명되어 있는 안전문화의 개념은 대략적으로 다음과 같이 정리될 수 있다. 먼저, 룰(rule)을 '지키는' 문화가 정착되어 있어야 한다. 아무리 우수한 룰이라도 지키지 않으면 아무 소용이 없다. 이를 위해서는 납득할 수 있는 최고경영자의 방침에 의해 왜(why) 룰을 지켜야 하는지가 이해되어 있는 것이 전제가 된다. 이 최고경영자의 방침은 위에서 그저 바라보는 시선이 아니라, 최고경영자 자신이 선두에 서고 전원이 노력하는 그러한 자세가 아니면 전원이 납득하여 룰을 지키는 마음의 공유로 연결되지 않는다. 물론 지키지 않는 룰은 없애거나 수정하는 용기도 필요하다. 두 번째는 이

14) 위키백과, https://ko.wikipedia.org/wiki/%EC%95%88%EC%A0%84_%EB%AC%B8%ED%99%94(2017.12.4.)

상함이나 위험함을 '의식하는' 감성이 전원에게 가득 차 있어야 한다. 회사에서 상식으로 통하는 것이 비상식인 경우도 얼마든지 있을 수 있으므로, 이상함을 의식하고 그것을 말하는 용기, 의식하기 일보 전에 왜 이렇게 되어 있는가를 생각하는 습관이 몸에 배어 있는 것이 필요하다. 의식하기 위해서는 지식이 필요하고, 이를 위해서는 교육, 학습이 필요하다. 이것은 "아는 만큼 느끼고, 느낀 만큼 보인다."는 유홍준 교수의 말과 일맥상통한다. 세 번째는 '전하는' 것이 습관화되어 있어야 한다. 의식한 것을 전하는 것, 지적 · 제안된 것을 진지하게 받아들이는 자세가 당연하게 여겨지는 것이 중요하다. 이것이 되지 않으면 모처럼 낸 용기도 중도에 끝나버린다. 아차사고발굴활동도 활발히 제안되는 것뿐만 아니라 그것을 모두가 생각하는 습관의 정착도 함께 요구된다. 그리고 네 번째가 '변한다'고 하는 적극적이고 유연한 분위기이다. 의식한 것이 전달되어 모두가 납득할 수 있으면 거기에서 변화시켜 가는 것이 진보이다. 이것이 한층 심화된 의식을 낳는 토양이 되고, 그 반복에 의해 안전문화가 육성되어 간다. 결국, 안전문화가 조성되어 있는 상태란 정비된 조직분위기 속에서 적극적인 커뮤니케이션과 대응이 이루어지는 상태라고 말할 수 있다. 안전문화가 추상적인 구호 수준을 넘어서려면 안전문화의 구체적인 의미를 충분히 이해하는 것이 필요하다. 안전문화가 잘 조성되어 있는 대표적인 회사로는 듀퐁사를 예로 들 수 있다. 듀퐁사가 오래 전부터 안전보건방침과 목표를 표명하고 10대 원칙을 설정하여 실천하는 등 회사 전체적으로 노력을 하는 모습은 우리들이 안전문화를 생각하는 데 있어 반드시 참고해야 할 사례이다.[15)]

안전문화의 정의에 의한 안전관리의 3대 원칙은 행동양식의 일차적 변화와 안전제일의 가치관 정립, 안전의식의 무의식적 표출이다

안전문화운동의 3대 기본원칙을 바탕으로 안전문화를 조성하고 홍보매체 등을 통해 안전에 관한 사회여론을 조성하는 것이다. 안전문화를 이루기 위해서는 본질적으로 의문을 제기하는 자세, 적당주의를 배제하는 자세, 개인의 책임감 고양, 안전으로 충만 된 사고방식 등을 통해 국민생활의 전반에 안전에 관한 태도 관행 의식을 체질화해야 한다.

15) 안전저널, http://www.anjunj.com

Chap. 2

가정안전

1. 가정 안전과 사고
2. 가정안전수칙
3. 가옥의 범죄 예방대책

제 2 장 가정안전

1. 가정 안전과 사고

1) 가정안전의 의의

가정은 가족 구성원이 서로 아껴 주고 보살펴 주는 삶의 보금자리이며, 사람에게 몸과 마음의 안정을 줄 수 있는 휴식과 에너지 재생산, 사회 및 국가가 유지되는 기본적 기본단위공간으로서의 의의가 강조된다. 이러한 중요성과 아울러 가장 안전하다고 여겨지는 가정에서 의외로 가족의 무관심과 무지로 인해 많은 사고가 발생하고 있다. 가정에서 발생하는 사고는 대부분 주의를 기울이지 않거나 안전점검을 소홀히 해서 발생하기 때문에 조금만 관심을 갖고 주의한다면 소중한 자녀가 다치는 것을 예방할 수 있다.

가정에서의 원초적인 안전은 안전교육에서부터 출발해야 한다. 가정에서의 각종 사고는 예측할 수 없지만 여러 방법으로 사전에 예방할 수 있고, 사고에 따라 대처 요령을 미리 습득하여 대처함으로써 그 피해를 줄일 수 있다. 특히 안전에 대한 의식은 단기적이기 보다는 장기적으로 형성된다는 점에서 어린 시절부터 체계적인 안전 교육을 실시하는 것이 중요하다.

2) 가정 내 안전사고발생 장소

흔히들 '가정'이라고 하면 가장 안전한 공간이라고 생각하지만 사실을 알고 나면 그 생각이 바뀔 것이다. 최근 한국소비자원이 발표한 자료에 따르면, 우리 어린이들의 안전시고 중 무려 58%가 가정에서 발생하고 있는 것으로 나타났다. 공원 및 놀이시설과 공공행정지역에서의 발생비율이 각각 8% 정도라는 점에 비춰

보면 가정안전사고 비율이 얼마나 높은 지 알 수 있을 것이다. 더욱이 5세 이하 어린이의 경우도 가정 내 안전사고가 전체 사고의 절반을 차지하고 있는 것으로 분석되고 있다. 다시 말하면, 어린이들에게 가정은 우리가 생각하는 것만큼 안전한 공간이 아니다. 그렇다면, 어린이 가정안전 사고의 원인은 어디에 있을까. 그 원인을 살펴보면 보호자의 실수나 부주의에 의한 사고가 전체의 69.1%를 차지하고 있다. 이어 어린이의 실수나 부주의 17.8%, 시설물의 설치잘못 · 관리소홀 6.1%, 기계, 기구 물품 등의 결함 1.9%, 안전교육부재 5.1% 순이었다. 이 결과를 자세히 보면 어린이들이 잘못해서 발생하는 사고는 17.8%에 불과하고 나머지는 모두 우리 어른들 때문에 사고가 발생하고 있다는 것을 알 수 있다. 특히 보호자의 의한 사고가 70%에 달한다는 것은 가정안전사고를 위해 부모들이 적절한 행동을 하고 있지 못하다는 뜻이다. 그만큼 부모들이 자녀들을 위해 안전지식을 습득하고 행동해야 한다는 것이다.[1)]

'10세 미만' 및 '60세 이상' 취약계층의 안전사고는 문 · 창틀 · 계단 · 욕실설비 등 주로 가정 내에서 발생했으며, 사고 유형은 '추락 · 넘어짐 · 미끄러짐'이 대부분이었다.[2)]

외국의 조사에 따르면 1년 동안 가정 내 사고로 사망하는 어린이가 자동차 사고로 사망한 어린이의 절반에 이른다고 한다. 가정 내 안전사고는 특히 유아와 노인들에게서 많이 일어나므로, 어린이와 노인들이 함께 사는 가정은 특히 더 주의를 기울여야 한다.

가정 안전사고를 경험했다고 응답한 주부들 중 42%가 방, 19%가 거실에서 사고를 경험했다고 한다. 이밖에 화장실, 부엌, 계단에서도 빈번히 발생하고 있다. 주로 부딪히거나 낙상하는 경우(추락, 미끄러짐, 넘어짐) 신체 일부가 끼거나 찔림 베임 등으로 다치는 경우가 대부분이었다.

---

1) 출처 : 안전저널(http://www.anjunj.com)
2) http://www.safety.go.kr/community/html/community05

〈표 2-1〉 가정 안전사고 발생 장소

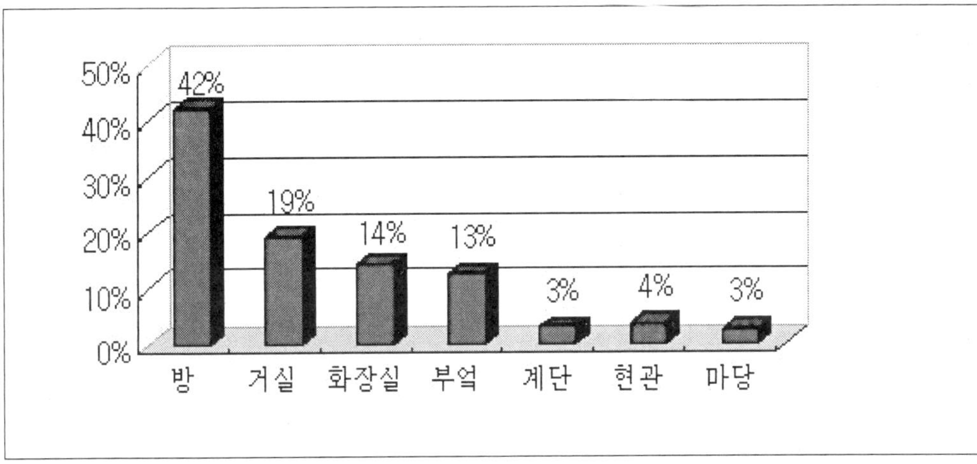

최근 3년 이내 가장 상해의 정도가 심했던 사고는 '넘어짐 및 미끄러짐' 사고가 92건, '낙상 및 추락'사고가 70건, '충돌' 사고가 69건으로 가장 높게 나타났으며, 사고장소는 '방' 165건, '거실, 마루' 62건, '화장실, 목욕탕' 57건으로 나타나 실내의 미끄러운 바닥이나 가구에서 어린이 안전사고가 많이 발생하는 것으로 조사되었다.

〈표 2-2〉 가정 안전사고 발생 유형

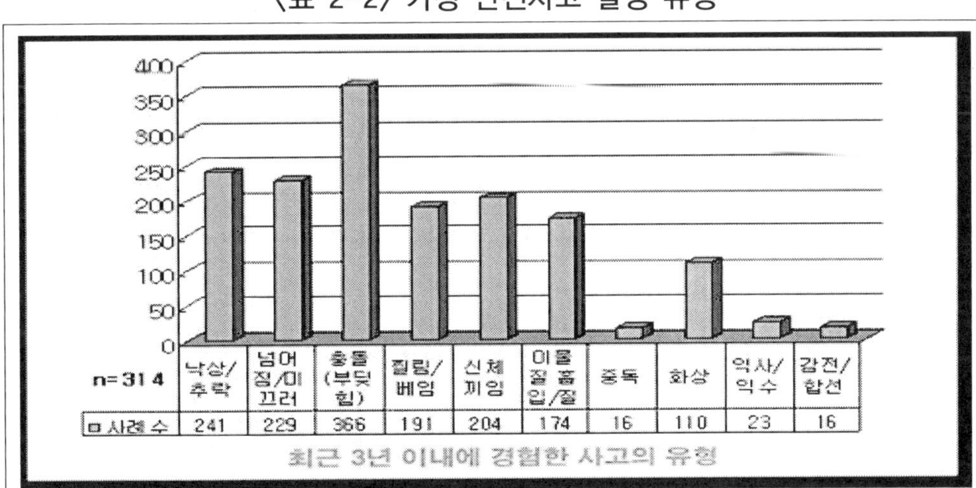

3) 가정 내 사고의 원인 및 인식

인간이 태어나서 겪는 위험은 연령이 증가함에 따라 종류가 달라진다. 유아기에는 낙상, 질식, 음독, 화상, 익수 등의 위험이 크지만 학령 전기에 들어서며 활동이 활발해지면서 낙상이 많아지고 학령기, 청소년기에는 다양한 환경에 의한 위험 및 가정 뿐 아니라 학교생활에 대한 위험도 중요해진다. 이러한 위험요소의 극복 및 안전의 생활화는 인간이 경험을 통해 습득하고 성숙해지는 과정으로 이해해야 한다. 이러한 가정사고의 원인에 대해서 '보호자의 실수나 부주의'때문이라고 응답한 주부가 전체 69% 이었으며 '어린이의 실수나 부주의'때문이라는 응답이 18%이어서 가정안전을 위해서는 부모들이 교육을 통해 안전지식을 습득하고 적용하며 자녀들에게 적절히 교육시키는 것이 가장 시급한 과제임이 드러났다.

〈표 2-3〉 가정안전사고 원인

항목	사례 수	비율(%)
보호자의 실수/부주의	217	69.1
어린이의 실수/부주의	56	17.8
시설물의 설치잘못/관리소홀	19	6.1
기계, 기구, 물품 및 상품 결함	6	1.9
안전교육부재	16	5.1
계	314	100

〈표 2-4〉 가정 내 안전사고의 유형과 원인

유 형	원 인
추락	• 집의 옥상이나 베란다 난간, 계단에서의 추락사고가 빈번하게 발생 (특히 계단 입구, 꼭대기 위험 큼) • 계단의 안전난간 상태와 파손 여부를 점검하는 것이 중요.
미끄러짐 넘어짐	• 방, 거실, 화장실, 주방 등에 기름이나 물이 흘러 있거나 바닥이 얼어서 미끄러운 경우 등의 사고 발생 • 걸려 넘어질 장애물이 실내나 집 주변에 잇는 경우 사고가 발생.
전기	• 각종 전열기구, 콘센트 등에 의한 전기쇼크, 전기화상 등이 발생할 수 있음 • 한 개의 콘센트에 여러 가지 전열기구가 문어발식으로 연결되어 있거나, 전열기구 코드의 손상, 접속부분의 마모, 열화상태가 심한 경우에 사고 발생의 위험이 높다. • 전기배선 연결부분의 접속 상태, 배선의 불량 유무 등에 따라서도 사고가 발생할 수 있다.
화재	• 인화성 물질이 방치되어 있거나, 완전히 연소되지 않은 연탄불이 인화성, 가연성 물질 근처에 버려져 있는 경우에 사고위험이 높다. • 겨울철 난방 기구에 연료를 주입할 때 사고 위험이 높다.
화상	• 가정 내 화상의 가장 심각한 위해요인은 끓는 물이나 수도꼭지를 통해 흐르는 뜨거운 물. • 온수 외에도 뜨거운 물이 든 머그컵, 커피잔 등으로 인한 화상문제도 심각하다. • 어린아이들은 가전제품의 전원코드를 입으로 접촉하여 화상을 입는 경우도 많다.
유독성 물질	• 어린이의 손이 닿는 곳에 유독성 물질이 있는 경우 사고위험이 높다. • 유독성 물질의 투명한 포장은 영·유아들에게 색색의 과자처럼 호기심을 자극한다. • 연탄아궁이와 연통(굴뚝)의 균열부분이 있을 때 사고가 발생할 수 있다.
협착· 끼임	• 가구, 경첩, 현관문을 자동으로 닫는 도어클로우저(door closer) 등에서 협착이나 끼임 사고를 유발하는 가장 큰 원인임
기타	• 선풍기의 안전망 설치 여부, 날카로운 못이나 칼, 가위 등 다칠 위험이 있는 물체가 방치되어 있는 경우, 동전, 약품, 성냥, 라이터, 풍선, 비닐 등 아이들에게 유해하거나, 위험할 수 있는 물질이 잘 관리되어 있지 않은 경우에 사고가 발생할 수 있다. • 만1세 이하의 영아들에게는 푹신한 이불에서의 수면이 질식사를 유발할 수 있다.

4) 가정 안전사고 예방 3단계

집안과 집 주위에서 발생하는 사고를 대비하기 위해 다음과 같은 3단계 방법을 습관화하면 가정안전대책 수립에 도움이 될 수 있다.

(1) 1단계 : 위험요소를 점검한다.

가정에서 위험요소를 찾을 때는 다음과 같은 기본 사항을 참고한다.

① 사소하게 보이는 위험을 무시하지 않는다.

② 항상 더 안전한 방법에 대하여 생각해 본다.

③ 베임, 화상, 미끄러짐, 걸려 넘어짐, 추락, 감전, 유독성 물질, 익사, 스트레스, 정신적 상처 등의 각각의 일어날 수 있는 경우를 생각해봅니다. 그 다음에 각각의 사고를 일으킬 수 있는 것들이 있는지 점검합니다.

(2) 2단계 : 위험을 방지하고 대처하는 방법을 습득한다

위험요소를 발견하는 것만으로는 위험을 완전히 제거했다고 볼 수 없습니다. 그러므로 평소에 가정 내에서 위험이 발견될 경우 다음 사항을 확인하면서 적절한 대처방법을 결정하고 신속하게 조치할 수 있도록 해야 한다.

① 발견된 위험요소를 단순히 제거하면 되는 것인가, 아니면 더 안전한 것으로 대체해야 하는 것인가?

② 수리하거나 수정하거나 격리해서 더 안전하게 할 수 있는가?

③ 아이들에게 주의시키고 가르쳐야 하는 부분은 무엇인가?

(3) 3단계 : 신속한 조치를 한다

위험을 발견하고 이에 대한 대처방법이 결정되면 오래 지체하지 않습니다. 위험요소를 오랫동안 방치해두면 그 위험가능성은 더욱 높아집니다. 여기서 주의해야 할 점은 장기간 위험을 무시하고 방치하면 위험이 사라진 것처럼 보이기 쉽다는 것입니다. 위험을 인지하면 즉시 대책을 마련하고 신속히 조치하여 미리 대처하지 못해 사고를 당하는 일이 없도록 한다.

2. 가정안전수칙

가정의 안전을 위해서는 총체적으로 가스안전, 전기안전, 화재안전, 가구 및 시설물 등의 안전에 신경을 써야 하며 가정 내 사고를 예방하기 위해서는 다음과 같은 안전수칙을 만들어 실행 하는 것이 중요하다.

첫째, 안전을 위협하는 요소를 찾아서 고친다.

둘째, 항상 안전을 고려한다.

셋째, 비상 시 취할 사항을 미리 익히고 알아둔다.

1) 어린이를 위한 가정의 안전수칙

〈표 2-5〉 어린이를 위한 가정에서의 일반적 안전수칙

1	어린이를 장시간 혼자 두지 않는다.
2	전열기구, 위험한 물건 및 약품 등은 아이의 손이 닿지 않게 한다.
3	모든 전기코드는 수시로 점검한다.
4	미끄러운 곳, 위험한 곳을 미리 점검해 둔다.
5	유리문, 베란다 문, 창문 등에 주의한다.

2) 위치별 가정안전

(1) 방과 거실

거실은 어른들이 이용하는 공간이라 아이들이 놀기에는 적합하지 않다. 아이들이 안전하고 편안하게 해주기 위해서는 가능한 한 빈 공간을 많이 두는 것이 좋다.

테이블은 모서리가 날카로우면 이마를 찧을 염려가 있어 위험하다. 모서리를 둘러가면서 테이프를 여러 번 감아주거나 고무를 부드럽게 만든다. 유리로 된 테이블도 많은데 아주 좋지 않다. 또 테이블의 높이가 아이의 눈의 위치와 비슷해

턱을 찧어 입 안이나 입술에 상처를 입는 사고도 많아 주의하도록 한다. 아이들을 위해서라면 테이블이 없는 것이 가장 좋다.

카펫을 깔아두면 아이가 미끄러져 넘어질 염려가 없어 좋다. 그러나 카펫 중간에 구멍이 뚫려 있거나 실밥이 늘어져 있으면 걸려서 넘어지는 수가 있으니까 그때그때 손질을 한다. 또 카펫의 밑을 들추고 바닥의 이물질 등을 집어먹기도 해 청소를 할 때는 카펫을 들어내고 바닥까지 깨끗이 닦아낸다.

부엌이나 베란다로 통하는 문은 대부분 유리로 되어 있다.

투명한 유리일 경우에는 아이가 빈 공간인 줄 알고 부딪혀 깨지는 사고가 일어나기도 한다. 이런 사고를 예방하기 위해서는 유리 위에 스티커를 붙여 물체가 있음을 확인시켜 준다.

① 부모가 알아야 할 안전수칙

- 응급상황을 대비해 119 등의 비상용 번호가 전화기 옆에 씌어있어야 한다.
- 책장이나 TV같은 무거운 가구들이 떨어지지 않게 잘 고정되어 있어야 하며, 높은 곳에 아이들의 시선을 그는 물건을 올려놓지 않는다. 어린이들이 높은 곳에 있는 물건을 꺼내기 위해 책장이나 장식장에 올라가다가 가구와 함께 넘어질 수 있기 때문이다.
- 전깃줄이 바닥에 끌려 발이 걸리는 것을 피하기 위해 벽에 붙여 두고 바닥에 걸려 넘어질 만한 물건은 항상 치워둔다. 젖은 손으로 전기선을 만지지 않도록 하며, 콘센트는 안전덮개가 있는 것으로 설치한다. 가전제품(선풍기, 전기다리미 등)은 사용 후 스위치를 반드시 끄고 콘센트에서 플러그를 꼭 뽑아둔다.
- 난방기구나 히터, 선풍기에는 보호망을 설치하여 어린아이들의 손이 닿지 않도록 하고 만지면 안 된다는 것을 알려준다. 또한 텔레비전의 뒷부분을 만지지 않도록 설치하고, 라디오, 레코드 등은 어린아이들의 손이 닿지 않는 곳에 두며 깨질 수 있는 물건도 아이들의 손이 닿지 않는 곳에 둔다.
- 가구는 재질이 부드럽고 모서리가 날카롭지 않아야 한다.
- 의약품이나 농약 등은 어린이 손이 닿지 않는 곳에 두어야 한다.

- 구급상자를 어린이 손이 닿지 않는 곳에 준비해 두고 있으며 심폐소생술을 할 줄 안다.
- 화재 발생 시 작동하는 감지기, 소화기가 있으며 제대로 작동하는지 매달 점검한다.
- 창이나 베란다에 어린이 호기심을 자극하는 장난감이나 물건을 두지 않는다. 아이들이 이것을 꺼내기 위해 기어 올라가 사고가 날 수 있다.
- 창문의 모양에 따라 안전 고리를 설치하고 2층의 창문에는 반드시 안전망이나 난간을 설치한다.
- 아이가 딛고 올라갈 수 있으므로 창 옆에 침대를 두거나 베란다 옆에 가구를 두지 않는다.
- 이층침대는 되도록 사용하지 않는 것이 좋다.
  침대의 높이는 어린이들이 혼자서 오르내릴 수 있을 정도가 좋으며, 충분한 높이의 보조난간을 설치한다.
- 벽에 무거운 물건을 걸지 않는다. 특히 어린아이의 손이 닿은 곳에는 아무것도 걸지 않는다. 그림 액자를 포함하여 벽에 걸린 무거운 물건이 안전하게 걸려 있는지 항상 점검한다.
- 타일이나 나무로 된 바닥은 표면이 미끄럽지 않도록 처리한다. 테이블의 날카로운 모서리는 플라스틱이나 천으로 씌워서 아이들이 다치지 않도록 한다.
- 아기가 자고 있거나 혼사 있을 때는 에어컨, 선풍기, 히터, 등을 켜 두지 않는다.
- 카펫이나 깔개는 아이들의 발에 걸려서 넘어지지 않도록 구멍이 나면 즉시 보수하고 끝이 말리지 않도록 한다.
- 침대의 모서리는 둥근 것이 좋고 침대의 난간은 아이들의 손이 끼이지 않도록 강한 걸쇠로 단단히 매어 준다. 안전난간 사이의 폭은 5~6cm 정도를 넘지 않는 것이 좋다.
- 철사, 가위, 송곳, 수저, 칼, 못, 바늘, 압정, 핀 등은 전기가 잘 통하는 물건이므로 콘센트 구멍에 꽂아서는 안 된다는 것을 아이들에게 알려 준다.
- 거실 탁자 위에 담배, 라이터나 성냥을 놓아두지 않는다.

② 지도 사항

- 가전제품의 뒤를 만지지 않도록 주의를 준다.
- 전기 콘센트를 손이나 전도체로 만지거나 장난치지 않도록 주의시킨다.
- 창틀, 식탁, 침대 등의 높은 곳에 올라가서 놀지 못하도록 한다.
- 장난감을 가지고 논 후에는 반드시 정리함에 정리하여 방과 마루를 어지럽히지 않도록 주의시킨다.
- 장롱이나 다른 수납장 안에 들어가지 않도록 가르친다.
- 젖은 손으로 전기선을 만지지 않도록 가르친다.
- 라이터나 성냥을 만지지 않도록 주의시킨다.

(2) 부엌

주방에는 전기밥솥, 전자렌지, 토스터기, 커피포트 등 전기와 가스를 사용해 열을 발생시키는 것이 많다. 그러므로 특히 화재와 화상사고에 주의해야 한다.

① 부모가 알아야 할 안전수칙

- 전기밥솥이 아이의 손에 닿지 않는 곳에 두며, 전기 코드는 유아 손에 닿지 않는 곳에 배치하고 전깃줄은 길게 늘어놓지 않는다. 전기기구는 사용하지 않을 때는 반드시 플러그를 빼 둔다.
- 뜨거운 냄비를 손으로 들다가 화상을 입거나 너무 뜨거운 나머지 냄비를 들다가 놓쳤을 경우 내용물이 쏟아지면서 화상을 입게 된다. 또한 주전자나 냄비의 내용물이 끓으면서 생긴 수증기가 피부에 가벼운 화상을 입히기도 하므로 항상 주의하고 주전자의 입구 부분은 자기 몸의 반대쪽을 향하도록 해둔다. 후라이팬과 같이 손잡이가 긴 냄비를 놓을 때는 손잡이가 사람의 정면에 있지 않도록 배려하여 놓도록 해야 한다. 자칫 잘못하여 손잡이를 건드려 내용물을 엎지르는 일이 없도록 하기 위해서이다.
- 싱크대 문을 열고 닫을 때 아이들의 손가락이 문에 끼지 않도록 하고 모든 찬장과 서랍은 줄로 묶는 등의 잠금 장치를 하거나 어린아이들이 손쉽게 열

수 없는 버튼용 개폐 방지 손잡이를 부착한다.

- 어린아이가 가스레인지를 만지지 않도록 하며 항상 중간 밸브를 잠그고 가스 누설 자동 차단장치를 반드시 설치한다.
- 칼이나 포크, 가위, 채칼, 열려 있는 깡통 등 날카로운 물건은 어린이들의 손이 닿지 않는 곳에 보관하고 위험한 물건임을 아이들에게 알려주어 만지지 않도록 한다.
- 부엌바닥은 미끄럽지 않도록 왁스칠은 가능한 하지 말고, 물기가 있을 때는 즉시 닦는다.
- 식탁보는 아이가 잡아당기기 쉽게 늘어져있지 않다.
- 농약 등 유독 물질을 음료수병에 담거나 냉장고에 넣어두지 않는다.
- 어린아이들이 쓰레기통을 뒤질 수 있으므로 깡통 뚜껑은 안으로 집어넣어 양옆으로 찌그러뜨리고 예리한 물건을 버릴 때는 매우 조심한다.
- 튀김 요리를 할 때는 아이들의 접근을 막도록 하며 기름을 식힐 때는 장소를 잘 선정하여 화상 사고를 미연에 방지하도록 한다.(튀김용 냄비 등은 바닥에 두지 않는다) 냄비가 얕으면 기름이 튀면서 화상을 입히거나 끓으면서 튀는 기름이 불에 인화하여 화재를 일으킬 수 있다. 만일 냄비에 불이 인화했을 때는 당황하지 말고 냄비뚜껑을 닫아 불을 차단 한 후에 불을 끄도록 한다. 당황하여 냄비를 들여 내다가 타고 있는 기름을 바닥에 엎지르면 대형화재가 발생하게 되므로 유의해야한다.
- 엄마가 일하는 곳에 멀리 떨어진 곳에 어린아이의 놀이 장소를 마련하되 아이도 엄마를 마주볼 수 있고 엄마도 일하면서 아이를 살펴 볼 수 있는 장소를 선택한다.
- 부엌에는 비상용 소화기를 설치한다.

② 지도사항

- 칼이나 포크, 가위, 채칼 등 날카로운 물건을 만지지 않도록 가르친다.
- 부엌에 있는 가스레인지, 오븐 등 전열 기구에는 가까이 가지 않도록 주의시킨다.

- 조리 중에는 아이들이 부엌에 들어오지 않도록 가르친다.
- 전기밥솥으로 취사 중일 때는 접근하지 못하도록 하여 증기로 인한 화상사고를 예방한다.
- 냉장고에 들어가지 않도록 주의시킨다.

(3) 화장실 · 욕실

① 부모가 알아야 할 안전수칙

- 욕조의 물을 비워 두고, 물이 고여 있는 수세식 변기의 뚜껑을 닫아 둔다.
- 가장 뜨거운 물의 온도가 49℃이하가 되도록 조절되어 있어야 한다.
- 세안 용품이 있는 서랍장이 닫혀 있고 잠금 장치가 되어 있어야 한다.
- 전기 콘센트는 어린이 손에 닿지 않는 위치에 있어야 한다.
- 변기덮개 잠금 장치가 되어 있어야 한다.
- 비누 · 세제를 아이들 손이 닿는 바닥에 두지 않는다.
- 문턱과 바닥의 물기와 비눗기를 제거하고, 가급적 욕조에 샤워 커튼을 달아서 바닥에 물이 흐르지 않도록 한다. 욕실 신발은 바닥이 잘 미끄러지지 않는 것을 사용한다.
- 어린이나 노인이 있는 가정에서는 반드시 욕실 미끄럼 방지용 스티커를 욕실 바닥에 붙여 미끄럼사고를 사전에 방지한다.
- 욕실 청소 시 부식작용을 일으키는 염산은 사용하지 말고 욕실용 세제를 사용한다.
- 욕실 천정등과 같은 기구를 교체할 때는 바닥이 미끄러우므로 한 사람이 의자를 잡아주고 한사람은 작업에 임하도록 한다.
- 욕실 내부에는 날카로운 물건이나 단단한 물건을 놓아두지 않음으로서 미끄러질 경우에 부딪치거나 찔려서 일어나는 2차 사고를 예방할 수 있다.
- 타일에 못을 박을 때는 드릴을 사용하여 구멍을 뚫어야 못이 쉽게 들어가고, 못이 미끄러져 손이 찍히는 사고를 예방할 수 있다.
- 세면기를 손으로 누르거나 세면기 아이를 세면기에 세우는 등 체중을 싣는 행위를 하지 않는다.

② 지도사항

- 세면대에 매달리거나 변기뚜껑을 밟고 위에 올라가지 않도록 주의시킨다.
- 욕실 바닥에 장난감을 늘어놓고 놀지 않도록 주의시킨다.
- 뜨거운 수도꼭지를 만지지 않도록 주의시킨다.
- 전기제품을 만지지 못하도록 가르친다.
- 화장실에서 뛰거나 장난하지 않도록 주의시킨다.
- 세탁기를 만지지 못하도록 가르칩니다.
- 화장실의 세제들을 입에 대지 않도록 단단히 주의시킨다.
- 변기 안으로 머리를 들이밀지 않도록 가르친다.

(4) 베란다 · 창문

최근 아파트 실내 구조 변경 등으로 거실과 바깥을 연결하는 베란다를 없애는 경우에는 거실 창문을 통해 바로 추락할 수 있는 위험이 높다.

특히 어린이가 낮은 곳에 있다가 높은 곳으로 올라가면 새로운 시야를 경험하게 되고 감탄하게 된다. 이럴 때 아이들이 바깥경치를 구경하기 위해 몸의 상체를 지나치게 바깥으로 내미는 등 위험한 행동을 하지 않도록 조심하게 한다.

베란다는 밖이 보이는 곳이므로 아이들의 호기심을 자극하는 곳이다. 따라서 베란다에서 아이들이 물건을 놓고 올라가는 것을 막기 위해 발판이 될 수 있는 물건을 두지 않는다.

베란다나 창문에서 추락하게 되면 큰 부상을 당하거나 목숨을 잃을 수도 있다. 특히 어린이들이나 아기들이 모르고 올라갈 수도 있고 난간 사이에 빠져 추락할 수도 있으므로 어린이들이 베란다나 창문 가까이에서 장난하는 일이 없도록 주의해야 한다.

① 부모가 알아야 할 안전수칙

- 창문이나 베란다에는 창문 보호대나 난간을 반드시 설치한다. 이 때 난간의 한쪽을 개폐식으로 하여 비상시에도 대비한다. 베란다나 난간의 높이는 난간

이 시작되는 바닥으로부터 최소한 110cm 이상으로 몸의 중심보다 난간이 높아야 한다. 난간세로대의 간격은 11cm 이하이면 안전하다고 본다. 머리가 빠져나가면 몸통도 빠질 수 있으므로 난간대의 간격이 머리의 크기보다 좁아야 한다.

- 베란다나 창문 주변에 침대나 가구를 비롯하여 받침대가 될 만한 가구나 물건을 두지 않는다. 침대나 가구가 창문 가까이 있거나, 침대의 높이가 창문과 같을 때에는 어린아이들이 침대 위에서 놀다가 창문으로 떨어질 수 있는 위험이 매우 높다.
- 베란다나 창문 위에는 아무 것도 올려두지 않는다.
- 베란다 문이나 창문에 잠금장치를 하여 아이가 혼자 문을 열 수 없도록 한다.
- 공기 순환을 위해 창문을 연다면 반드시 위에서부터 열도록 한다. 아래쪽의 창문을 열어야 할 경우에는 밑에서부터 10~13cm 정도만 열리게 학 안전장치를 한다.

② 지도사항

- 베란다나 창문 주위에서 아이가 혼자 놀지 못하도록 주의시킨다.
- 베란다나 창문 밖으로 상체를 내밀지 못하도록 주의시킨다.

(5) 현관

① 부모가 알아야 할 안전수칙

- 비나 눈이 오는 날은 특히 현관에 물기가 없도록 자주 닦아준다. 바닥이 미끄러워 넘어질 위험이 있다. 다소 물기가 있어도 미끄러지지 않는 고무매트 같은 깔개를 깔아두는 것도 한 방법이다.
- 현관은 항상 정돈된 상태로 유지하여 널려진 신발이나 가구들에 걸려 넘어지는 일이 없도록 한다.
- 현관문에 손이나 신체의 일부가 끼는 일이 없도록 주의한다. 손가락이 끼는 것을 방지하기 위해 문이 자동적으로 서서히 닫히게 되는 장치(도어체크)를

하거나 문이 닫히는 속도를 임의로 조정하여 사용한다.

- 현관에 아래에서 위로 발을 비추는 발 조명을 설치하면 불빛이 밖으로 새어 나가지도 않고 안전에 도움을 준다.

② 지도사항

- 집안에 들어올 때 현관에 신발을 가지런히 정리하도록 가르친다.
- 현관문을 여닫을 때 조심하도록 주의시킨다.
- 현관에 설치된 손잡이와 발 조명 스위치의 사용법과 위치를 알려준다.

(6) 계단

계단은 우리 환경에서 필수적이면서도 어린아이 의 안전을 위협하는 장소이기도 하다. 따라서 가정에서 계단을 설치할 때 안전 규칙을 준수함으로써 추락 사고를 방지할 수 있어야 하겠다.

① 부모가 알아야 할 안전수칙

- 계단의 경사는 위험을 피하기 위해서 적어도 45도 이하, 가능하면 35도 이하가 바람직하다. 계단 각 발판의 폭과 높이는 계단의 경사에 따라 조절되어야 한다. 그러나 일반적으로 한 발판의 높이는 약 20cm, 그 폭은 적어도 25cm는 되어야 한다.
- 계단이 끝나는 점까지 충분한 높이의 튼튼한 난간을 설치하며 추락의 위험을 방지한다. 계단에는 충분한 높이의 난간을 양쪽에 설치한다. 난간을 유아가 계단을 오르내릴 때 손잡이 역할을 하며 계단에서 넘어졌을 때도 보호대의 역할을 한다.
- 난간의 높이가 아이들의 중심보다 낮으면 추락의 위험이 있으므로 이상적인 난간의 높이를 제시한다면 110cm가 되도록 한다. 계단의 난간은 튼튼한지 수시로 점검한다. 난간 막대 사이의 간격을 11cm이상을 초과하지 않게 함으로써 어린아이의 머리가 난간 막대사이를 빠져 나가지 않게 한다. 머리가 빠져

나가면 몸도 자연히 빠져 나갈 수 있다.

- 계단의 표면이 미끄럽지 않도록 주의하고, 물기가 있을 경우 즉시 제거하고 왁스를 과도히 칠하지 않는다.
- 계단 마다 미끄럼 방지 틀을 설치하여 미끄러지는 사고를 예방한다.
- 계단은 항상 밝게 조명되어야 하며 불필요한 물체나 물이 흘러 있지 않아야 한다.
- 계단 위 음식물이나 물건으로 어지러워 미끄러지거나 걸려 넘어지지 않도록 계단과 계단주변을 항상 청결히 유지한다.
- 계단 옆의 벽에 어린이의 시선을 끌 수 있는 그림이나 사진을 걸지 않는다.
- 각 층을 잇는 계단에는 상하부에 문을 설치하고 필요하지 않을 때에는 문을 닫아둠으로써 어린아이가 계단에서 떨어지는 것을 방지한다.
- 높이가 다른 계단이나 너무 낡은 계단은 매우 위험하다. 계단의 높이가 다르거나 그 마모정도가 심한 상태라면 보수를 서둘러야 한다.
- 계단에 양탄자를 깔 경우에는 계단의 크기가 줄어든다. 또한 양탄자가 낡으면 낡은 천에 걸려 넘어질 수 있으므로 계단 표면에는 아무것도 깔지 않는 것이 좋다.
- 계단에 그림이나 사진을 놓을 경우 어린아이들의 시선이 그림에 끌리게 되므로 신체의 균형 감각이 상실될 수 있다. 따라서 계단 옆 벽면에는 그림이나 사진과 같은 장식물을 걸지 않는 것이 좋다.
- 어린이가 계단을 올라 갈 때 보호자는 반드시 아래쪽을 걸어간다.
- 계단에 날카로운 부위 등 위험이 없는지 수시로 점검한다.
- 우리나라에서는 가옥 구조의 특성상 지붕이나 옥상에서 추락하는 사고도 많이 발생하므로 실내에서 지붕이나 옥상과 통하는 문은 항상 잠근다.

② 지도사항

- 계단 주변에 장난감을 널어두거나 음식물을 흘리지 않도록 주의시킨다.
- 계단에서는 놀지 않도록 가르치고 또한 뛰어다니거나 장난을 하지 않도록 한다.
- 계단을 내려오면서 다른 사람과 이야기하거나 다른 일을 하지 않도록 지도한다.

- 계단을 내려올 때는 반드시 난간을 잡도록 하며 한 칸씩 내려오도록 가르친다.
- 어두울 때 계단을 이용할 경우 반드시 계단 조명을 사용하도록 가르친다.
- 주머니에 손을 넣고 계단을 오르내리지 않도록 주의시킨다.[3]
- 자기 발보다 큰 신발을 신거나, 신발의 끈을 매지 않은 채 계단을 오르내리지 않도록 한다.

(7) 실외 안전생활

① 엘리베이터

- 엘리베이터를 타고 내릴 때는 문이 완전히 열린 후 천천히 타고 내린다.
- 정원초과는 사고의 원인이 되므로 정원을 꼭 지키고, 실내에 부착된 유의사항을 잘 따르도록 한다.
- 엘리베이터를 타면 가고자 하는 층의 단추를 누르고 필요 이외의 버튼은 조작하지 말아야 한다.
- 비상버튼은 엘리베이터에 이상이 생겼을 경우에만 누른다. 특히 아이들이 엘리베이터의 버튼을 마구 눌러 고장 나지 않도록 주의시키도록 한다.
- 노약자와 6세 이하 어린이는 가능한 보호자와 함께 동반하도록 한다.
- 버튼 사용 시는 무리한 충격을 주어 파손되지 않도록 주의한다.
- 화재 및 지진 등 천재지변 시에는 엘리베이터가 운전 불능으로 되는 경우가 있으며 이때에는 사용하지 않도록 한다.(비상용으로 승인되고 검사를 필한 엘리베이터에 한하여 비상용으로 사용이 가능함)
- 엘리베이터는 전기로 움직이고 있으므로 출입구 및 엘리베이터 내에 물이 흐르지 않도록 주의한다.
- 엘리베이터에서는 담배를 피우거나, 뛰지 말고, 정원이나 적재량을 초과하지 않도록 한다. 엘리베이터의 고장 및 사고를 일으킬 수 있기 때문이다.

---

3) http://cafe.naver.com/presidentt.cafe

② 아파트단지 내 도로 및 인도

- 아파트 입구에는 차량 출입을 통제하는 차단기가 설치된 곳도 있다. 차량이 통과할 때에 차단기가 올라가지 않은 상태에서 진입을 하게 되면 차량 및 차단기가 파손되므로 반드시 지급된 리모컨을 사용하거나, 주차관제용 카드를 차량전면에 부착하여 진입 시 자동으로 작동되도록 조치하거나 미작동시 수동으로 차단기를 올리도록 한다.
- 인도에 이삿짐 차량이 올라가지 않도록 한다. 차량의 무게로 인해 인도가 내려 앉으면 물이 고이거나 발이 빠져 안전사고가 일어날 수 있다. 눈이나 비가 올 때는 보행에 주의하고, 인도와 차도의 경계석이 눈, 비에 젖으면 미끄러질 수 있다.
- 단지 내에서 주행할 때에는 유아나 유모차, 노약자 등의 보행자에 주의하여 서행 운전하여야 한다.
- 아이들이 롤러스케이트, 킥보드, 인라인 스케이트(롤러블레이드), 스케이트보드, 자전거 등을 탈 때 헬멧, 무릎보호대 등의 안전장구를 갖추어 타도록 하며 주차장이나 차도에서는 절대 타지 않도록 지도한다.

③ 분수, 연못

분수대, 연못, 폭포 등에서 어린이들이 물놀이를 하거나 들어가지 못하게 한다. 전기시설이 있는 경우 감전사고의 우려가 있고, 유아는 익사 위험이 있다.

④ 지하주차장

- 지하주차장의 램프(진입로)는 차도이므로 이곳으로 보행하면 매우 위험하므로 보행 시 안전한 계단이나 엘리베이터를 이용하도록 한다.
- 주차나 차량운행 시에 서행하도록 하며, 특히 지하주차장의 바닥은 눈비 젖으면 미끄러우므로 주의한다.
- 지하주차장에서 아이들이 놀지 않도록 지도한다. 킥보드나 자전거를 타고 지하주차장으로 빠른 속도로 들어가다 보면, 갑자기 어두워지므로, 벽면이나 차량과 충돌하거나 하수트렌치에 바퀴가 끼어 넘어지거나 전복될 수 있다.

- 지하주차장과 같은 곳에는 각종 용도의 분전함이 많이 있는데 운전함을 열어 놓았을 경우 만지지 못하도록 주의시키고 어린이들이 지하주차장. 각 동의 지하. 전기실, 옥상 등 공용부위에서 놀지 못하도록 지도한다.

⑤ 조형물 및 놀이터

- 아이들이 놀이터에서 혼자 놀지 않도록 부모들의 세심한 주의가 필요하다. 아이들이 그네를 타거나 미끄럼을 탈 때 주변 아이들과 충돌하지 않도록 주의를 준다.
- 놀이기구를 성인이 사용하면 쉽게 부서질 우려가 있으므로 성인들은 사용을 삼가 한다.
- 놀이기구들은 수시로 살펴보고, 나사가 헐거워지거나 파손된 것을 발견하면, 관리사무소에 연락하여 즉시 보수하도록 한다.
- 아이들이 단지 내의 조형물이나 시설물을 가지고 놀지 않도록 한다. 감상을 위한 조형물을 만지거나 올라타다가 다칠 우려가 있다.[4)]

3. 가옥의 범죄 예방대책

최근 주택의 유형에도 큰 변화가 일고 있다. 단독주택이나 다세대 주택보다는 아파트가 건설되고 그 선호도 또한 극치에 이루고 있다. 그러나 단기간 대량으로 이러한 독립적인 집단주거단지가 건설되고 폐쇄적이고 획일적인 구조의 단지가 형성되면서 외부환경과의 단절 및 이웃주민과의 위화감이 조성되었고, 서두에 언급한 개인의 사생활을 중요시 여김에 따라 개인주의와 익명성으로 시민들이 범죄에 노출될 가능성이 높아졌다.

최근 도난사건의 유형은 특정 시간, 장소에 구분이 없고, 매우 지능화·흉포화하고 대담하게 이루어지는 것이 특징이다. 절도범들의 수법과 대상은 초저녁의 빈집털이가 두드러지며, 특히 아파트 등 다세대의 불이 꺼진 빈집이 표적이 되고 있다.

4) http://moa21.co.kr/www/index.html

택배원, 검침원으로 가장하거나 주택매물 거래차 중개인과 동행한 후 재차 방문하여 강도로 돌변하는 사례와 부녀자들을 상대로 한 2인 이상이 탑승한 오토바이 등 차량을 이용한 날치기 사범도 자주 발생되고 있다.

주거침입이라 하면 주택이나 선박, 차량 등을 불문하고 사람이 먹고 자는 곳, 즉 사람이 거주하는 곳에 정당한 이유 없이 들어가는 것이다. 주택에 따른 정원이나 숙박업소의 방이나 사무실, 공장 등도 주거침입의 대상에 포함된다. 주거침입의 죄란, 사람의 주거·관리하는 건조물·선박·항공기 등 일정한 장소의 평온(平穩)과 안전을 침해하는 범죄이다. 이는 헌법 제 16조에서 주거의 불가침성을 선언하고 있으며 우리형법 제 36장에서 형법적 근거를 두고 있다.
이에 관하여 형법은 제 319조 제 1항에서 사람의 주거, 관리하는 건조물, 선박이나 항공기 또는 점유하는 방실에 침입하는 자는 3년 이하의 징역이나 500만원이하의 벌금에 처하고 퇴거요구를 받고 응하지 아니한 자 또한 같은 형에 처한다. 서울동부지방법원 2006. 4. 20. 선고 2006노 236 판결로 처형 범위를 살펴보면, 야간에 타인의 재물을 절취할 목적으로 사람의 주거에 침입한 경우에는 주거침입단계에서 이미 형법 제330조에서 규정한 야간주거침입절도죄라는 범죄행위의 실행에 착수한 것이라고 보아야 한다는 판결이다. 피고인은 다세대 주택에 들어가 출입문을 손으로 당겨 보았고, 문이 잠겨 있자 그 옆집을 차례로 확인 후 열려 있는 주택을 찾아 범행하였으며, 출입문을 부수거나 도구를 이용하여 강제로 열려는 의사가 전혀 없었어도, 구성요건의 일부를 실현하는 행위까지 요구하는 것은 아니고 범죄구성요건의 실현에 이르는 현실적 위험성을 포함하는 행위를 개시하는 것으로 족하다고 판결했다.

출입문이 열려 있으면 안으로 들어가겠다는 의사 아래 단지 출입문을 당겨 보는 행위 자체로 주거의 사실상 평온을 침해할 객관적인 위험성을 포함하는 행위를 한 것으로 볼 수 있어 외부적 장애요소로 인하여 이루지 못한 것으로 판단하여 당겨 보는 행위 자체만으로 야간주거침입절도죄에 위법했다 판결했다. 즉, 단순히 공간적 침범죄 외에도 침범시도자의 의도만으로 형을 감행 할 수 있음을 알 수 있는 판례이다. 따라서 주거침입에 대한 범죄유형과 사례를 통해 사전예방의 중요성을 설명하고 그에 대한 예방대책을 살펴본다.

1) 주거형태에 따른 범죄요인

(1) 다세대주택

한 건물에 다수의 세대가 거주할 수 있도록 주거공간이 별도로 분리 되어있는 주택[5]으로 다른 주거형태에 비해 우발적 혹은 범죄경험이 없는 초범의 경우에도 어렵지 않게 성공 할 수 있는 단순절도 등의 사례가 많이 발생한다.

사회 경제적인 관점으로 보았을 경우 ①빈곤층의 주거율이 높아 구체적인 경비시스템의 장착율 저하 ②범죄의 목표물이 될 수 있는 노인층, 생활대상자주거율 상승 ③친밀관계가 높은 장기간 거주자보다 이주율이 높아 이방인 거주 상승 등을 들 수 있다.[6]

주거환경의 경우 ①다수의 주택이 밀집되어 범죄의 재시도 가능 ②최종문(현관 및 창문)의 노출로 범죄자의 근접이 쉽고 ③주택 간의 거리가 좁아 범죄자의 이동을 용이하게 하며 ④좁은 골목 등으로 범죄 이동 동선이 숨겨져 있다는 것을 범죄요인으로 볼 수 있다.[7]

(2) 단독주택

단독주택은 단일 가구(家口)를 위해서 단독택지에 건축하는 형식이다. 비교적 가족단위의 개체성이 잘 보존될 수 있고, 개인의 취향에 맞게 주거계획을 세울 수 있다. 대문과 정원이 개별 택시마다 이루어지며, 건물은 인접한 다른 건물과 일정한 거리 이상 떼어서 건축되어야 한다. 이 형식은 건축과 정원 등의 사유욕구(私有慾求)가 만족됨으로써 옥내외의 사생활이 가장 잘 보장되어 있으나, 그로 인해 담이 높아지고 외부와의 정보차단으로 범죄 발생 시 빠른 대응조치가 어렵다는 단점이 있다. 일반적으로 단독주택의 경우는 중상층의 비율이 높아 부유층을 겨냥한 전문적이고 계획적인 범죄가 많다.

---

5) 네이버백과사전
6) 황선영, "GIS 활용한 범죄의 공간패턴 분석-주거침입절도를 사례로-", 경희대학교, 2001. p.57.
7) 허경미, "노인의 범죄피해 특징 및 대책에 관한 연구", 한국공안행정학회지 제17호, 2004, p.435.

(3) 아파트

한 채의 건물 안에 독립된 여러 세대가 살 수 있게 구조한 공동주택으로 주택건설촉진법에서는 5층 이상의 공동주택을 아파트라 규정하여 4층 이하의 연립주택과 구분하고 있다. 아파트는 단독주택을 여러 채 겹쳐 놓은 것인데, 슈퍼마켓·관리사무소·우체국·주차장·초등학교 등 공용시설의 이용으로 생활이 편리한 반면 공동생활에서 오는 여러 가지 불편, 생활습관에서 오는 불편(장독대·김장독 등), 유사시 예컨대 화재 발생 시의 대피 등 문제점이 지적되고 있는 주거형태이다.[8)]

현재 아파트는 우리 국민 대다수가 가장 선호하는 주거형태로 나타나고 있다. 90년대부터 급격히 선호도가 높아지고 건설량도 급격히 증가하였다. 이에 따른 아파트 선호도의 중요한 선택요인은 범죄로부터의 안전성이다. 고층아파트의 경우 자전거 도난, 배달물 도난, 자동차 훼손 등 비 침입절도 혹은 재산피해는 고층에서 많았으나 주거침입절도는 저층에서 더 많은 것으로 나타났다.[9)]

2) 주거침입 방법 및 사례

주택을 대상으로 한 침입절도의 유형은 ①부재중인 주택에 침입하여 금품을 절취하는 빈집털이, ②잠든 야간에 주택에 숨어들어 금품을 절취하는 형태. 그리고 ③낮잠이나 목욕, 식사 혹은 식사준비 등을 하고 있는 사이에 주택에 침입하여 금품을 절취하는 형태 등 다양하지만 특히 빈집털이는 주택을 대상으로 한 침입절도 중에서도 가장 흔히 발생하며 범행수단이나 방법도 다른 형태에 비해 다양하다.

범행은 주로 평일에 발생하고 있는 것으로 나타났다. 평일에 범행을 하는 이유로는 가족들이 회사나 학교에 가서 집을 비우고 또 훔친 통장의 현금인출이 가능하기 때문이다. 이에 반해 휴일을 고르는 이유로는 가족끼리 외출하는 경우가 많다는 점을 들고 있다.

---

8) 네이버 백과사전

9) 김철주, "아파트 단지 범죄에 관한연구", 건국대학교, 2000. p.27.

한편 침입절도는 압도적으로 맑은 날과 흐린 날에 저질러지는 것으로 나타났다. 피의자에 대한 설문조사에서도 같은 결과가 나왔다.

(1) 침입수단

침입수단은 베란다, 바깥계단, 담장이 가장 많으며, 차고, 사다리, 쓰레기통, 홈통, 가스관, 건축공사장 등의 발판, 전신주, 수도관 등을 이용하기도 한다.

- 전신주를 타고 올라가 이웃집의 2층 베란다를 통해 창문으로 침입
- 정원수를 타고 3층 베란다로 올라가 창문으로 침입
- 빗물받이 홈통을 타고 3층 베란다로 올라가 침입
- 인접한 빌딩공사장의 발판을 이용하여 2층 베란다로 침입
- 외벽 페인트공사를 위해 설치한 발판을 이용하여 4층 베란다를 통해 침입
- 창고에 넣어 둔 사다리로 2층으로 올라가 침입
- 블록 담을 발판으로 삼아 2층 베란다를 통해 침입
- 블록 담을 발판으로 삼아 2층 베란다 통해 침입

(2) 침입경로

현관을 통한 친입은 줄었으나 베란다나 거실 및 기타 장소의 창을 통한 침입이 증가하고 있다. 특히 거실, 응접실, 침실 등에 난 장문과, 그 밖에 부엌, 욕실, 화장실의 창문, 그리고 채광·환기용 창을 통한 침입도 늘고 있다.

- 알루미늄 새시 창문의 자물쇠를 부수고 침입
- 부엌 유리창에 셀로판테이프를 붙이고 돌로 깨부수고 침입
- 옥상에서 로프를 이용하여 창문으로 침입
- 홈통을 통해 베란다로 이동하여 유리창을 깨부수고 침입
- 욕실의 창틀을 드라이버로 부수고 실내에 침입
- 화장실 창문이나 욕실의 새시 창문을 들어 올리고 침입

(3) 침입방법

침입방법은 주로 ①유리창을 깨고, ②현관열쇠를 찾아내서, ③문단속하지 않은 창, 배란다, ④현관의 자물쇠를 부수고, ⑤문단속하지 않은 현관을 통해 주로 침입하며, 현관의 자물쇠를 열고문단속을 하지 않은 경우와 유리창을 깨고 들어간 사례가 대단히 많으며, 숨겨둔 열쇠를 찾아내어 현관을 통해 침입한 사례와 창문을 맨손으로 들어 올려 제거 한 후에 침입한 사례도 있었다. 실제로 피의자에 대한 설문에서도 유리창을 깨고 침입하거나 잠그지 않은 창과 베란다, 현관 등을 통해 침입한다는 대답이 많았다.

- 현관 옆의 가스미터기 상자 안에 숨겨 둔 현관의 열쇠를 찾아내어 침입
- 우편함, 우유배달상자(주머니), 화분 등에 숨겨둔 열쇠를 찾아내어 침입
- 훔친 보조키를 사용하여 침입(피해자는 열쇠가 없어졌음을 알고서도 자물쇠를 교환하지 않음)
- 현관문에 설치된 우편함에 손을 넣어 자물쇠를 열고 실내에 침입한 사례

열쇠와 관련해서는 반드시 이사를 할 경우에 종전에 사용하던 자물쇠를 교체해야 한다는 사실이다. 이는 전에 살던 사람이 보조키를 만들어 두었을 경우를 대비한 것이다. 또한 보통사람이 생각해서 숨기는 장소 정도는 간단히 알아낸다는 점을 명심하여야 한다.

그리고 피해자에게 숨겨놓은 열쇠를 찾아내기 위해 수색하는 장소를 물은 결과, 우편함, 우유주머니, 신문함, 화분 밑, 문틀 위 등을 대답하고 있다.

(4) 부재 여부 판단기준 및 확인방법

범죄자들은 가족이 집안에 있는지 없는지를 어떻게 판단하는 방법으로는 ①커튼을 친 상태, ②실내조명, ③세탁물의 건조방법, ④전기미터기의 회전, ⑤유리창문에 작은 돌 던져보기 등이다.

그리고 구체적인 확인방법으로는 인터폰을 누르는 것이 가장 전형적인 방법이며, 그밖에 전화를 거는 방법을 취한다고 대답하고 있다.

인터폰을 눌러서 가족이 나오면 길을 묻거나 실재하지 않은 사람의 이름을 묻

는다. 그리고 때로는 "자동차가 고장 나서 수리공장에 연락을 취하고 싶은데 전화 좀 쓸 수 있느냐?" 고 부탁하여, 만약에 빌려 주면 방범설비, 경보기, 개 등이 있는지와 재물이 얼마나 있는지를 확인한다고 한다. 또한 조깅 차림으로 우편함에서 우편물을 꺼내 노크를 하였다가, 가족이 나오면 "길에 떨어져 있어서 가져왔다" 고 대답하기도 한다. 조깅 차림이면 의심도 받지 않을뿐더러 민첩하게 도주할 수 있다는 것이다.

3) 주택 침입 범죄예방 요령

(1) 주택 주변 안전관리 요령

① 담장

밖으로부터 거동 수상한 그림자를 식별할 수 있을 정도의 높이가 바람직하다. 담이 높고 틈이 없이 블록으로 축조되어 있는 것, 나무를 빽빽이 심어서 안이 잘 들여다보이지 않는 담은 거동수상자를 식별할 수 없어서 바람직하지 않다.

또한 담장을 발판으로 하여 베란다로 오르거나 건너가는 등, 침입경로로 이용될 수 있으므로 가옥과의 간격과 높이 등에 배려할 필요가 있다

② 정원수

몸을 숨길 장소를 제공하지 않도록 정원수를 잘 손질할 필요가 있다. 특히 줄기나 가지를 통해 베란다로 건너가는 경우가 있으므로, 가옥 쪽으로 뻗어있는 가지는 잘라두는 것이 좋다.

③ 전신주

전신주는 직접적인 침입경로가 될 뿐만 아니라 이웃집의 베란다를 거쳐서 침입하는 경우가 있다. 따라서 가옥으로 직접 건널 수 없는 거리만큼 떨어뜨려 설치하고, 간단하게 올라갈 수 없도록 높이 2미터까지 볼트(못)를 박지 않도록 관리기관에 신청할 필요가 있다.

④ 공사장의 발판

건축공장, 증개축 공사, 도장공사 등을 위해 설치되어 있는 공사용 발판은 침입경로로 이용되기 쉽다. 자신의 주택뿐만 아니라 인접한 건축물에 가설된 것도 이용될 수 있다. 특히 발판 쪽으로 난 출입구나 창문 등에는 문단속을 철저히 하고, 보조자물쇠를 설치하거나 경보장치 등을 설치할 필요가 있다.

⑤ 창고 · 차고의 지붕

창고 · 차고의 지붕은 베란다를 통해 침입할 경우의 발판으로 이용되는 경우가 많다. 창고나 차고의 지붕은 가급적 가옥에서 떨어뜨리거나, 베란다 혹은 창문으로부터 멀리 할 필요가 있다.

⑥ 사다리

창고에 넣어둔 사다리를 꺼내거나 근처 공사장 등의 사다리를 훔쳐서 사용하는 경우가 있다. 따라서 사다리는 문단속이 된 창고에 수납하거나 눈에 띄지 않는 곳에 놓아두고, 이동시킬 수 없도록 체인 등으로 고정시킬 필요가 있다.

⑦ 기타

에어컨의 실외기, 승용차의 지붕, 자전거의 안장, 빈 상자 등이 발판으로 상용되는 경우가 있다. 평소부터 관리 · 수납에 유의함과 아울러, 침입경로가 되는 창문과의 위치관계에 배려할 필요가 있다.

(2) 가옥의 벽면 · 옥상 · 베란다의 난간 안전관리요령

① 벽면의 홈통

배수관, 전화선 · 전선, 에어컨의 배관 등 노출되어 있는 벽면의 홈통이 침입수단으로 이용도는 경우가 많다. 베란다나 창문 등의 위치관계에 배려하고 손잡이나 발판이 될 만한 것을 설치하지 않도록 한다.

② 계단

계단의 중간부분으로부터 베란다나 거실로 건너가는 경우가 많다. 2 미터 정도는 간단히 건너뛰는 자가 있으므로, 침입경로가 되기 쉬운 장소와의 위치관계에 배려하고 펜스 등으로 방호할 필요가 있다. 또한 절도범인은 일반적으로 바깥계단을 선호하므로 바깥 계단이나 비상계단의 1층 부분은 거주자만이 이용할 수 있도록 조치를 취할 필요가 있다.

③ 옥상

옥상에서 홈통이나 로프를 이용하여 내려올 수 없도록 옥상의 난간을 개량할 필요가 있다. 또한 옥상에는 거주자라 할지라도 재해시나 피난시 이외에는 출입하지 못하도록 배려할 필요가 있다. 옥상에의 자유로운 출입은 범인의 침입을 용이하게 할 뿐만 아니라, 자살자나 거주자의 전락사고 등을 초래할 가능성이 있으므로 바람직하지 않다. 특히 최근에는 일조(日照) 등의 관계로 아파트의 상층부가 비스듬히 커트된 것을 흔히 볼 수 있다. 그러나 이러한 곳은 수직하강과는 달리 그다지 경험이 없는 자도 간단히 내려갈 수 있다고 하므로 주의 하여야 한다.

④ 베란다 난간

현관과 함께 베란다로 침입하는 경우가 대단히 많다. 가옥 주변의 정원수, 벽면의 홈통, 비상계단, 기타 구조물로부터 베란다로 건너와 침입할 뿐만 이니라, 이웃집의 베란다에서 건너오거나 윗 층에서 내려와 침입하는 경우도 있다 그때 사용되는 것이 베란다의 난간이다. 베란다는 외부에서 들여다 볼 수 있는 타입이 바람직하다.

(3) 현관문 · 베란다의 창문 · 기타 안전관리

① 현관문

문단속을 하지 않은 결과 입을 피해를 방지하기 위해 자동도어로 하고, 체인 등의 보조자물쇠를 설치하는 것이 바람직하다. 현관문 주변에 햇빛을 투과시키기 위한 창문을 창이나 장식용 유리를 설치 한지 않도록 주의하며, 설치해야 할 경우에는 유리를 깨부수고 사람이 통과할 수 없을 정도의 넓이로 하며 또 손을 뻗어도 자물쇠에 닿지 않을 위치에 설치하여야 한다.

현관문에 우편함을 부착시킬 경우에는 손을 집어넣거나 공구를 사용해서 자물쇠를 열 수 없는 것을 고를 필요가 있다. 또한 현관문 주변의 벽을 부수고 손을 넣어 여는 경우가 있으므로 현관문 주위의 벽면강도까지도 배려할 필요가 있다.

또한 현관 주위에 열쇠를 숨겨놓는 것은 오히려 범인을 초대하는 것과 같은 행위이므로 주의 하여야 한다. 아울러 현관이나 우편함에 문패를 걸거나 성명을 기입하는 것은 범죄인이 전화번호를 확인하는데 이용되므로 피해야 한다. 그들은 문패 등을 통하여 전화번호부에서 전화번호를 알아내서 전화를 걸어 부재여부를 확인하기도 하기 때문이다. 또한 최근 자동응답 전화기가 널리 보급되어 부재중임을 가르쳐주고 있다. 편리함과 위험성은 동전의 앞뒷면과 같이 항상 공존하고 있는 것이다.

② 출입문

유리 또는 알루미늄으로 만들어진 도어는 사용되지 않는 것이 바람직하다. 현관문이 아닌 출입문은 현관에 비해 경시되기 쉬우며, 간단한 자물쇠만을 부착시키는 경향이 있으나, 현관문에 버금가는 방범대책을 세워야 한다.

③ 베란다 · 거실 및 기타

베란다나 거실의 창문에는 합성유리 또는 복층(複層)유리를 사용하도록 하며, 거실 창문에는 보조자물쇠 외에 섀시도 함께 설치하는 것이 바람직하다. 또한 도로, 공지(空地), 주차장, 농지 등과 접한 그 밖의 창문은 충분히 주의하여 설치할 필요가 있다.

④ 기타 개구부(開口部)

환풍기를 제거하고 침입하는 경우가 있으므로 셔터가 부착된 환풍기를 사용하든가 사람이 출입할 수 없는 크기의 것을 설치하도록 한다. 머리만 들어가면 나머지는 간단히 침입할 수 있다고 호언하는 자도 있으므로 주의를 요한다.[10]

4) 공동주택의 범죄예방 요령

(1) 공동주택의 특성

- 전체 주택지역중 단독주택 재건축 및 지역 재개발 사업으로 아파트, 연립 등 공동주택 점유율의 급격한 증가.
- 아파트단지 내 다중 출입이 용이하고 특히 야간출입 통제곤란.
- 단독주택보다 상대적으로 안전하리라는 인식으로 입주자의 자위방범의식 미약.

(2) 범죄수법

① 아파트 개인세대별

- 대규모 단지의 경우, 익명성이 높아 침입범행 용이.
- 현관문만 잠그면 안전하리라는 방심을 틈타 빗물 배수통, 도시가스배관, 베란다 난간을 타고 3층 이상 아파트에도 창문으로 침입.
- 옥상에 침입 숨어 있다가 한밤중에 밧줄을 타고 내려와 창문으로 침입범행.
- 열린 문이나 창문을 통해서 또는 자물쇠를 부수거나 유리창을 깨고 침입.
- 맞벌이 등으로 집을 비운 것을 전화를 걸어 확인한 후 침입.
- 우편배달부, 방문객, 외판원, 동사무소 직원, 검침원(수도 · 전기 · 가스)을 가장 또는 관리실 경비원을 사칭 문을 열게 한 후 침입 범행.
- 만능키나 훔친 열쇠를 이용 침입

② 아파트 내부, 외부 공간

- 엘리베이터 내에서 동승한 여자를 위협, 강취하거나 동승한 어린이를 협박하여 침입 범행.
- 비상계단 공용공간에서 발생하는 범죄는 고층아파트일수록 많이 발생.
- 단지 내의 공원 놀이터 주차장 등에서 환각제 흡입, 패싸움, 성폭력, 금품갈취행위 등 범죄용이.
- 주차장에서는 차량 및 카스테레오 도난 빈발.

---

10) 박병식, "침입범죄와 주거안전" 박병식 한국안전교육학회지 제1권 제1호.

5) 가정 안전 점검표

〈표 2-6〉 가정 안전 점검표[11]

분야	점검항목	점검확인			
		양호	불량	이상 시 접수처	
화재 예방	위험성이 있는 물질 등의 방치 유무				
	가정용소화기 비치, 확인 및 소화전 작동요령은 숙지하였는가?				
	동절기 난로 사용 시 안전 조치				
	점화상태에서 주유는 하지 않는가? 평평한 바닥에서 주유를 하는가? 인화물질이 가까이 있지는 않는가?				
전기 사고 예방	전깃줄이 낡은 곳은 없는가?				
	집을 모두 비울 때는 각종 코드를 뽑아 두는가?				
	물 묻은 손으로 전기 코드를 만지지는 않는가?				
	1개의 콘센트에 전기전열기구에 문어발 식 접속을 하지 않는가?				
가스 폭발 예방	중간밸브는 완전히 잠겨 있는가?				
	가스통은 안전한 곳에 설치 되어 있는가?				
	가스통에서 가스레인지까지 연결부분은 주 1회 이상 비눗물을 발라 확인하는가?				
	가스폭발 위험성 및 폭발방지에 관한 요령을 숙지하고 있는가?				
안전 사고 예방	어린이들이 손쉽게 접근할 수 있는 장소에 유해물질(성냥, 라이터, 칼, 약품 등)을 방치하지 않았는가?				
	선풍기에 안전망은 설치하였는가?				
	높은 곳에서 떨어질 위험이 있는 물건을 방치하지는 않았는가?				
	문, 책상, 가구 등의 날카로운 모서리에 안전 조치를 하였는가?				

11) 국민안전처, http://www.safekorea.go.kr/idsiSFK/136/menuMap.do?w2xPath=/idsiSFK/wq/sfk/cs/contents/prevent/SDIJKM5301.xml

Chap. 3

화재안전

1. 화재의 개념
2. 화재현상
3. 화재의 특수현상
4. 소화(消火)의 원리
5. 화재 시 행동요령
6. 화재예방대책

제 3 장 화재안전[1)]

현대생활에 있어 불, 다양한 에너지의 사용량 증가와 더불어 화재발생 가능성은 대단히 높다. 또한 화재란 일단 발생하면 평생 동안 모은 귀중한 재산을 순식간에 태워 버림은 물론 소중한 인명마저 앗아가는 무서운 재난중의 하나이다. 사람들은 화재의 무서움은 인식하면서도 그것을 예방하고 경계하는 면에서는 적극적이지 못하며 소방업무를 시민들의 일상생활과는 전혀 무관한 기술적인 전문업무로 생각하는 경향이 많다. 따라서 사람들의 잘못된 인식을 바꾸어 스스로 화재예방의 중요성을 자각하고 우리의 안전한 생활을 위해선 화재예방을 생활화하여야 한다.

1. 화재의 개념

1) 화재(火災)의 정의

화재란 사람의 의도에 반하여 발생 혹은 확대되거나 또는 방화에 의하여 발생하여 소화의 필요가 있는 연소현상이다. 이것을 소화하기 위하여 소방시설 또는 그것과 같은 정도의 효과가 있는 것의 사용을 필요로 하는 경우와 그와 같은 것을 사용하지 않는 경우에도 화재로 취급하는 것도 많이 있다.

화재는 건물 기타 가연물이 연소에 의해 소실되는 것이지만 사용목적과 해석 등에 따라서 반드시 일정하지는 않다.

---

1) http://www.ad119.go.kr

2) 화재의 원인

화재의 원인에는 단순하게 혹은 복잡한 경로를 따라서 발생하지만 발생에 이르는 동기를 크게 나누어 보면 화기와 가연물의 사용상 부주의, 방화 등 인위적인 것과 낙뢰, 화학변화 등에 의한 자연적인 것도 있다.

발생빈도는 인구 및 건축물, 기타 가연물의 밀도에 대체로 비례하여 대도시일수록 화재가 많이 발생하고 있다.

3) 화재의 분류

일단 화재가 발생하면 5분 이내에 진화해야만 한다. 그 이유는 화재가 발생하고 5분 정도 지난 다음부터는 불길이 커져 막을 수 없을 만큼 빠른 속도로 번지는 힘이 생기기 때문이다. 이러한 불이 얼마나 많은 피해를 가져오는가 하는 것은 바람의 속도, 기압 또는 나무와 같이 불에 잘 타는 물질 등 여러 가지 조건에 의해 좌우된다. 화재를 그 특성에 따라 구분하면 다음과 같다.

(1) 대상별에 의한 분류

- 건물화재(건조물포함)
- 차량화재
- 선박화재
- 항공기화재
- 임야화재
- 위험물화재

(2) 소실정도에 의한 분류

① 전소화재

전체의 70%이상이 소실된 것. 그 이하라 할지라도 보수를 행하여도 재사용 할 수 없는 것을 말한다.

② 반소화재

전체의 30%이상 70%미만 소실된 것을 말한다.

③ 부분소화재

전소, 반소, 즉소화재에 해당하지 않는 것을 말한다.

④ 즉소화재

화재발생 즉시 소화된 화재로 인명피해가 없고 피해액이 경미한(동산, 부동산을 포함하여 30만원이하) 화재로서 화재건수에 포함시킨다.

(3) 원인별에 의한 분류

① **실화** : 과실에 의해 화재가 발생하여 물건 등이 소손한 것을 말한다.
② **방화** : 의도적으로 화재를 발생시킨 것을 말한다.
③ **자연발화** : 산화, 약품혼합, 마찰 등에 의해 발열, 발화한 것을 말한다.
④ **천재(天災)발화** : 지진, 낙뢰, 분화 등에 의해서 발화한 것을 말한다.

(4) 가연물에 의한 분류

① 일반(보통)화재(A급화재-백색)

연소 후 재를 남기지 않고 냉각효과, 발생건수가 많다. 목재, 섬유류, 종이, 나무 플라스틱처럼 다 타고 난 이후에 재를 남기는 화재를 말하며 이런 화재를 일반화재 또는 보통화재라 한다.

② 유류화재(B급화재-황색)

연소 후 재를 남기지 않음, 연소열이 크고 연소성이 좋음, 포 등을 이용한 질식소화. 휘발유 또는 식유와 같이 불에 타기 쉬운 가연성 액체는 프로판 가스와 같은 가연성 가스 류 화재 또는 가스 화재라 한다.

③ 전기화재(C급화재-청색)

전기기기가 설치되어 있는 장소에서의 화재, 소화 시 물 등의 전기전도성을 가진 약제를 사용하면 위험. 변압기, 전기다리미, 두꺼비집 등 전기기구에 전기가 통하고 있는 기계나 기구 등에서 발생하는 화재를 말한다.

④ 금속화재(D급화재)

가연성 금속류(칼륨, 나트륨, 마그네슘, 알루미늄)가 가연물이 되는 화재, 폭발성이 강한 수소발생, 수계소화기 사용불가.

2. 화재현상

1) 연소의 3요소

연소라 함은 일반적으로 공기 중 또는 산소 속에서 물질이 심하게 산화반응을 일으키면서 열과 빛을 발생시키는 산화현상이다.

(1) 불(연소)의 3요소

불은 연료(가연물), 열(점화원), 산소 등 3가지 조건이 갖추어 져야만 불의 발생이 가능한 것이다. 그래서 우리는 이 3가지를 "불의 3요소"라 부른다. 다시 말해서 불이 일어나기 위해서는 불의 3요소 중 한 가지라도 없으면 불은 일어나지 않는다.

〈표 3-1〉 불의 3요소

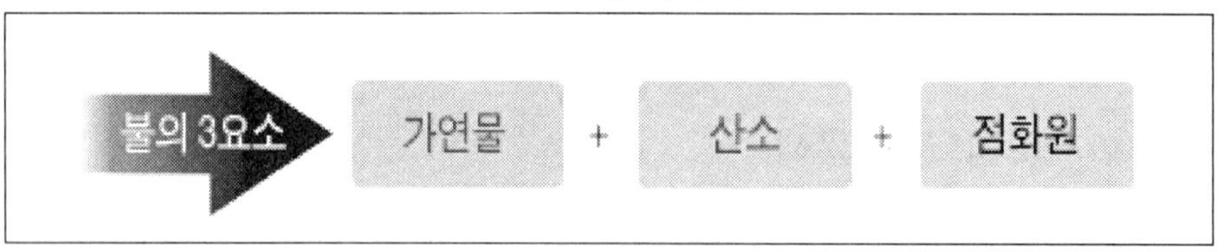

① 연료(가연물)

불에 탈 수 있는 물건을 말하며 이는 고체, 액체, 기체연료의 3가지로 구분된다.

- 고체연료 : 연탄, 나무, 종이, 옷, 고무, 플라스틱 등
- 액체연료 : 석유, 휘발유, 알코올, 방커C유 등
- 기체연료 : 프로판가스, 메탄가스, 부탄가스 등

② 열(점화원)

물질이 타서 불붙기 위해서는 반드시 열이 있어야 하는데, 이 열은 높은 열이어야 하며 그 양도 적당히 있어야 한다.

예를 들어, 성냥불의 불꽃은 보통 가연물에 불을 붙이기에는 충분한 온도를 가졌으나 그 양이 적은 까닭에 통나무와 같은 큰 부피의 물체를 태울 수는 없다.

그러나 수천 개비의 성냥불을 동시에 가져다 댄다면 그 양이 많기 때문에 통나무를 능히 태울 수 있다.

③ 산소(공기)

물질이 열을 받아서 타려면 산소가 있어야 하며 산소가 없으면 불이 일어나지 않는다. 우리가 호흡할 때 들이 마시는 공기 중의 약 21%는 산소이며 연소하기 위해서 필요로 하는 산소의 양은 가연물질의 종류에 따라 서로 다르다. 대부분의 액체는 공기 중 산소 함량이 15% 이하로 줄어들면 불붙기 어려우며, 고체의 경우에는 6% 이하로 줄어들지 않으면 불은 계속 붙거니 그을면서 탄다.

2) 연소범위

- 가연성 가스와 공기의 혼합물은 항상 연소하는 것이 아니고 양자가 어느 비율의 범위 내에서 혼합되어 있을 때 연소가 일어난다.
- 혼합물중 가연성가스의 농도가 너무 희박해도 또는 농도가 너무 농후해도 연소는 일어나지 않는다.
- 이 희박한 측의 한계를 연소하한계라하고 농후한 측의 한계를 연소상한계리

하며 양한계의 농도범위를 연소범위라 한다.

- 불연소되는 이유 : 가연성가스의 분자와 산소와의 분자 수가 상대적으로 한쪽이 많으면 유효충돌횟수가 감소하여 충돌했다 하더라도 충돌에너지가 주위에 흡수·확산되어 연소반응의 진행이 방해되기 때문 이다. 수소, 일산화탄소를 제외하고 온도와 압력이 상승함에 따라 연소범위는 확대되어 그 위험성이 증가한다.

3) 인화점과 발화점

(1) 인화점(인화온도)

- 인화점은 착화원이 있을 때 가연성액체나 고체의 표면에 연소하한계 농도의 가연성 혼합기가 형성되는 최저온도로 하부인화점 이라 한다.
- 가연성액체나 고체가 인화점 이상의 온도로 유지될 때 발화의 위험성이 존재한다.(착화의 위험성을 평가하는 중요한 지표이다)
- 일반적으로 가연성의 액체 또는 고체의 온도가 상승하면 그 표면의 가연성가스의 농도는 상승되어 먼저 연소하한계에 도달하고 더욱 온도가 상승하면 연소상한계에 도달한다.
  이보다 온도가 상승하면 연소범위를 초과하게 되므로 착화원의 존재의 유무와 관계없이 발화의 위험성이 없어진다.
- 상부인화점 : 가연성액체나 고체의 표면에 연소상한계 농도의 가연성혼합기를 형성하는 온도를 말한다.
- 인화점이 낮은 액체나 고체일수록 점화원과 접촉하여 인화할 위험성이 대단히 높다.

(2) 발화점(발화온도)

- 발화점은 착화원이 없는 상태에서 가연성물질을 공기 또는 산소 중에서 가열하였을 때 발화되는 최저온도를 말한다.

- 발화점은 물질을 가열하는 용기의 표면상태, 가열속도 등에 의한 영향을 받는데 측정조건에 따라 값이 달라진다.
- 가연성액체중 이황화탄소, 에틸에테르, 아세트알데히드는 200℃이하의 낮은 온도에서 발화하므로 취급 시 주의해야 한다.
- 일반적으로 산소와의 친화력이 큰 물질일수록 발화점이 낮고 발화하기 쉬운 경향이 있다.

4) 연소의 확대(불의 성장과 확산)

불의 원리에서 말한 바와 같이 일단 불이 나면 불은 외부 공기로부터 산소를 공급받아서 불꽃으로부터 되돌아온 열에 의해 재 점화, 확산하여 다른 가연물질을 태우면서 확대해 나가는데 이러한 확대 현상은 직접 물질이 화염에 접촉하면서 진행하는 것이 대부분이나 일부열의 이동이나 불꽃(불티)이 날아가는 현상(비산), 이 두 가지 물리적인 상태가 단독 또는 중복해서 불이 진행하게 된다. 이 중에서 특히 열의 이동에 의해서 확대되는 경우에는 전도, 대류, 복사의 세 가지 작용에 의하여 진행된다.

(1) 전도(conduction)

전도는 열이 물질을 매체로 하여 고온 측에서 저온 측으로 이동하는 현상을 말한다. 열전도도는 금속이 가장 높으며 공기는 열전도가 아주 낮다. 따라서 열전도도가 높은 물질일수록 열전달은 빨라진다.

(2) 대류(convection)

대류는 유체의 분자가 이동하여 고온유체와 저온유체가 혼합함으로써 열전달이 일어나는 현상으로 액체 또는 기체의 온도를 높이면 비중이 가벼워져 상승함으로써 열이 전달된다.

연소되는 불에 스친 공기는 따뜻해지고 가볍게 되어 상승하는 반면에 주위의 차가운 공기는 흘러 들어와서 가열되어 상승한다.

이와 같은 회전이 빨라지면 바람이 일게 되는데 화재현장에 바람이 불고 화염이 불똥(비화)을 일으키게 되는 것은 이와 같은 현상이다.

(3) 복사(radiation)

모든 물체는 온도에 따라 그 표면으로부터 모든 방향으로 열에너지를 전자파로 복사한다. 이 복사에너지가 물체에 일부 흡수되면 그 물체의 온도는 상승한다. 이와 같은 열전달 현상이 복사이다.

겨울철에 난로주위에 있을 때 따뜻한 것을 느낄 수 있는 것은 복사열을 받기 때문이며 화재현장에서 주위의 건물을 연소시키는 것은 복사가 주원인이다.

특히, 바람이 부는 방향의 상층부나 좌우부의 연소는 대개 복사열에 의하여 이루어진다.

(4) 비화(불똥)

비화는 수㎜에서 수㎝정도의 크기를 갖는 화염덩어리를 말한다.

대화재는 비화에 의하여 연소되는 경우가 많으며 불똥은 기류를 타고 타 건물의 가연성물질에 옮겨 붙어서 착화하게 한다.

3. 화재의 특수현상

1) 플래시오버(Flash Over)현상

실내에서 화재가 발생하는 경우 온도변화는 화원의 크기, 종류, 내장재의 종류, 실내의 개구부의 크기에 따라 좌우되지만, 일반적으로 다음과 같이 변화한다.

발화점은 담배를 이불속에 방치하거나 쓰레기통에 던져 버린다든가, 점화되고 있는 석유스토브에 급유를 하다가 인화되거나, 튀김기름에 불이 붙어 화재가 발생했을 때 등이 해당된다.

그 후 발화원인인 화원이나 착화물의 종류에 따라 시간적 경과는 각기 다르며, 비교적 낮은 온도에서 번져가지만 일단 벽체의 내장재나 가구 등에 착화하여 불이 커져 천장에 이르면 급속도로 수평방향으로 불이 번져 연소면적이 넓어짐과 동시에 복사열에 의해 실내에 있는 가연물의 열분해가 한층 촉진되어 가연성가스와 공기가 혼합되면서 연소범위에 들어가게 되며 연소중의 불에 인화하여 급속히 화재가 확대, 실내 전체가 불길에 휩싸여 온도는 상승하기 시작한다.

이 현상을 플래시오버(FO)라 부르며 이후 화재장소의 온도는 상승하여 최고점에 도달하게 된다. 발화원이 성장하여 내장재에 착화된 후 이 FO가 발생할 때까지의 시간은 방의 창이나 개구부의 크기, 내장재, 화원의 크기에 따라 다소 달라지겠으나 내장재가 가연성 재료인 경우에는 3~4분, 난연재료인 경우에는 5~6분, 준 불연재료의 경우에는 7~8분으로 화재실험 등에 의해 밝혀져 있다.

플래시오버(FO)가 실내에서 발생했다면 그 실내는 불꽃 때문에 사람이 생존할 수 없고, 유독가스를 포함한 짙은 연기가 분출되어 복도는 검은 연기로 가득 차게 되어 복도를 통한 피난이 불가능해지며 화재는 최성기를 맞아 더더욱 많은 연기를 뿜어댄다.

2) 백 드래프트현상(back draft:hot air explosion, smoke explosion)

석절하게 배언이 되지 않는 상태에서 화재로 인하여 산소가 결핍된 실내에 산소가 급격하게 유입되었을 때 발생하는 고열(화재)가스의 폭발 또는 급격한 연소를 말한다. 지하실, 창고, 선박 등에서 장시간 연소되면 실내에 다량의 일산화탄소, 기타 가연성가스가 발생, 체류하여 백드래프트 현상을 일으키는데 이것을 연기폭발이라고도 한다.

백 드래프트 현상은 일산화탄소 12.5~74.2%의 범위에서 온도 600℃이상일 때에 새로운 공기가 들어가면 발생한다. 미국에서는 이 현상을 '소방관 살인현상'으로 불려진다.

3) 유류화재 현상

(1) 열파(heat wave)현상

원유나 중유와 같은 중질유는 상당히 넓은 비점 범위를 갖고 있어 이와 같은 중질유의 탱크 화재 시에는 고열의 열 유질을 유면에서 밑쪽으로 전달하며 그 층의 두께는 연소시간의 경과에 따라 증대한다. 이와 같이 밑 부분으로 전도하는 열유층(熱油層)을 열파라고 한다.(원유:50~200℃, 중유:250℃이상, 전파속도 : 0.4~1.3m/h)

(2) 보일오버(boil over)현상

석유탱크 화재 시에는 발화된 액체위험물 밑 부분에 비점이 낮은 불순물(물 또는 습기를 다량으로 포함한 찌꺼기 등)이 있어 연소에 수반하여 고열의 열파가 내려가게 되면 급격한 기화로 인해 다량의 기름이 탱크 밖으로 넘치는 현상을 말한다. 이러한 보일오버 현상의 조건은 다음과 같다.

① 열파를 형성하는 유류일 것
② 탱크 밑 부분에 물 또는 습도를 함유한 찌꺼기 등이 있을 것
③ 거품을 형성하는 고점도의 성질을 가진 유류일 것

보일오버 현상을 예측하기 위해선 탱크측판에 시온도료 사용, 변색현상 주시, 분무방수에 의한 수증기 증발현상 등에 의한다. 보일오버 현상 발생 예측은 화염이 갑자기 높아지는 경우, 화염이 갑자기 빛나는 경우, 유면 밑에서 기화소음을 발생하는 경우 등이다.

(3) 슬롭오버(slop over)현상

액체위험물이 화재 시 계속되는 연소로 연소물은 계속 가열되고 고온화하여 더욱 가연성 가스를 활발하게 생성시킨다. 이때 물이나 수분을 포함한 소화약제를 방사하게 되면 물의 비점(100℃0이상일 경우 급작스러운 기화로 1700배 정도의 부피로 확장되어 이로 인해 열유를 교란시켜 탱크 밖으로 밀어 올리거나 비산시키는 현상을 말한다. 보일오버 현상에 비하면 그 규모는 작다.

(4) 화이어볼(fire ball)현상

용기 내에 액화석유가스 등이 저장된 상태에서 화재가 발생하면 그 열에 의하여 용기가 계속 가열하면 액체는 빠른 속도로 기화하여 내부압력을 증대시킨다.

그리하여 내압을 견디지 못한 용기는 파열 또는 폭발하고 가연성가스 덩어리가 분출되고 공기와 혼합 확산한다.

이때 착화하게 되면 거대한 화염 덩어리가 되는데 이 경우 파괴력을 수반하여 폭굉을 발하는 경우도 있으며, 특히 복사열이 강하여 수열(受熱)피해와 화염피해, 원거리 연소 등의 현상이 나타나기 때문에 각별한 주의가 필요하다.

이와 같은 현상을 브레비현상 또는 비등액체 팽창증기폭발(boiling liquid expanding vapor explosion)이라고도 한다.

4) 화재 시 연기의 위험성

화재와 연기의 위험성에 대한 상관성은 크게 산소의 부족(공기 중 8%이하)과 유독가스(일산화탄소. 이산화황, 암모니아, 시안화수소 등)의 발생현상으로 압축할 수 있는데 공기 중에 포함된 산소의 농도는 보통 21%이지만, 화재 시 연소에 의해 산소가 소비되면 사람의 호흡에 필요한 산소의 부족현상과 아울러 산화탄소와 이산화탄소의 농도는 증가한다. 사람이 당황하게 되면 평소의 3배 호흡량이 많아 다량의 유독가스를 흡인하게 된다. 실제로 연소가스 중에는 2~3%의 산소가 함유되어 있을 뿐이므로 이러한 저 농도 산소는 사람이 1회의 호흡만으로도 의식불명이 될 수 있다고 연구되고 있다.

최근 화학제품의 보급이 확산됨에 따라 화재 시에는 엄청난 유독가스가 발생하고 있다. 화학제품이 탈 때는 보통 목재류가 탈 때보다 10~25배 이상의 연기가 발생하고 그 외 청산, 염화수소, 포스겐 등의 유독가스를 발생시킨다.

이 가스는 극히 미량으로도 호흡장애나 마비를 일으켜 죽음으로 몰고 간다. 보통 사람은 일산화탄소 1% 포함한 공기를 약 2분 정도 호흡하면 질식으로 생명을 잃게 된다. 연기가 이동하는 속도는 수평방향으로 1초에 약 1~2 m 정도로 보통 사람이 걷는 속도와 같고, 수직방향으로 상승하는 속도는 1초에 약 3~5 m 정도이다. 그러므로 화재 시 막혀있는 장소의 높은 곳은 극히 위험하다.

(1) 산소농도의 저하와 인간의 반응

① 산소농도 21∼18% : 긴급탈출 가능
② 산소농도 16∼14% : 두통과 맥박이 증가하고 현기증, 구역질
③ 산소농도 12∼10% : 의식불명, 구토와 실신
④ 산소농도 8∼7%　 : 의식불명, 실신, 7∼8분 이내에 사망에 이름
⑤ 산소농도 6%이하 : 호흡정지, 경련, 6분 이내에 사망에 이름

(2) 연기의 이동속도

인간의 보행속도를 1∼1.2m/sec로 가정하였을 경우 수평방향(복도 등)으로는 0.5m/sec인 반면, 수직방향으로는 화재초기에는 1.5m/sec, 중기이후에는 3∼4m/sec로서 사람의 보행속도 보다 훨씬 빠르다(발화10∼15분이면 복도·계단 등의 공용부분은 통행이 불가능 하다) 따라서 화재 시 계단을 통해서 대피할 경우에는 신속히 아래층으로 대피하고, 아래층으로 대피하기 어려울 때에는 상층으로 대피하되 반드시 옥상으로 탈출하여 구조를 기다려야 한다. 그렇지 않고 상층부에 머무를 때는 다량의 연기가 상층부에 집중되므로 매우 위험한 상황에 처할 수 있다.

4. 소화(消火)의 원리

화재의 소화는 연소의3요소 즉 가연물, 산소 및 열(발화에너지)의 세가지중에서 어느 한 가지 이상을 제거함으로써 연소반응을 중지시키는 것이며 그 방법은 다음과 같이 분류할 수가 있다.

1) 소화(消火)의 분류

(1) 질식소화법

가연물의 연소에는 보통 산소의 공급을 필요로 하므로 이것을 차단하면 연소는 중단한다. 이것을 질식소화법이라 하며 다음과 같은 방법이 있다.

① 불연성기체로 덮는 방법

무거운 불연성의 기체를 연소물의 위에서 덮으면 그 기체와 산소가 희석 또는 차단되어 소화할 수가 있다. 현재 사용되고 있는 것으로는 이산화탄소(CO_2), 질소(N_2) 등의 기체와 할로겐화합물 등이 있다.

② 불연성의 홈(foam)으로 연소물을 덮는 방법

연소하고 있는 물질을 공기나 이산화탄소, 질소 등으로 발포시킨 홈(foam)으로 덮으면 소화할 수 있다. 유지류 등의 소화에 가장 많이 사용되고 있는 홈으로는 화학포, 공기포가 있으며 이들 홈으로 연소물을 덮은 경우 홈에 섞여있는 수분은 열에 의하여 증기로 되고 또 파괴되지 않은 홈은 공기를 차단한다. 따라서 이러한 의미에서 질식과 동시에 냉각작용도 하고 있다고 말할 수 있다.

③ 고체로 연소물을 덮는 방법

화면(火面)이 작은 경우는 담요 등으로 연소물을 덮으면 소화할 수 있다. 후라이팬의 화재 시에 주위에 있는 타올을 사용하는 경우 등으로서 이 방법은 초기 소화에는 유효하다. 또, 불연성 가스나 물속에서도 연소가 계속될 때는 건조사(마른모래)로 소화하는 것도 이 방법이다.

④ 연소실을 완전 밀폐하여 소화하는 방법

창고나 선실 등을 밀폐하여 산소를 단절하여 소화할 수 있다.

(2) 희석소화법

가연성 기체가 연소하기 위해선 그것이 산소와 연소범위에 있는 혼합기를 만들어야 한다. 따라서 산소농도가 가연물의 조성을 연소범위 이하로 희석시켜 소화할 수가 있다. 이와 같이 기체, 액체, 고 체에서 나오는 분해가스의 농도를 엷게 하여 연소를 중지시키는 방법을 희석소화법이라 한다.

① 액체의 농도를 희석하여 소화하는 방법

연소중인 액체를 불연성의 다른 액으로 엷게 희석하면 액면상의 가연성 증기량이 감소하고 연소 하한계 이하 로 되어 연소하지 않게 된다. 예를 들면 메탄올, 아세톤 등의 수용성액체가 연소하고 있는 경우에 물을 대 량으로 쏟아 넣으면 소화할 수 있다.

② 강한 바람으로 불어서 소화하는 소화법

연소물에 강한 바람을 대면 가연성의 증기가 바람에 날려 농도가 엷어지게 되어 소화할 수 있다.

③ 연성의 기체에 의한 희석소화법

연성의 기체를 불꽃 속에 넣으면 산소농도가 엷어지게 되므로 소화할 수가 있다. 질식소화와 거의 같으며 이것을 이용하여 이산화탄소, 질소가스등의 불활성가스를 연소실에 불어넣어 산소농도를 10%이하로 하여 소화한다.

통상 공기 중에는 약21%의 산소가 포함되어 있다. 이것을 더욱 엷게 하면 불꽃의 발생은 점점 약해지게 되고 결국에는 꺼진다. 이것을 응용한 것으로서 지하주차장등의 소화설비에 이산화탄소를 사용하거나 또는 드라이아이스를 창고, 선실에 넣고 소화하는 방법이 있다

(3) 제거소화법

연소물이나 화원을 제거하면 소화할 수 있다. 이것을 제거소화법이라 한다. 이 방법은 가연성물질을 파괴, 제거, 이동 등을 하여 수열면을 작게하여 연소를 저지시키는 방법이다. 화재현장에서 복도를 파괴 하 거나 대형화재의 경우 어느 범위의 건물을 제거하여 방어선을 만들어 연소를 방지한다. 또 산림화재를 미리 예상하여 평소에 방화선을 설정하고 있는 것은 이곳에서 차단시키기 위한 것이다.

(4) 냉각소화법

소화제(물을 포함한다)의 냉각효과에 의하여 연소물을 냉각시키고 그 온도를 발화점이하로 내려 소화할 수가 있다. 이것을 냉각소화법이라 한다. 소화제에는 기체의 연소에 대한 고체의 냉각작용과 주수(홈냉각을 포함)의 냉각작용이 있다. 물에 의한 소화는 가연물을 발화점 이하로 냉각하는 데에 가장 실용 적이고 일반적이라고 말할 수 있다. 보통 가연물의 발화점은 각각 다르지만 대개 250℃이상이기 때문에 주수로 그 이하가 되게 하면 소화할 수 있다.

그러나 주수기피 물질이나 금수성물질 등과 같이 물과 반응을 심하게 일으키는 것은 소화 작업 시 충분히 주의하여야 한다. 물은 고체, 액체, 기체의 세 가지 형태로 변화하지만 액체에서 기체로 변화할 때 흡수하는 경우의 열량은 최대의 냉각효과를 얻을 수가 있는 것이다. 1g의 물이 증발하는 데는 538cal의 열을 흡수하고 약1,700배의 수증기가 되어 공기 중에 체류하며 연소물 등의 냉각과 함께 산소를 희석시킨다. 그래서 소화에 있어서는 주수한 물이 전부 수증기화 하는 것이 가장 이상적이다.

2) 소화기 분류 · 사용법

화재는 무엇보다 그 발생초기에 진압을 하는 것이 가장 중요하며, 화재를 초기에 진압할 수 있는 기구가 소화기이다. 또한 소화기는 화재발생시 건물 내에 있는 사람이 가장 손쉽게 사용할 수 있는 소방기구 중의 하나로써 회재를 초기에 진압하는 데 중요한 역할을 담당한다.

소화기는 화재가 발생할 경우 단 한번 사용하게 되는 것이므로 그 중요성을 잊어버리고 방치해 두는 일이 많으나 만일의 경우를 대비하여 항상 소화기를 양호하게 관리하여 사용에 지장이 없도록 해야 한다.

(1) 소화기의 분류

A. 소화능력단위에 의한 분류

① **소형소화기** : 능력단위 1단위 이상이면서 대형소화기의 능력단위 미만인 것
② **대형소화기** : 능력단위가 A급소화기는 10단위, B급소화기는 20단위 이상인 것

B. 가압방식에 의한 분류

① 축압식

소화기의 용기 내부에 소화약제와 압축공기 또는 불연성가스(질소,CO2등)를 축압시켜 그 압력에 의해 약제가 방출되며, CO2소화기와 할론1301 소화기외에는 모두 지시압력계가 부착되어 내부의 압력을 지시하고 있으며 압력계의 지시침이 적색부분을 지시하면 비정상압력, 녹색부분을 지시하면 정상압력 상태이고 8.1~9.8kg/㎠정도로 축압시킨다.

② 가압식

수동펌프식, 화학반응식, 가스가압식으로 분류되며 수동펌프식은 펌프에 의한 가압으로 소화약제가 방출되고 화학반응식은 소화약제의 화학반응에 의해서 생성된 가스의 압력에 의해 소화약제가 방출되며 가스가압 식은 소화약제의 방출을 위한 가압가스용기가 소화기의 내부나 외부에 따로 부설되어 가압가스의 압력에 의해서 소화약제가 방출된다.

C. 소화약제에 의한 분류

소화기 내부에 저장된 소화약제에 따라서 물소화기, 산알카리소화기, 강화액소화 기, 할로겐화합물소화기, 이산화탄소소화기, 분말소화기 등으로 분류된다.

① 분말소화기

현재 우리나라에서 가장 많이 보급되어 있는 소화기로 인산암모늄이 주성분이

며, 방사 된 약제는 연소면의 피복에 의한 질식, 억제작용에 의해 일반화재, 전기화재 등 모든 화재에 효과적이나 소화약제는 다른 종류의 분말 소화약제와는 화학성질이 다르므로 혼합되지 않도록 해야 한다.

이 소화기는 건조된 분말을 주성분으로 하고 분말상태가 장기간 유지되도록 방습제 등을 첨가하여 용기본체에 충전하고 분말약제를 방사할 수 있도록 압축가스를 봉입한다. 이 압축가스의 봉입방법에 따라 용기 본체에 직접 봉입하는 축압식과 별도의 용기에 충전하여 소화기 본체에 부착하는 가압식이 있다.

이 소화기는 안전핀을 제거하고 손잡이를 누르면 봉판이 파괴되고 이 때 압축가스에 의해 약제를 방사하게 된다.

② 이산화탄소(CO_2)소화기

이산화탄소는 고압으로 압축되어 액상으로 용기에 충전되어 있으며, 고압가스 용기를 사용하기 때문에 중량이 무겁고 고압가스의 취급이 용이하지 못하다는 단점이 있으나 소화약제에 의한 오손이 적고 전기절연성도 크기 때문에 전기화재에 많이 사용된다.

③ 하론 소화기

하론소화기는 할로겐화합물로 충전되어 있으며 화재가 발생하면 소화기의 노즐을 발화지점을 향해 소화하면 된다.

할로겐화합물은 쉽게 변질되지 않으므로 소화기 자체에 붙어있는 사용범위를 알려주는 압력계를 관찰하여 사용범위 내에 있으면 충전할 필요가 없이 사용 가능하다. 또 소화용도로 사용한 때에는 용기에 재충전하여 쓸 수 있으며, 주로 전자계산실이나 중요한 서류, 문서실, 귀금속을 보관한 장소에서 사용된다.

D. 소화기의 화재적응성

소화기의 화재 적응성에 따라 화재의 종류는 3가지(A,B,C급 화재)로 구분할 수 있다.

① **A급화재 –** 목재, 섬유류, 종이, 플라스틱처럼 타고나서 재를 남기는 일반화재

② **B급화재 –** 기름, 알코올 등과 같이 타고나서 재가 남지 않는 유류나 가스 화재

③ **C급화재 –** 전기설비 또는 기구에서 일어나는 전기화재를 말한다.

(2) 소화기 사용법

화재를 발견하면 소화기를 들고 화재장소 가장 가까운 직선거리로 이동한다.

① 안전핀을 뽑는다. 이때 손잡이를 누른 상태로는 잘빠지지 않으니 침착하도록 한다.

② 호스걸이에서 호스를 벗겨내어 잡고 한손으로 노즐(호스)을 화재가 발생한 쪽으로 향한다.

③ 다른 한손으로 손잡이를 움켜쥐면 약제가 방사되어 소화된다.

④ 불의 아래쪽에서 비를 쓸 듯이 차례로 덮어 나간다.
이때 바람을 등진 쪽에서 비로 쓸 듯이 좌우로 뿌리는 것이 효과적이며 당황하지 말고 침착하게 소화기를 사용해야 한다.

⑤ 불이 꺼지면 손잡이를 놓는다(약제 방출이 중단된다)

(3) 소화기 관리 및 점검요령

평소 소화기는 눈에 잘 띄는 곳에 비치하고 언제라도 사용가능한 상태로 유지하여야 하며 다음과 같은 방법으로 수시로 점검을 하여야 한다.

① 가압식소화기의 점검방법

안전핀과 노즐을 확인하여 이상 유무를 확인하고, 소화기를 거꾸로 들어 약제의 유동여부(소리)를 귀로 확인 한다. 이때 약제가 유동되는 소리가 들리지 않는 경우는 응고되어 사용이 불가능한 상태이므로 약제를 교환하여야 한다.

② 축압식소화기의 점검방법

안전핀과 노즐을 확인하여 이상 유무를 확인하고, 압력게이지를 확인하여 바늘

이 녹색부분에 위치하고 있는 경우는 정상상태이다.

바늘이 적색부분에 위치하고 있을 때는 과충전 상태이며, 황색부분에 위치하고 있을 때는 압력이 충분하지 못한 상태이므로 소화기판매점이나 소방설비업체 등에 의뢰하여 가스와 약제를 재충전하여야 한다.

5. 화재 시 행동요령

불이 나면 누구든지 당황하고 공포감에 싸이게 되며 때로는 흥분하여 평상시보다 판단력이 떨어져 우왕좌왕하다 연기에 질식되거나 높은 데서 뛰어내려 귀중한 인명피해가 발생하기도 한다. 이런 경우 혼자 불을 끄려고 노력하다 불이 확대되어 미처 피난하지 못하는 경우도 있다. 화재가 발생하면 최초 발견자는 큰 소리로 다른 사람에게 화재가 발생했다는 사실을 알려야 하고 즉시 소화기나 모래, 옥내소화전 등을 이용하여 소화 작업에 임해야 한다. 이때 주의해야 할 사항은 불 쓰는 일에만 정신이 팔려 연기에 질식하거나 불길에 갇히는 일이 없도록 하고 소화약제는 화염이나 연기에 방사하는 것이 아니라 화원에 방사해야 한다.

화재는 무엇보다 그 발생초기에 진압을 하는 것이 가장 중요하며, 화재를 초기에 진압할 수 있는 기구가 소화기다.

또한 소화기는 화재발생시 건물 내에 있는 사람이 가장 손쉽게 사용할 수 있는 소방기구 중의 하나로써 화재를 초기에 진압하는 데 중요한 역할을 담당한다.

소화기는 화재가 발생할 경우 단 한번 사용하게 되는 것이므로 그 중요성을 잊어버리고 방치해 두는 일이 많으나 만일의 경우를 대비하여 항상 소화기를 양호하게 관리하여 사용에 지장이 없도록 해야 한다.

초기소화가 불가능하다고 판단되면 지체 없이 소방관서에 신고를 하고 대피해야 하는데 이때는 연소속도를 늦추기 위하여 반드시 출입문을 닫고 대피하여야 한다.

따라서 화재 시 행동요령을 평상시 염두에 두고 훈련하여 항상 대비해야 한다.

1) 화재신고요령

(1) 화재 시 119 신고요령

어른들이 119신고를 하면서 소방교육을 받은 어린이만큼도 못하게 당황하여, 주소도 알리지 못하고 전화를 끊는 경우가 많다. 119신고 시 정확한 주소나 찾기 쉬운 주변건물을 알려야 한다.

과거의 예를 볼 때 화재를 당하게 되면 당황한 나머지 우왕좌왕 하게 되어 신고가 지연됨에 따라 피해가 확대되는 사례가 많았는데 화재를 당했을 경우에는 침착함을 잃지 말아야 한다.

일반 화재가 발생하면 최초발견자는 큰소리로 "불이야"를 외치거나 비상벨을 누르거나 소리 나는 물건을 두드려 다른 사람들에게 화재사실을 알려야 한다.

소방관서에 화재신고를 할 때에는 침착하게 화재발생 장소, 주소, 주요건축물 또는 목표물, 화재의 종류 등을 상세하게 설명하여야 하며 침착한 신고를 위해서는 평소에 유사시를 예상한 마음자세와 훈련이 필요하다.

또 만일의 경우를 대비하여 전화기 가까운 곳에 집주소나 주요건축물 또는 목표물 등을 적어서 부착시켜 놓고 유사시 이것을 보고 신고하면 효과적이다.

(2) 초기소화

전기화재는 전기스위치를 내린다. 분전반이나 차단기 등 석유난로 등에 의한 화재일 때는 담요나 이불을 물에 적셔서 뒤집어씌우며, 가스화재는 용기의 밸브를 잠근다. 기본적인 조치가 끝나면 소화기나 물을 이용하여 불을 끌 수 있을 때까지 노력해야 하며 이때 주의해야 할 점은 전기화재에 물을 사용하면 안 된다. (감전 위험) 또한 기름 종류의 화재에 물을 사용하면 불을 키우는 경우가 있으며, 가스화재는 폭발성이 있으므로 갑자기 문을 열거나 전기스위치 등을 조작하면 안 된다.

2) 대피유도 및 긴급피난

(1) 피난 유도

불이 나면 물질이 연소할 때 연기 속에 독성이 강한 가스 등이 많이 포함되어 있다. 연기는 짧은 시간에 쉽게 건물의 수직부분으로 올라가므로 연기의 피해로 인명피해가 증가하는 것이 최근 화재의 특징이다(연기의 이동속도: 1초당 수직으로 3~5m, 수평으로 1m) 또한 불특정 다수인이 출입하는 백화점이나 고층복합건물 등에 화재가 발생하였을 경우 건물구조를 상세하게 알지 못하는 사람들은 당황하거나 겁을 먹게 되어 이성을 잃고 무분별한 행위를 하게 되므로 화재 시에는 그 건물구조에 익숙한 사람이 적절한 피난유도를 해야 한다.

① 만일의 경우를 생각하여 실험실이나 연구실의 피난계획을 세워둔다.

② 과거 수많은 대형 참사가 적절한 피난유도가 이루어지지 않아 발생했다는 사실을 직시할 때 평소 피난통로의 확보와 피난유도 훈련을 철저히 실시한다.

③ 평소에 가급적 엘리베이터 사용을 자제하고 계단이나 피난 통로를 걸어서 이용하는 습관을 들여 유사시 신속하게 대피할 수 있도록 지형지물에 익숙해지도록 노력을 한다.

④ 피난 유도 시에는 큰 소리로 외치는 것보다 가급적 불안감을 느끼지 않도록 차분하고 침착하게 행동하여야 한다.

(2) 안전한 긴급대피 요령

- 화재가 나면 엘리베이터의 이용은 위험하다(정전 시 갇히게 된다). 소방시설은 정전 후 20분 이상 비상전기가 공급되므로 피난할 시간은 충분하다.
- 모포, 수건을 적셔 얼굴을 가리고 몸을 보호한다.
- 피난할 때는 열기나 연기의 방향을 보고 불이 난 반대쪽의 비상구, 비상계단을 찾아 1층 또는 옥상 중 가까운 쪽을 선택한다.
- 연기, 열기 속을 움직일 때는 자세를 최대한 낮추고 행동을 최소한으로 하여 산소소모를 줄여 숨을 적게 쉬도록 노력한다.

- 닫힌 문을 통과할 때는 문을 열기 전에 먼저 손으로 만져본다. 문짝이나 손잡이가 뜨거울 때는 문 반대편에 강한 화연이 있다는 뜻으로, 이럴 때는 문을 열지 말고 다른 방향을 찾아야 한다.
- 엘리베이터는 정전으로 갇힐 위험이 있으므로 반드시 계단을 이용한다.
- 숙박시설, 유흥업소에는 화재 시 피난통로 유도표지와 비상전등이 비치되어 있으니, 평소 미리 눈여겨보아 두는 습관을 갖는다.
- 공포감을 극복하고 주변상황을 정확히 판단한다.
- 실내에 갇혀 있을 때에는 갑자기 문을 열면 안 된다.
- 상황판단 없이 높은 데서 뛰어내리면 안 된다.
- 피난 시 화장실이나 통로의 막다른 곳은 위험하다.
- 고립되면 각종 수단을 동원하여 자기가 있는 곳을 알려야 한다.
- 연기가 많은 곳에서는 팔과 무릎으로 기어서 이동하되 배를 바닥에 대고 가지 않도록 한다.
- 옷에 불이 붙었을 때에는 두 손으로 눈과 입을 가리고 바닥에서 뒹굴어 준다.

(3) 불길에 갇혀 피난이 불가능한 경우 대응요령

- 소방대원의 지시가 없이 창문으로 뛰어내리는 등 무모한 행동을 하지 않아야 한다.
- 열기, 연기에 갇혀 비상구를 찾지 못할 경우에는 문을 닫은 다음, 문틈을 최대한 막고 물을 뿌려 연기의 침입을 방지한다.
- 화재 시 카펫, 가구 등이 탈 때는 강한 유독가스가 발생하므로 연기를 마시지 않도록 호흡과 신체활동을 적게 하여 산소 소모를 줄여야 한다.
- 창문이나 문밖에 수건을 걸어 놓거나, 외부에 사람의 기척이 있을 경우, 수건 등을 흔들어 구조요청을 한다.
- 아래층에서의 화염이나 연기가 창문을 통하여 위층으로 올라올 수도 있으니, 계속 문을 열고 있지 않는 것도 중요하다.
- 소방대가 도착해도 구조준비에 약간의 시간이 소요되므로, 조급히 서두르지 않아야 한다.

6. 화재예방대책[2)]

1) 원인별 화재예방요령

(1) 전기화재 예방요령

A. 주요원인

일상생활에 있어 없어서는 안 될 전기는 우리나라 화재발생 원인 중 수위를 점하고 있다. 전기화재는 낡은 전기기구나 부실공사로 인해 발생도 하지만 대부분은 전기용품에 대한 지식이나 상식부족 또는 사용하는 사람의 부주의나 방심으로 인하여 전기기구의 과열 및 탄화상태를 가져와 발생하는 것으로 날로 증가하고 있는 실정에 있으므로 전기용품을 사용 시에는 올바른 사용법의 숙지와 세심한 주의가 필요하다.

① 전선의 합선 또는 단락에 의한 발화

전선이나 전기기구의 절연체가 파괴되거나 두 가닥의 전선이 어떤 원인에 의해 서로 접촉하면서 순간적으로 큰 전류와 많은 열을 발생하는 현상

② 누전에 의한 발화

전선이나 전기기구 등이 낡아 절연불량 등의 원인으로 전류가 건물 내의 금속체를 통하여 흐르게 되어 이로 인한 저항열에 의해서 발열을 일으키는 현상

③ 과전류(과부하)에 의한 발화

전선의 허용 전류를 초과한 전류를 과전류라 하며 에어컨, 전기다리미, 전자레인지, 동력 등을 동시에 사용할 시 적정용량을 초과하여 불이 붙는 현상

---

2)http://www.kfsa.or.kr/info/information/fireprotection4.htm?pgid=117_118_307_311/ (검색일: 2012.01.07)

④ 기타 원인에 의한 발화

규격미달의 전선 또는 전기기계기구 등의 과열, 배선 및 전기기계기구 등의 절연불량 상태, 또는 정전기로부터의 불꽃

B. 예방요령

전기기구를 사용하지 않을 때에는 스위치를 끄고 플러그를 뽑아 둔다.

- 가전제품의 플러그를 뽑을 때에는 선을 잡아당기지 말고 플러그 몸체를 잡고 뽑도록 한다.
- 개폐기(두꺼비집)는 과전류 차단장치를 시설하고 습기나 먼지가 없는 사용하기 쉬운 위치에 부착한다.
- 개폐기에 사용하는 퓨즈는 규격퓨즈를 사용하고 퓨즈가 자주 끊어질 경우 근본적으로 그 원인이 무엇인가를 규명, 개선한다.
- 각종 전기공사 및 전기시설 설치 시 전문 면허업체에 의뢰하여 정확하게 규정에 의한 시공을 하도록 한다.
- 콘센트에 플러그를 깊숙이 꽂지 않으면 흔들려 열이 발생하므로 완전히 꽂아 사용하도록 한다.
- 누전으로 인한 화재를 예방하기 위해서 누전차단기를 설치하고 한 달에 1~2회 작동유무를 확인한다.
- 전선이 꼬이거나 묶어서 사용하면 열이 발생하여 위험하므로 전선이 꼬이지 않도록 한다.
- 전기담요는 자주 밟거나 접어서 사용하면 접힌 부분에 열이 발생하며, 각종 장식용 트리 등에 설치한 소형전구는 너무 오랫동안 사용치 않도록 한다.
- 한 개의 콘센트나 소켓에서 여러 선을 끌어 쓰거나 한꺼번에 여러 가지 전기기구를 꽂는 문어발식 사용을 하지 않는다.
- 비닐전선은 열에 견디는 힘이 약하다. 따라서 백열전등이나 전열기구 등 고열을 발생하는 기구에는 고무코드 전선을 사용한다.
- 비닐전선이나 양탄자 밑으로 전선이 지나지 않도록 한다.
- 전기기구 구입 시 『전』, 『검』, 또는 『KS』표시가 있는지 확인하고 사용 전에

는 반드시 사용설명서를 읽어본다.

- 전선이 쇠붙이나 움직이는 물체와 접촉되지 않도록 한다.

(2) 유류화재 예방요령

유류는 인화성 물질로서 주로 석유류 등을 말하며 우리생활에 많은 도움을 주지만 화재위험이 높고 불이 붙으면 순식간에 확대되므로 그 취급에 세심한 주의를 기울여야 한다.

A. 주요원인

- 석유난로에 불을 끄지 않고 기름을 넣을 때
- 주유 중 새어나온 유류의 유증기가 공기와 적당히 혼합된 상태에서 불씨가 닿을 경우
- 유류기구를 사용도중 이동할 때
- 불을 켜놓고 장시간 자리를 비울 때
- 난로 가까이에 불에 타기 쉬운 물건을 놓았을 때
- 튀김요리 중 튀김기름이 가열되어 넘치는 경우

B. 예방요령

- 유류는 이외의 다른 물질과 함께 저장하지 않도록 하고, 유류저장소는 환기가 잘 되도록 하고 가솔린 등 인화물질은 용도에 맞게 사용한다.
- 급유 중 흘린 기름은 반드시 닦아 내고 난로 주변에는 소화기나 모래 등을 준비해 둔다.
- 석유난로, 버너 등은 사용 도중 넘어지지 않도록 고정시켜 둔다.
- 튀김기름은 가열을 시작하여 15분 정도 지나면 발화하게 되므로 튀김요리 도중 절대로 자리를 비우지 말아야 한다.
- 석유난로 주변은 늘 깨끗이 하고 불이 붙어있는 상태로 이동하거나 주유를 해서는 안 된다.

- 보일러나 난방기구에 이상이 있을 때에는 즉시 수리해서 사용한다.
- 휘발유 또는 신나(희석제)는 휘발성이 극히 강해 낮은 온도(겨울철)에서도 조그마한 불씨와 접촉하게 되면 순식간에 인화하여 화재를 일으키기 때문에 절대로 담뱃불이나 불씨를 접촉시켜서는 안 된다.
- 열기구 가까이에 가연성 물질을 놓아서는 안 되며, 한 방향으로 열기가 나가도록 되어 있는 열기구의 경우에는 가연물이 그 방향으로부터 적어도 1m이상은 떨어져 있도록 해야 한다.
- 석유난로를 사용할 시 주전자의 물이 끓어 넘쳐흐르면 불꽃이 튀기 때문에 위험하다.
- 열기구의 받침은 열을 전달받는 금속체를 피하고 석면과 같이 열을 받지 않는 것을 사용하여야 한다.
- 주유소나 기타 위험물취급 장소에서는 절대로 담배를 피우지 않도록 하고 불조심에 대한 교육을 실시한다.
- 실내에 페인트, 신나 등으로 도색작업을 할 경우에는 창문을 완전히 열어 충분한 환기를 시켜준다.

(3) 가연성 가스화재 예방

현대생활에 있어 가스는 사용하기에 편리할 뿐더러 열량이 높고 공해가 적어 가정이나 직장 등에서 주 에너지로 사용되고 있으나 잘못 다루면 가스중독 또는 폭발을 동반한 대형화재를 유발시킨다. 따라서 가스배관과 연소기 등에 대한 정기점검을 철저히 실시하고 가스사용 안전수칙을 준수하여야 한다.

A. 연료가스의 종류와 특성

① 액화석유가스(LPG : Liquefied Petroleum Gas)

- 프로판과 부탄이 주성분으로 공기보다 1.5배~2배 정도 무거워 누설되면 낮은 곳에 체류하게 된다.
- 주로 용기에 충전하여 사용하며 수도권 이외 지역의 도시가스로도 공급되고 있다.

- 화학공업의 원료로도 사용된다.
- 순수한 LPG는 아무런 냄새나 색깔이 없으나 가정이나 영업소에서 사용하는 LPG는 누설을 쉽게 감지하기 위하여 마늘 썩는 냄새가 나는 부취제가 섞여 있다.

② 액화천연가스(LNG : Liquefied Natural Gas)

- 메탄이 주성분으로 공기보다 0.65배 가벼워 누설되면 높은 곳에서부터 체류하게 된다.
- 액체온도가 -162℃ 이하로 냉열산업에 이용하고, 기화시켜서 전국적으로 청정연료인 도시가스로 공급되며 주로 화력발전 연료로 사용된다.

③ 도시가스

도시가스는 LPG, LNG, 납사 등을 주원료로 혼합가스를 만들어 파이프라인을 통하여 계획도시의 수요자에게 공급되는 가스연료로 현재 도시지역에서는 천연가스, 기타 지역에는 LPG에 공기를 혼합한 가스를 사용하고 있다.

B. 가스화재의 주요 원인

〈표 3-2〉 가스화재의 주요 원인

공 급 자	사 용 자
*용기밸브의 오조작 *용기교체 작업 중 *잔량 가스처리 및 취급미숙 *가스충전 작업 중 누설폭발 *고압가스 운반기준 미 이행 *배관내의 공기치환작업 미숙 *용기보관실 화재(연탄 등) 사용 *배달원의 안전의식 결여	*실내에 용기보관 가스누설 *점화 미확인으로 누설폭발 *환기불량에 의한 질식사 *가스사용중 장기간 자리이탈 *성냥불로 누설확인 중 폭발 *호스 접속불량 방치 *조정기 분해 오조작 *코크 조작 미숙 *인화성물질(연탄 등) 동시 사용

C. 예방요령

① 사용 전

- 가스 불을 켜기 전에 새는 곳이 없는지 냄새를 맡아 확인한다.
- 가스 연소 시에는 많은 공기가 필요하므로 창문을 열어 실내를 환기시킨다.
- 가스레인지 주위에는 가연물을 가까이 두지 않도록 한다.

② 사용 중

- 점화용 손잡이를 천천히 돌려 점화시키고 불이 붙어 있는지 꼭 확인한다.
- 요리 시에는 자리를 뜨지 않도록 한다.
- 가스 연소 시에는 파란 불꽃이 되도록 공기 조절기를 조절하여 사용토록 한다.

③ 사용 후

- 가스사용 후에는 코크와 중간밸브를 반드시 잠근다.
- 장기간 집을 비울 때에는 용기밸브(LPG 경우)나 메인밸브(도시가스)까지 잠가두는 것이 안전하다.
- 가스레인지는 자주 이동하지 말고 한곳에 고정하여 사용한다.

④ 평상시

- 연소 시 불구멍(버너헤드)이 막히지 않도록 항상 깨끗이 청소를 하고 호스(배관)와 이음새 부분에서 혹시 가스가 새지 않는지 비눗물이나 점검액 등으로 수시 누설여부를 확인한다.
- 이사할 경우 가스시설의 철거나 설치는 반드시 관할도시가스 대행업자에게 의뢰하여 철거나 설치를 하도록 한다.
- LPG용기는 직사광선을 피해 보관하도록 한다.
- 휴대용 가스레인지를 사용할 경우 그릇의 바닥이 삼발이보다 넓은 것을 사용하지 않도록 하고 다 쓰고 난 캔은 반드시 구멍을 뚫어 잔류가스를 제거하고 버리도록 한다.

⑤ 가스 누설 시

- 가스누설을 발견한 즉시 코크와 중간밸브, 용기밸브(도시가스는 메인밸브)까지 잠근다.
- 주변의 불씨를 없애고 전기기구는 조작하지 말아야 한다.
- 창문과 출입문 등을 열어 환기시키며, 빗자루나 방석, 부채 등으로 쓸어낸다.

(4) 담뱃불 화재예방요령

담뱃불로 인한 화재가 전체화재의 큰 비중을 차지하고 있다. 담뱃불의 온도는 약 섭씨 500℃이고 피우고 있을 때에는 약 섭씨 800℃나 되는 열을 지니고 있다. 따라서 담배는 지정된 장소에서 흡연하는 습관을 가져야 하며 담배꽁초는 불씨를 완전히 제거한 후 재떨이에 버려야 한다. 새로 제정 공포된 '국민보건증진법'에도 다중 출입장소, 공공장소, 일정규모 이상의 건축물에는 반드시 흡연 장소를 지정하여 흡연토록 지정하고 있다.

A. 주요원인

- 술에 취한 채 잠자리에서 흡연
- 어른들의 무심코 버린 담배꽁초가 발화
- 담배 불씨를 완전히 끄지 않은 채 휴지통에 버려서 발화
- 재떨이의 담배 불씨를 완전히 끄지 않은 체 재떨이를 쓰레기통에 비우고 퇴근하여 발화

B. 예방요령

- 휘발유, 가스, 화학약품 등 인화성이 강한 물질이 있는 장소나 실내에서는 금연을 하며, 이러한 곳에는 "금연구역" 표시판을 붙여 주의를 환기시켜 준다.
- 잠자리에서는 담배를 피우지 않도록 한다.
- 보행 중에는 흡연을 삼가고 꽁초는 아무데나 버리지 않는다.
- 흡연은 지정된 장소에서 하도록 하고 담배꽁초는 반드시 재떨이에 버리도록 한다.

- 불씨가 튀지 않도록 재떨이에 약간의 물을 부어 놓는다.
- 담배를 피울 수 있는 장소는 편리하고 안전한 곳을 택하여 "흡연구역"으로 지정한다.
- 담배를 피우다가 급한 용무로 잠깐 자리를 비울 경우 반드시 담뱃불을 끄고 나가야 한다.

(5) 불장난화재

어린이는 놀기를 좋아하며 호기심이 많아 하고 싶은 일이 있으면 서슴없이 행하는 습성이 있다.
따라서 어린이들은 성냥, 라이타, 촛불, 모닥불, 폭죽놀이 등 손에 닿기 쉬운 것이면 무엇이던 가지고 불장난을 하게 되므로 어린이들에 대한 어른들의 각별한 주의가 필요하다

A. 주요원인

성냥, 라이터, 난롯불, 아궁이불, 전기다리미, 촛불놀이, 폭죽놀이, 화약놀이 등에 의해 발화되며 불장난하는 어린이들은 6세에서 13세 미만의 어린이가 가장 많고 부모가 외출중인 토요일 오후나 일요일, 공휴일 등 학교수업이 없는 날에 많이 발생하고 있다.

B. 예방요령

- 성냥, 라이터 등은 어린이들의 손에 닿지 않는 곳에 보관한다.
- 성냥, 라이터, 폭죽놀이, 깡통놀이 등을 하지 않도록 단속한다.
- 어린이들에게 불에 대한 올바른 인식을 갖도록 교육시킨다.
- 어린이들에게 석유난로 등을 켜거나 끄도록 심부름을 시키지 않는다.
- 외출 시에는 모든 화기의 안전점검을 하고 어린이들에게 불조심에 대한 주의를 환기시킨다.
- 어린이들에게 119허위신고(장난전화)를 하지 못하도록 교육시킨다.

(6) 방화(放火)

강력범죄인 동시에 공공안전에 관한 범죄인 방화(放火)는 최근 들어 계속적으로 증가하고 있는 실정이다. 더욱이 방화에 의한 화재는 의도적으로 발생하기 때문에 초기진압이 어려워 많은 재산과 인명피해를 가져오는 화재이다.

A. 주요원인

방화의 원인으로는 가정불화가 가장 많고 부부 또는 친구 등과의 싸움, 비관자살, 주벽, 정신이상 등으로 비정상적인 심리 상태에서 발생하며, 주요 방화장소는 차량, 주택, 음식점, 점포, 작업장 순이다.

특히 사회의 발달에 따라 보험과 관계된 방화는 더욱 지능화, 전문화되는 양상을 보이고 있다.

B. 예방요령

- 차량방화를 예방하기 위해서 주택가나 도로상에 주차하지 않는다.
- 빈집 또는 건물의 화재예방을 위해 시건장치 후 외출한다.
- 주변의 정신질환자에 대한 행동을 항상 예의주시하고 보호자는 성냥이나 라이터 등의 보관에 유의한다.
- 실내청소 후 내다버린 쓰레기 중 타기 쉬운 물건을 방치하지 않도록 하며 항상 깨끗이 정리정돈 한다.

2) 장소별 화재예방요령

(1) 주택 · 아파트 화재 예방

사람들의 주 생활공간인 주택은 소방행정력이 미치지 못하는 관계 등으로 화재발생 위험요소가 가장 많이 상존하고 있으며, 최근 5년간 주택화재 발생 추세는 년 평균 11%로 화재가 가장 많이 발생하는 장소이다.

주택화재의 주요원인은 전기로 인한 화재가 가장 많고 불장난, 방화, 가스 등의 순서로 나타나 있다.

A. 주요원인

- 용접 부주의로 불티가 가연물에 떨어져 화재 발생
- 용접물체가 가열되어 주위의 가연물에 착화되어 화재 발생
- 모닥불, 소각장 등의 불티가 바람에 날려 화재 발생
- 배관의 용접, 절단 시 배관의 보온 재료에 불티가 옮겨 붙어 화재 발생
- 용접작업장 인근에 방치되어 있는 위험물, 가연물 등에 불티가 튀어 화재 발생

B. 예방요령

- 용접작업이나 쓰레기를 소각할 때는 소화기나 소화수 등을 비치한 후 작업에 임한다.
- 용접작업장 부근의 연소위험이 있는 위험물 및 가연물을 제거 후 작업한다.
- 천정 부근에서 용접작업 시 불티가 떨어져 화재위험이 없는지 확인한다.
- 모닥불 등의 처리는 충분히 소화하고 재연소의 발화 위험을 없애기 위해서 땅속에 완전히 묻는다.
- 쓰레기나 문서 등을 소각할 때는 감시인의 책임 하에 안전하게 한다.
- 모든 화기는 사용 시 취급상의 안전수칙을 반드시 준수하도록 한다.
- 전열기구 사용 시에는 하나의 콘센트에 여러 개의 전기기구 플러그를 접속시켜 사용하지 않도록 한다.
- 외출할 때에는 집 안팎을 반드시 점검하며, 동일유형의 다세대 주택에서는 반상회 등을 통하여 주민 스스로가 화재에 대비한다.
- 성냥이나 라이터, 양초 등은 어린이들의 손이 닿지 않는 곳에 보관하고 어린이들에게 불에 대한 무서움을 일깨워준다.
- 난로 곁에는 가연성 물질을 치우고 세탁물 등을 널어놓지 않는다.
- 잠자리에 들기 전에는 전기, 가스, 석유, 전기기구 등의 안전을 확인하는 습관을 생활화하고 휴지통에는 불씨가 남아있는 담배꽁초 등을 버려서는 안 된다.

- 식용유를 사용하는 튀김냄비 등을 불에 올려놓은 채 주방을 장시간 떠나지 않도록 한다.
- 가정에 적합한 소화기를 비치하고 그 사용법을 익혀둔다.

(2) 차량화재 예방

A. 주요원인

- 생활경제가 윤택해짐에 따라 차량의 보유가 급속하게 증가함에 따라 차량으로 인한 화재가 계속적으로 증가하여 주택화재 다음으로 많은 화재 발생율을 기록하고 있다. 자동차 화재의 특징은 유류를 사용하고 통풍이 좋기 때문에 순식간에 확대되어 인명피해의 위험이 높다는 점이다. 자동차 화재의 발생형태는 일시에 폭발하는 경우와 불길이 보이면서 서서히 타오르는 두 가지 형태로 나타나는데 엔진에서 새어나온 가솔린이 전기배선의 합선이나 피복이 벗겨진 곳에서 일어난 스파크에 의해 화재가 발생하거나 점화계통의 스파크로 인해 일어나는 경우가 많다.
- 차종별로는 승용차, 화물차, 승합차, 버스에서 많이 발생하는데 소화기 비치 의무자량이 아닌 자량의 화제 발생율이 높이며, 자동차화재 발화의 주요원인별 추세는 방화에 의한 화재가 가장 많으며 전기, 담뱃불, 불장난, 이동탱크의 유류누출 순이다.

B. 예방요령

- 평상시 배선의 상태, 연료계통, 점화장치의 일일점검을 철저히 한다.
- 주행 중 차내에서 흡연을 삼가고 담배꽁초를 밖으로 버리지 않는다. 무심코 버린 담배꽁초에 의해 뒤따라오던 화물차량의 적재물에 화재가 발생하기 때문이다.
- 어린이들의 불장난 화재를 예방하기 위해서 차내에 라이터나 성냥을 방치하지 않도록 한다.
- 야간 주차 시에는 주차장에 안전하게 주차하여 사전에 차량방화를 예방한다.

- 만일의 사태에 대비하여 모든 차량에 자동차용 소화기를 비치하고 그 사용법을 익혀둔다(차량용 소화기 비치 의무차량 : 위험물 운송차량, 가스운송 화물차, 7인승 이상의 승합자동차).

(3) 공장 · 작업장 화재

A. 주요원인

산업사회의 발달에 따른 대단위 공장의 증가는 화재발생 우려를 가중시키고 있다. 특히 공장에서 발생한 화재는 대형화재로 번질 가능성이 높고 실제로 대형화재가 많이 발생하여 재산피해가 다른 장소에서의 피해보다 훨씬 높다.

그리고 공장화재는 화재로 인한 직접적인 손실 즉 물적 손실은 물론 생산중단으로 인한 간접적인 손실은 실로 측정하기가 어렵다. 지금까지 발생한 공장화재의 원인별 분석은 전기로 인한 화재가 가장 많고 유류, 가스, 담배 등이 주요원인이 되고 있다.

B. 예방요령

- 소방시설을 완비하고 자체점검을 철저히 하며, 소방시설 사용요령 등에 관한 교육과 훈련을 정기적으로 실시한다.
- 전기시설을 함부로 설치하거나 무질서한 전기배선을 하지 않는다.
- 중앙공급식 난방을 설치하여 겨울철에 이동식 석유난로를 사용하지 않도록 한다.
- 화재 시 연소 확대를 방지하기 위하여 내장재는 단열재를 사용하고 방화구획, 자동방화셔터 등을 설치한다.
- 상품은 정리정돈을 철저히 하고 손님들의 담뱃불에 주의를 기울인다.
- 화재 시 소방차의 진입을 원활히 하기 위해 소방차의 진입로에 상품을 진열하거나 좌판을 설치하지 않도록 한다.
- 화재가 발생하지 않도록 예방대책을 강구하고 철저히 관리한다.
- 대규모 시장건물에는 스프링클러 설비 등 반드시 적합한 자동소화설비를 충분히 설치해야 한다.

(4) 시장(점포)화재

A. 주요원인

시장은 불특정 다수인이 출입하고 대량의 상품들이 진열 전시되기 때문에 화재의 위험성이 높아 소방관서에 의해 화재취약대상으로 특별관리 되고 있다.

시장화재의 특징은 일단 발화하게 되면 밀집된 점포와 대량으로 적재된 상품 등으로 인하여 급격하게 연소가 확대될 뿐만 아니라 석유화학제품은 짙은 연기와 유독가스를 발생시켜 진압이 어려워 대형화재로 확대된다.

시장화재의 발생요인은 무질서하게 연결해서 사용하는 전기배선, 즉 전기로 인한 화재가 가장 많고 수 없이 드나드는 상인이나 손님들이 버린 담뱃불, 겨울철 난방을 위해서 사용하는 난로 등이 주요원인이다.

B. 예방요령

- 자위소방활동을 원활히 수행할 수 있도록 자위소방조직을 편성하고 유사시 각자 맡은 바 임무를 철저히 수행할 수 있도록 정기적인 교육과 훈련을 실시한다.
- 공장이나 창고 등에 제품을 적재할 때에는 정리정논을 철저히 하고 발화위험 물질은 따로 분리하여 정리한다.
- 공장이나 작업장에서 화재위험지역으로 판단되는 곳은 "화기금지" 구역으로 설정하고 방화에 대한 철저한 확인 감독을 실시한다.
- 공장규모에 맞는 소방시설을 철저히 완비하고 그 사용에 관한 교육과 훈련을 실시한다.
- 화재 시 화재확대의 최소화를 위하여 내부시설의 단열내장재 처리와 방화구획의 설정 및 방화문을 설치한다.
- 담뱃불로 인한 화재의 예방을 위해서 종업원들의 흡연 장소를 안전한 곳에 설치한다.

(5) 고층건물 화재예방

A. 주요원인

현대사회의 특징은 건축물의 고층화, 주거지역의 밀집화, 인구의 과밀화 등으로 나타나고 있다. 최근의 고층건물은 사무실용도 뿐만 아니라 식당을 비롯하여 각종 점포, 쇼핑센터 등으로 구성되어 있고 내부의 유동인구가 수천명이 넘어 하나의 도시를 형성하고 있다.

따라서 그만큼 화재의 위험에 노출되어 있는 상태이며 일단 화재가 발생하면 막대한 재산과 인명피해가 뒤따르는 것이 보통이다.
또한 이러한 화재는 사무실용 건물보다도 호텔이나 복합건물 등에서 많이 발생하고 있으며 고층건물 화재 시 소방차의 고가사다리가 미치지 못하는 고층건물이 많고 건물이 밀집되어 있어 헬기조차도 접근하기 어려워 화재 시 구조작업의 문제점으로 나타나고 있다.

B. 예방요령

- 고층건물에는 화재에 대한 신속한 감지를 위하여 건물전체에 자동화재탐지설비를 설치하여 집중적인 감시를 한다.
- 화재발생 가능성이나 발화시 유독가스로 인한 인명피해를 최소화하기 위하여 건물내장재를 불연화하고 연소가 용이한 수납물을 적재하지 않는다.
- 화재 시 계단 및 기타 수직개구부는 연소 확대의 통로가 될 뿐만 아니라 연소를 돕는 작용을 하므로 모든 계단은 층별 발화구획이 되도록 피난계단 또는 특별피난계단 구조로 하고 냉난방닥트 등에는 방화 댐퍼와 같은 유효한 방화설비를 설치한다.
- 화재의 성장을 한정된 범위로 억제하기 위하여 층별, 면적별 방화구획을 설정하고 또한 방연구획도 병행하도록 한다.
- 고층건물이나 백화점 등의 대규모 건축물을 계획할 경우에는 반드시 구조계획서 및 방재계획서를 작성 비치하도록 한다.
- 화기를 사용하는 기구나 시설에 대해서는 사용상의 안전수칙을 철저하게 주지시켜야 한다.

3) 계절별 화재예방 요령

(1) 봄철 화재

A. 주요원인

화재는 자연발생적으로 일어나는 경우도 있지만 대부분이 사람들의 사소한 부주의에 의해 발생하고 있으며 이러한 화재가 발생하는 데는 기상조건과 밀접한 관계가 있다.

화재발생과 밀접한 관계가 있는 기상요소는 습도와 바람으로서 습도는 공기중의 수분 함유량을 나타내는 상대습도보다 물체의 건조도를 나타내는 실효습도를 나타내는데, 일반적으로 실효습도가 50% 이하가 되면 인화되기 쉽고 40% 이하에서는 불이 잘 꺼지지 않고 30% 이하일 경우에는 자연발생적으로 불이 일어날 가능성이 커지게 된다.

봄철이라 함은 3월에서 5월 사이를 말하는데 봄철에는 이동성 고기압의 영향으로 실효습도가 50%이하로 떨어지는 일수가 많고 바람도 강하게 불어 조그마한 불씨라도 삽시간에 큰 불로 확대될 수 있는 위험한 연소조건을 형성하고 있다.

이러한 연소조건과 더불어 화창한 봄 날씨로 인해 사람들의 긴장이 해이되면서 화기취급상의 부주의, 태만, 관리 소홀이 주된 원인이 되고 있다.

또한 행락 철을 맞아 산이나 야외로의 나들이 기회가 많아지는데 이때 함부로 버린 담뱃불이나 불법 취사행위, 어린이들의 불장난으로 인하여 산림화재(산불)가 많이 발생하고 있으며, 일단 발화한 불은 건조한 날씨와 강한 바람으로 십시간에 대형화재로 번진다.

중앙기상대에서는 화재와 깊은 관계가 있는 특보로서 건조주의보와 건조경보를 발표하고 있는데 건조주의보는 실효습도가 50% 이하이고 당일 최소습도가 30% 이하이며 최대 풍속이 7m/sec 이상의 상태가 2일 이상 계속될 것이 예상될 때 발표한다. 건조경보는 실효습도 40% 이하이고 당일 최소습도가 20% 이하이며 당일 최대 풍속이 10m/sec 이상의 상태가 2일 이상 계속될 것이 예상될 때 발표한다. 건조주의보와 건조경보는 화재경보를 알리는 적신호로서 이 기간 중에는 각별한 방화관리가 필요하다.

B. 예방 요령

- 봄철 화재의 취약대상을 파악하여 집중적인 방화관리와 지도로 화재발생 위험요소를 제거한다.
- 행락 철, 집을 비울 때에는 사용하지 않는 전기기구의 플러그를 뽑고 가스기구의 중간밸브를 잠그도록 한다.
- 소방시설의 안전점검을 철저히 하고 소방교육 및 훈련을 통하여 방화에 대한 경각심을 고취시킨다.
- 산이나 야외에서는 불법 취사행위를 하지 않도록 하고 특히 산에 오를 때에는 라이터나 성냥 등 화기물질을 소지하지 않도록 한다.
- 어린이들의 불장난을 예방하기 위하여 성냥이나 라이타 등 불을 일으킬 수 있는 물건들은 어린이들의 손이 닿지 않는 곳에 보관한다.
- 논두렁이나 밭두렁, 기타 농산폐기물을 소각할 때에는 바람이 없는 날을 택하여 하고 주의와 감시를 철저히 한다.
- 일 년 사계절 중 산불이 가장 많이 발생하는 계절이 바로 봄철이다. 봄철에는 날씨가 건조하여 낙엽들이 바싹 말라있기 때문에 조그마한 불씨라도 가해지면 눈에 띄지 않고 순식간에 번져나간다. 그래서 봄에 일어나는 불을 여우불이라 하며, 세심한 주의가 필요하다. 산림화재의 원인은 대부분이 입산자들의 사소한 부주의로 인한 실화, 한식날을 전후한 성묘객들의 담뱃불, 논·밭두렁 또는 농산폐기물 소각 중 실화, 어린이들의 불장난 등이다.

(2) 여름철 화재

A. 주요 원인

여름철은 고온다습하고 장마기간 동안 비가 많이 내리기 때문에 다른 계절에 비해 화재 발생률이 낮지만 최근에는 냉방을 위하여 에어컨이나 선풍기 등 전기제품의 사용이 증가함에 따라 이를 사용하는 사람들의 부주의나 제품불량으로 인한 화재가 점차 늘어가고 있는 실정이다. 그리고 LNG나 LPG가 취사연료로 보급되면서 가스사용 중 가스누설로 인한 가스폭발 화재사고가 발생하고 있다. 또한 여름철에는 잠자리에서 모기향을 피워놓고 자다가 모기향불이 이불에 옮겨 붙어 화재가 종종 발생하고 있다.

B. 예방요령

- 주택에서 물기가 있는 장소에 공급하는 전로에는 반드시 누전차단기를 설치하여 누전으로 인한 화재를 예방한다.
- 개폐기에 사용하는 퓨즈는 과부하나 합선 시 자동으로 끊어질 수 있도록 반드시 규격퓨즈를 사용한다.
- 하나의 콘센트에 여러 개의 전기제품을 사용하지 않도록 하고 기존배선을 연결하여 늘려서 사용하고자 할 경우에는 전선의 허용전류를 초과하지 않도록 각별히 주의한다.
- 장마기간 동안 가스용기의 부식으로 가스누출의 위험이 있으므로 가스용기는 바람이 잘 통하고 비나 직사광선이 닿지 않는 외부의 장소에 보관한다.
- 여름휴가로 장기간 집을 비울 때 LPG의 경우에는 중간밸브 뿐만 아니라 용기밸브까지 잠그도록 하고 도시가스는 메인밸브와 중간밸브, 코크를 잠근 다음 관리 사무소에 연락을 하여 필요한 조치를 취해 놓도록 한다.

(3) 겨울철 화재

A. 주요원인

겨울철에는 차가운 계절풍이 불고 습도도 낮아 주위의 물체들은 매우 건조한 상태로 놓이게 된다.

더구나 일 년 중 가장 기온이 낮아 난방 기구를 많이 사용하게 됨에 따라 난방기구 취급부주의로 인한 화재가 많이 발생하고 있다. 사계절 중 겨울철 즉 12월에서 2월 사이에 화재는 가장 높은 발생률을 기록하고 있다.

석유난로에 불이 붙었을 경우에는 난로를 절대로 옮기지 말고 소화기나 물에 적신 담요 등을 덮어 질식소화를 하여야 한다. 그리고 가스스토브의 경우에는 가스공급을 차난하여 소화하고, 진기스토브에 불이 붙있을 경우에는 스위치를 끄거나 플러그를 뽑아 전류를 차단하고 소화하면 된다.

B. 예방요령

- 사용하지 않는 전열기구는 반드시 플러그를 뽑아두도록 하고 콘센트에서 플러그를 뽑을 때에는 몸 전체를 잡고 뽑는다.
- 두꺼비집의 퓨즈는 정격용량의 규격퓨즈를 사용하고 고온의 절연기구에는 반드시 절연 고무코드를 사용한다.
- 석유난로는 불이 붙어 있는 상태에서 주유하거나 이동하지 않는다.
- 전기난로 및 가스기구 등은 충분한 거리를 유지하여 설치하고 주변의 인화성 물질을 제거한다.
- 난로 주위에서는 절대로 세탁물을 건조하지 않도록 하고 특히 커튼이나 가연물질이 난로에 닿지 않도록 각별히 주의한다.
- 난로 주위에는 항상 소화기나 모래 등을 비치하여 만일의 상황에 대비한다.
- 난로 주변에 어린이들만 남겨둔 채 자리를 뜨거나 외출하는 것을 삼가고 특히 성냥이나 라이터 등 화재를 일으킬 수 있는 물건들은 어린이들의 손이 닿지 않는 안전한 장소에 보관하며, 불에 대한 무서움을 인식시켜 불장난을 하지 않도록 한다.[3]

3) http://www.kfsa.or.kr/info/information/fireprotection4.htm?pgid=117_118_307_311/(검색일: 2012.01.07)

Chap. 4

지진 안전

1. 지진의 개요
2. 지진 등급(진도등급)
3. 지진피해 일반적 예방대책
4. 장소별 지진피해 대책 요령

제 4 장 지진 안전

1. 지진의 개요

지진보다 더 파괴적인 자연현상은 거의 없다. 지난 수세기 동안 지진은 수백만 명의 사상자를 냈고 막대한 재산 피해를 주었으며, 20세기 초부터 지진에 대한 본격적인 연구가 시작되었다. 지진학자들은 지진의 모든 양상을 과학적으로 연구해 지진이 왜 일어나고 또 어떻게 일어나는가를 설명한다.

지진(earthquake , 地震)이란 지각의 판 운동이나 화산활동에 의해 지구 내부에 급격한 변화가 일어나거나, 발파나 핵실험과 같은 인공적인 폭발에 의해 발생한 지진파가 사방으로 전달되어 돌발적으로 일어나는 지각의 요동을 뜻한다. 이런 요동은 지구 내부에 쌓인 탄성·화학·중력에너지가 갑작스럽게 방출되면서 생긴 지진파가 전파되면서 발생한다.

지진파가 지면에 도달하여 지면이 갑자기 흔들리기 시작해서 한동안 진동이 계속되다가 멈추는 현상을 지진이라고도 한다.

지진의 발생 원인은 탄성반발설(彈性反撥說, Elastic rebound theory)과 판구조론(板構造論, Plate tectonics)으로 설명하고 있다. 탄성반발설에 의하면, 지각 변동에 의해 단층 양쪽 면의 지각암반이 서서히 변형되고 탄성에너지가 축적된다. 이렇게 축적된 탄성에너지가 암석의 마찰 저항보다 크게 되어, 마침내 단층내의 가장 약한 부분에서 파열이 일어나 지진이 발생한다.

그러나 모든 지진을 단층운동으로 설명할 수 없으며, 단층을 움직이는 힘은 어디에서 오는지가 문제가 되는데, 이것을 설명하는 학설이 판구조론이다. 판구조론에 의하면, 지구의 최 외각층은 서로 다른 변형 특성을 가진 두 개의 층, 즉 암석권(岩石圈, Lithosphere)과 연약권(軟弱圈, Asthenosphere)으로 나누어진다. 위의 층인 암석권은 지각과 맨틀 상부(Upper Mantle)를 포함하는 대략 100㎞의 두께를 가지는 12개 정도의 암판(岩板)으로 구성되어 있으며, 고정되지 않고 연약권 위에서 1년에 수 십㎝의 속도로 움직이고 있다. 이렇게 움직이면서 판과 판은 서로 만나거나 갈라지는데 이러한 판과 판의 경계에서 암석들이 파쇄되면서 대부분의 지진이 발생한다. 따라서 지진이 많이 발생하고 있는 지역이 판들의 경계가 된다.

1980년부터 2012년까지 전 세계 지진발생현황을 보면, 규모 6.0 이상의 지진이 연평균 약 140회 발생하였다. 특히 '불의 고리'라 불리는 태평양에 접해 있는 아시아 일부 지역과 북미에서 남미로 이어지는 환태평양 지진대에서 지진이 많이 발생하고 있다. 계기관측 사상 가장 큰 지진(규모 9.5)은 1960년 5월 22일 칠레에서 발생하였으며, 1905년부터 2012년까지 발생한 규모 8.5이상의 대규모 지진은 총 19회였는데 그 중 13회가 환태평양 지역에서 발생하였다.

2011년 3월 11일에는 일본 동북부 지역에서 규모 9.0의 지진이 발생하여 지진과 지진해일로 2만 4천여 명이 사망하거나 행방불명되는 재해와 함께 후쿠시마 원자력발전소의 방사능 누출사고로 주변 지역의 피해뿐만 아니라, 전 세계에 심각한 우려를 일으켰다. 지진에 의한 인명피해와 재산피해는 매우 심각하며, 그 예로 1976년 7월 중국 탕산에서 발생한 규모 7.6의 지진으로 인해 약 24만 2천여 명이 사망하였다.

환태평양 지진대 다음으로 대규모 지진이 많이 발생하는 지역으로 인도네시아를 포함하는 인도양 주변과 네팔, 터키 등 유럽에서 중앙아시아를 포함하는 지역 등이 있다.

지진에 동반된 현상으로는 크게 나누어 단층이나 화산활동 등 지진의 원인과 관련되는 1차적 현상, 지진파의 전파에 의한 지면진동에 기인하는 2차적 현상을 들 수 있다.

지진에 동반되는 지표의 현상으로는 땅의 균열, 산사태, 사면붕괴, 해안붕괴 등이 있다. 이것들은 강한 지진동에 의해 나타나지만 단층의 변위가 원인이 되는 것도 있다. 또한 지하수를 많이 포함한 모래지반에서는 지반의 액상화가 일어나 분수와 분사를 동반하기도 한다. 이 밖에 지진에 동반하는 자연현상으로는 지진굉음, 발광현상, 지하수나 온천의 변화 등 인간의 오감으로 알 수 있는 것과 지

자기나 중력 변화 등의 측정결과로 발견되는 경우도 있다.[1)]

판구조론으로 볼 때, 우리나라는 유라시아판 내부에 위치하여 판과 판의 경계에 있는 일본이나 대만 등 주변 국가에 비해 지진발생빈도가 훨씬 낮다. 우리나라에서 발생하는 지진들은 판내부 지진활동의 범주에 속하므로 판경계 지진활동에 비해 그 발생 원인이나 특성을 명확하게 규명하기 어렵다.

한국은 이웃국가인 일본과 중국에 비해 상대적으로 지진이 적었던 탓에 그동안 지진 안전지대로 여겨져 왔다. 그러나 한국에서도 그동안 꾸준히 지진이 발생해왔다. 역사적으로는 〈조선왕조실록〉에 기록된 지진과 관련된 기록만 약 2천 건에 이른다. 기상청에서 공식적으로 지진 관측을 시작한 1978년 이후로는 2000년대에 기록된 국내 평균 지진 발생 건수만 1990년대에 비해 2배 이상 많았고 규모도 커졌다.

역대 한국에서 발생한 가장 큰 규모의 지진은 2016년 9월 12일 경북 경주시에서 발생한 규모 5.8의 경주 지진이었으며, 그 다음은 경주 지진 1년 후인 2017년 11월 15일에 경북 포항시 북구 북쪽에서 발생한 규모 5.4의 지진으로 80명이 넘는 인명피해와 건물이 금이 가고 기울어져 1000여 명의 이재민이 발생했다.

2. 지진 등급(진도등급)

진도는 지진효과를 단순히 정량적보다 정성적으로 기술하고 평가하는 용어이다. 진도등급은 지반 운동의 가속도, 지진파의 주기와 모양, 진원으로부터의 거리, 지역적인 지질 조건에 의해 결정된다. 진도는 지진기록으로 지진의 크기를 측정하는 규모와는 구별된다. 지난 세기 동안 여러 가지 진도등급이 제안되었다. 1878년 이탈리아의 미켈레 콘데 드 로시(Michele Stefano Conte de Rossi)와 스위스의 프랑수아 알폰스 포렐(Francois-Alphonse Forel)이 지진의 강도를 단순하게 10단계로 나눈 로시-포렐 척도에 이어, 1902년 이탈리아의 화산학자 주세페 메르칼리(Giuseppe Mercalli)가 만든 척도가 널리 사용되었는데, 이후 여러 학자들의 수정

1) 한국민족문화대백과사전, http://100.daum.net/encyclopedia/view/14XXE0054406.

과 개량을 거쳐 만들어진 수정 메르칼리 진도계급(MMI scale, Modified Mercalli Intensity scale)이 찰스 리히터의 진도 규모와 함께 널리 사용되고 있다. 한국 기상청에서는 2001년부터 MMI를 채택, 지진의 보고에 활용하고 있다. 지진의 크기를 나타내는 단위로는 크게 규모(Magnitude)와 진도(Intensity)가 사용된다.

진도(I; intensity)는 지진의 강도를 나타내는 절대적 개념의 단위로, 1935년 미국의 지질학자인 리히터(Charles Richter)가 제안했으며, 제안자의 이름을 따서 '리히터 규모'라고도 부른다.

이 당시에는 전 지구적으로 지진의 강도를 비교할 수 있는 단위가 없었는데, 리히터는 지진 자체의 크기를 측정하여 서로 비교할 수 있도록 규모의 개념을 제안했다. 즉, 리히터 규모는 지진계에 기록된 지진파의 최대 진폭을 측정해 지진에 의해 방출된 에너지의 양을 측정하는데, 진폭과 진동주기의 함수[리히터 규모(M)=log(최대진폭/1회 진동시간)+보정계수]로 표현된다.

보정계수는 지진계와 진앙 사이의 거리에 비례하는 계수로 S파와 P파의 도달시간 차이로부터 계산된다. 이 경우 진폭이 10배 증가하면 리히터 규모는 1이 증가하므로, 리히터 규모 7의 지진이 갖는 진폭은 리히터 규모 6의 지진보다 진폭이 10배 커진다.

그러나 진도는 인간의 주관적인 판단에 의존할 뿐만 아니라 피해지역에서 진원(진원은 지진이 발생하는 지하 지점, 진원의 지표면이 진앙)까지의 거리, 각 지역의 건축 구조물의 특성 등에 영향을 받기 때문에 지진의 크기를 객관적으로 평가하는 개념이라고 보기는 어렵다.

이러한 문제를 해결하기 위해 도입된 개념이 규모(Magnitude)이다. 규모는 1935년에 미국의 리히터에 의해서 제안된 개념으로 지진계에 기록된 지진파의 최대 진폭과 진앙거리(진앙에서 관측소까지의 거리)사이의 관계를 이용해 지진의 크기를 결정하는 방법입니다.

1902년에 이탈리아의 지진학자 머큘리에 의해서 12등급의 머큘리 진도가 만들어졌으며, 이를 미국의 지진학자들이 캘리포니아 지역의 건축구조물 특성에 맞게 수정 보완한 것이 요즘 우리가 많이 사용하고 있는 수정 머큘리 진도(MMI, 12등급)이다. 일반적으로 신문지상이나 방송에서 진도 얼마의 지진이 일어났다고 말할 때 주로 사용되고 있다.

진도에 따른 측정방식으로는 이밖에도 무감(0)에서 격진(VII)까지 8등급을 갖는 일본 기상청의 JMA 진도가 사용되기도 한다.

진자의 관성을 이용해 땅의 움직임을 기록하는 지진계. 최근에 나온 첨단 지진계들도 기본 원리에 있어서 이와 다르지 않다.

규모는 진도에 비해서 객관적인 관측 장비를 통해서 얻어진 자료를 가지고 지진의 크기를 결정한다는 점에서 의미가 있지만 관측 장비의 종류나 지역에 따른 지진파의 감쇠 정도 차이를 보정하는 것이 쉽지 않아 전 세계적으로 일관성 있는 규모를 산출해내기가 쉽지 않다. 이 때문에 한 지진에 대해서도 규모를 계산하는 각 나라의 기관이나 연구소마다 조금씩 차이를 보이곤 한다.

리히터 척도와 수정 메르칼리 진도척도를 비교하면 아래의 표와 같다.

〈표 4-1〉 리히터 척도

리히터규모	상황/피해정도
0.0~1.9	대부분의 사람들이 진동을 느끼지 못한다. 지진계에 의해서만 탐지 가능하다.
2.0~2.9	대부분의 사람들이 진동을 느끼며, 매달린 물체가 흔들린다.
3.0~3.9	대형 트럭이 지나갈 때와 비슷한 진동을 느낀다. 일부 사람들은 건물 밖으로 나오기 시작한다.
4.0~4.9	창문이 흔들려 파손되며, 작고 불안정한 위치의 물체들이 떨어진다.
5.0~5.9	가구들이 흔들리고 건물 내벽의 내장재가 떨어진다. 약한 건물은 파손될 수 있다.
6.0~6.9	제대로 지어진 구조물에도 피해가 발생하며 약한 건물은 큰 피해를 입는다.
7.0~7.9	큰 빌딩에도 큰 피해가 발생하며 지표면에서 균열이 나타난다. 지하 매설관도 파괴된다.
8.0~8.9	교량을 비롯한 대형 구조물 대부분이 파괴된다. 산사태나 쓰나미의 발생이 가능하다.
9.0~	지상의 건물을 비롯한 구조물들이 전면적으로 파괴된다. 지면에 단층이 발생하며 움직임이 육안으로 관찰 가능하다.

〈표 4-2〉 수정 메르칼리 진도 척도
(MMI scale, Modified Mercalli Intensity scale)

진도	상황/피해정도
Ⅰ	특별히 좋은 상태에서 극소수의 사람을 제외하고는 전혀 느낄 수 없다.
Ⅱ	소수의 사람들, 특히 건물의 위층에 있는 소수의 사람들에 의해서만 느낀다. 섬세하게 매달린 물체가 흔들린다.
Ⅲ	실내에서 현저하게 느끼게 되는데 특히 건물의 위층에 있는 사람에게 더욱 그렇다. 그러나 많은 사람들은 지진이라고 인식하지 못한다. 정지하고 있는 차는 약간 흔들린다. 트럭이 지나가는 것과 같은 진동, 지속시간이 산출된다.
Ⅳ	낮에는 실내에 있는 많은 사람들이 느낄 수 있으나 옥외에서는 거의 느낄 수 없다. 밤에는 일부 사람들이 잠을 깬다. 그릇, 창문, 문 등이 소란하며 벽이 갈라지는 소리를 낸다. 대형트럭이 벽을 받는 느낌을 준다. 정지하고 있는 자동차가 뚜렷하게 움직인다.
Ⅴ	거의 모든 사람들이 느낀다. 많은 사람들이 잠을 깬다. 약간의 그릇과 창문 등이 깨지고 어떤 곳에서는 석고(plaster)에 금이 간다. 불안정한 물체는 넘어진다. 나무, 전신주 등 높은 물체의 교란이 심하다. 추시계가 멈춘다.
Ⅵ	모든 사람들이 느낀다. 많은 사람들이 놀라서 밖으로 뛰어 나간다. 무거운 가구가 움직인다. 떨어진 석고와 피해를 입은 굴뚝이 일부 있다.
Ⅶ	모든 사람들이 밖으로 뛰어 나온다. 설계 및 건축이 잘된 건물에서는 피해가 무시될 수 있고, 보통 건축물에 서는 약간의 피해가 있으며, 열등한 건축물은 상당한 피해를 입는다. 굴뚝이 무너지고 운전하고 있는 사람들이 느낄 수 있다.
Ⅷ	특별히 설계된 구조물에는 약간의 피해가 있고, 일반 건축물은 부분적인 붕괴(崩壞)와 더불어 상당한 피해를 일으키며, 열등한 건축물은 아주 심하게 피해를 입는다. 창틀로부터 창문이 떨어져 나간다. 굴뚝, 공장 재고품, 기둥, 기념비, 벽들이 무너진다. 무거운 가구가 넘어진다. 모래와 진흙이 소량 쏟아져 나온다. 우물물의 변화가 있고 운전자가 방해를 받는다.

Ⅸ	특별히 설계된 구조물에도 상당한 피해를 준다. 잘 설계된 구조물은 기울어진다. 구조물에는 큰 피해를 주며, 부분적으로 붕괴한다. 일반건물은 기초에서 벗어난다. 땅에는 금이 명백하게 간다. 지하 파이프도 부러진다.
Ⅹ	잘 지어진 목조구조물이 파괴된다. 대개의 석조 건물과 그 구조물이 기초와 함께 무너진다. 땅에 심한 금이 간다. 철도가 휘어진다. 산사태가 강둑이나 가파른 경사면에서 생기며 모래와 진흙이 이동된다. 물이 튀어나오며, 둑을 넘어 쏟아진다.
Ⅺ	남아 있는 석조 구조물은 거의 없다. 다리가 부서지고 땅에 넓은 균열이 간다. 지하 파이프가 완전히 파괴된다. 연약한 땅이 푹 꺼지고 지층이 어긋난다. 기차선로가 심하게 휘어진다.
Ⅻ	전면적 피해 발생. 지표면에 파동이 보인다. 시야와 수평면이 뒤틀린다. 물체가 하늘로 던져진다.

3. 지진피해 일반적 예방대책

지진으로 인한 피해는 매우 다양하다. 지진이 일어난 지역에는 지질학적 변화가 일어나며 건축물이 파괴되고 인간과 동물 생활에 충격을 준다. 지진이 자주 일어나는 곳에서는 지진의 영향이 복잡하게 나타나며 지형과 지표 물질의 성질에 따라 달라진다. 단단한 암반보다 부드러운 충적층이나 암석으로 고화하지 않은 퇴석층에서 더 큰 피해가 발생하는 식이다.

지진은 산사태·쓰나미·화재·단층활동과 같은 2차적인 효과로 파괴와 인명피해를 가져오기도 하지만 생명과 재산에 미치는 가장 큰 피해는 지반이 심하게 흔들리는 동안 지상과 지하에 있는 건물이 붕괴하는 것이다. 따라서 지진에 의한 피해를 예방하고 피해를 최소화하기 위해선 파괴를 감소시키는 공학적 견지에서 강한 지반운동에 견딜 만한 건물을 설계, 건축하도록 안전 및 내진설계를 해야 하고 지진발생 시 행동요령을 평소에 익히고, 실제 지진 발생 시 침착하게 대처할 수 있도록 전 국민에 대한 안전교육이 삶의 전 단계에서 반복적으로 이루어져야 한다.

1) 지진 사전대비 일반적인 요령

(1) 집안에서의 안전 확보요령

- 탁자 아래 등 집 안에서 대피할 수 있는 안전한 대피공간을 미리 파악해 둔다.
- 유리창이나 넘어지기 쉬운 가구 주변 등 위험한 위치를 확인해 두고, 지진 발생 시 가까이 가지 않도록 한다.
- 깨진 유리 등에 다치지 않도록 두꺼운 실내화를 준비해 둔다.
- 화재를 일으킬 수 있는 난로나 위험물은 주의하여 관리한다.

(2) 집 안에서 떨어지기 쉬운 물건을 고정

- 가구나 가전제품이 흔들릴 때 넘어지지 않도록 고정해 둔다.
- 텔레비전, 꽃병 등 떨어질 수 있는 물건은 높은 곳에 두지 않도록 한다.
- 그릇장 안의 물건들이 쏟아지지 않도록 문을 고정해 둔다.
- 창문 등의 유리 부분은 필름을 붙여 유리가 파손되지 않도록 한다.

(3) 평상 시 집을 안전하게 관리

- 가스 및 전기를 미리 점검
- 건물이나 담장은 수시로 점검하고, 위험한 부분은 안전하게 수리
- 건물의 균열을 발견하면 전문가에게 문의하여 보수하고 보강

(4) 비상용품 준비 및 보관 장소 확인

- 비상시를 대비하여 비상용품을 준비해 두고, 보관할 장소와 사용방법을 알아 둠
- 지진 발생 시 화재에 대비하여 소화기를 준비해 두고, 사용방법을 알아 둠

(5) 평상시 가족회의를 통하여 위급 상황에 대비

- 가스, 전기를 차단하는 방법을 알아 둔다

- 머물고 있는 곳 주위의 넓은 공간 등 대피할 수 있는 장소를 알아 둔다
- 비상시 가족과 만날 곳과 연락할 방법을 정해 둔다
- 응급처치 방법을 반복적으로 훈련하여 익혀 둔다

(6) 비상용품

- 비상식품 : 물, 통조림, 라면 등 가열하지 않고 먹을 수 있는 것
- 구급약품: 연고, 감기약, 소화제, 지병약 등이 포함된 구급함
- 생활용품 : 간단한 옷, 화장지, 물티슈, 라이터, 여성용품, 비닐봉투
- 기타 : 라디오, 손전등 및 건전지, 휴대전화 예비배터리, 비상금, 비상연락망 등

(7) 지진 정보를 얻을 수 있는 방법

- 지진 정보를 얻을 수 있는 정부 기관의 연락처
- 정부에서 제공하는 스마트폰 재난정보 어플리케이션을 설치
  - 스마트폰 재난정보 애플리케이션(행정안전부 안전디딤돌, 기상청 지진 정보 알리미)

2) 지진 발생 시 행동 요령

(1) 튼튼한 탁자 아래에 들어가 몸을 보호

- 지진으로 크게 흔들리는 시간은 길어야 1~2분 정도이므로 이때에는 중심이 낮고 튼튼한 탁자의 아래로 들어가 탁자 다리를 꼭 잡고 몸을 보호해야 한다.
- 탁자 아래와 같은 피할 곳이 없을 때에는 방석 등으로 머리를 보호합니다.

(2) 가스와 전깃불을 차단하고 문을 열어 출구를 확보

- 흔들림이 멈춘 후 당황하지 말고 화재에 대비하여 가스와 전깃불을 끕니다.
- 문이나 창문을 열어 언제든 대피할 수 있도록 출구를 확보한다.

- 흔들림이 멈추면, 출구를 통해 밖으로 나가서 피한다.

※ 지진이 발생했을 때 불이 나면 침착하고 빠르게 불을 꺼야 한다.

지진 시에는 많은 사고 및 도로의 손상으로 소방차가 출동하지 못하는 경우가 있으므로 평소에 불을 끄는 방법을 알아 두도록 한다.

(3) 집에서 나갈 때는 발을 보호할 수 있는 신발을 신고 이동

- 지진이 발생하면 유리 조각이나 떨어져 있는 물체 때문에 발을 다칠 수 있으니, 발을 보호할 수 있는 신발을 신고 이동하도록 한다.

(4) 엘리베이터 탑승금지, 계단을 이용하여 밖으로 대피

- 지진이 나면 엘리베이터를 타지 말고, 계단을 이용하여 건물 밖으로 대피한다.
- 밖으로 나갈 때에는 떨어지는 유리, 기와, 간판 등을 주의해야 하며, 소지품으로 몸을 보호하면서 침착하게 대피한다.

(5) 건물 담장과 떨어져 이동

- 건물 밖으로 나오면 담장, 유리창 등이 파손되어 다칠 수 있으니, 건물과 담장에서 최대한 멀리 떨어져 가방이나 손으로 머리를 보호하면서 대피한다.
  - 빌딩이 많은 도심지에서 가장 위험한 것은 깨진 유리창이나 간판 등 떨어지는 물건이다.
- 주변에 가까운 공원이나 넓은 공간이 없다면 최근 지은 튼튼한 건물 안으로 들어가 우선 몸을 보호한다.
  - 담장이나 전봇대는 지진으로 기반이 약해져 있어 넘어지기 쉬우므로 절대 기대지 말아야 한다.

(6) 넓은 공간으로 대피

- 떨어지는 물건에 주의하며 신속하게 운동장이나 공원 등 넓은 공간으로 대피

한다.
- 이동할 때에는 차량을 이용하지 않고 걸어서 대피한다.

(7) 올바른 정보에 따라 행동

- 대피 장소에서는 안내에 따라 질서를 지킨다.
- 지진 발생 직후에는 근거 없는 소문이나 유언비어가 유포될 수 있으니, 라디오나 공공 기관의 안내 방송 등이 제공하는 정보에 따라 행동한다.

(8) 대피 시 주의 사항

- 화재가 발생하면 손수건 등으로 코와 입을 막은 후 연기를 피하여 최대한 자세를 낮추고 안내에 따라 대피한다.
- 야간에는 넘어지거나 추락할 위험이 있으니, 손전등을 사용하여 조심해서 대피한다.
- 겨울철에는 추위로 몸 상태가 나빠질 수 있으니, 두꺼운 옷이나 휴대용 난로 등을 준비하여 추위에 대비한 후 대피한다.
- 지하상가 등의 공간에서는 정전 시 벽에 가까이 붙어 대피하고, 하나의 출입구에 많은 사람들이 집중되지 않도록 분산하여 나간다.
- 끊어진 전선을 비롯한 사고의 위험이 있는 물건은 만지지 않도록 주의한다.
- 대피 중에 휴대전화, 이어폰 등을 사용하면 발을 헛디뎌 부상의 위험이 있으므로 사용을 자제한다.
- 화장실, 욕실에 있을 때는 거울이나 전구 등 유리종류에 의해 다칠 수 있으니, 세면기구 등을 머리에 쓰고 욕실에서 나와 안전한 장소로 이동한다.
- 갇혔을 때는 주변의 딱딱한 물건을 이용하여 구조를 요청한다.

3) 지진이 멈춘 후 행동요령

○ 여진은 지진보다 진동은 작지만 지진에 의하여 취약해진 건물에 치명적인

손상을 줄 수 있으므로 여진에 철저히 대비하여야 한다.

○ 거리로 나가지 않는 것이 좋으나 나가야만 한다면, 지진에 의한 피해(떨어진 전선, 붕괴 위험의 건물 · 축대 · 교량 · 도로 등)에 주의한다.

○ 부상자를 살펴보고 즉시 구조 요청한다.
  - 부상자가 위치한 곳이 위험하지 않다면 그 자리에 그대로 두어야 한다.
  - 부상자를 옮겨야만 한다면 먼저 기도를 확보하고 머리와 부상부위를 고정한 후 안전한 곳으로 옮긴다.

○ 의식을 잃은 부상자에게는 물을 주지 않도록 한다.

○ 만약 정전이 되었다면 손전등을 사용하고 불(양초, 성냥, 라이터)은 누출된 가스가 폭발할 위험이 있으므로 안전을 확인하고 사용한다.

○ 긴급사태 관련 뉴스를 주의 깊게 듣는다.

○ 해안에 거주하는 주민일 경우 해일에 대비한다.

4) 대피 후 행동 요령

(1) 부상자를 살펴보고 즉시 구조 요청

- 흔들림이 멈춘 후 주변에 부상자가 있으면 이웃과 서로 협력하여 응급처치하고 119에 신고한다.

(2) 주변 피해 상황에 따라 귀가 여부를 결정

- 지진이 발생하면 통신기기의 사용자가 폭주하여 일시적인 장애가 발생할 수 있으니 당황하지 말고, 라디오 및 주변에 있는 공공기관이 제공하는 정보에 따라 행동

(3) 가정이나 사무실로 귀가 후에는 안전에 유의하여 주변을 확인

- 가정이나 사무실의 피해 상황을 확인하고, 안전이 의심된다면 전문가 확인을 받도록 한다.

- 옷장이나 사무실 보관함 등의 내용물이 쏟아져 부상을 입을 수도 있으므로 문을 열 때 주의한다.

(4) 가스, 전기, 수도관 등의 피해를 체크

- 가스 냄새가 나거나 소리가 들릴 경우에는 창문을 열고 밸브를 잠근 후 우선 대피한 후 가스 관련기관(지역 도시가스 회사, LPG 공급회사, 한국가스안전공사 등) 의 확인 후 사용한다.
- 전기에 이상이 발견되었을 때는 원인이 파악될 때까지 엘리베이터를 사용하지 않는다. 정전이 되었다면 손전등을 사용하고, 차단기를 내린 후 전선의 이상 유무를 확인한다.
- 수도관의 피해가 있다면 밸브를 잠그고, 하수관은 피해 여부를 확인하기 전까지 수도꼭지나 화장실 등 물을 사용하지 말아야 한다.
- 피해가 확인되었다면 살고 있는 곳의 지방자치단체로 신고한다.[2)]

4. 장소별 지진피해 대책 요령

1) 산업현장에서의 지진 안전대책

한국에서는 2017년 11월, 포항에서 큰 지진이 있었다. 학교와 집이 무너지고 갈라지고, 이례적으로 수능이 연기되는 등의 큰일들이 많이 일어났다. 우리나라는 2016년 12월부터 지진방재 종합대책의 주요 내용을 공식적인 제도로 구현하고 건축물 안전영향평가 실시 대상도 구체화 하였으나, 오래된 건물의 경우에는 제대로 검사되지 않았다는 지적도 나왔다. 또, 2017년부터는 내진설계 필수 건물에 대한 기준도 강화되었다. 층수는 2층 이상에, 연면적은 500㎡, 높이가 13m가 넘

---

2) 국민안전처, 지진발생 시 국민행동요령, 행정안전부 국민재난안전포탈, http://www.safekorea.go.kr/idsiSFK/126/menuMap.do?w2xPath=/idsiSFK/wq/sfk/cs/contents/prevent/prevent09.xml

는다면 의무적으로 내진설계를 하도록 수정되었다.

2017년 강진이 발생한 포항에는 우리나라의 공장단지가 밀접해 있는 곳이기도 하다. 그러나 제조업체의 대부분이 작업 중단 지시나 노동자들에게 제대로 된 대피지시 등을 하지 않은 것으로 확인되었다. 언론에서도 공장가동 중단 피해만 없다는 보도만 있을 뿐, 노동자에 대한 안전 문제에 너무 둔감한 것이 아니냐는 지적이 나온 바 있다. 고용노동부는 산업현장에서의 지진발생 시 대처법에 대해 명시한 가이드가 있지만, 강진이 있었을 때 잠깐 작업을 중지했다가 곧 작업을 다시 재개한 것으로 확인되었다.

또한 전국적으로 지진에 대한 불안감이 증폭되고 있는 가운데 산업현장의 크레인에 내진설계가 전혀 되어있지 않은 것으로 나타나기도 했다. 크레인, 리프트, 압력용기는 내진설계에 대한 기준이 있음에도 불구하고 그 기준은 2001년부터 적용되었기 때문에 그 이전에 설치된 산업시설물은 대부분 내진설계 없이 적용되었다. 2016년 기준 내진설계가 되어있지 않은 크레인을 사용하는 사업장의 13.9%(25개 현장) 은 부산, 울산, 경남 일대에 위치해 있다.

우리나라는 더 이상 지진에 대한 안전지대가 아님을 체감했음에도 불구하고, 여전히 안전 불감증에 대한 지적과 미흡한 조치들이 만연해 있다.

(1) 지진 발생 전 평상시 대비사항

지진 발생 시 사고의 수습, 피해확산 방지, 신속한 구조 및 구호를 위한 비상대응 조직을 사전에 구성해야 한다. 사업장 특성에 따라 임무의 종류와 담당자 수를 고려하여 조직하며 안전보건 총괄책임자(혹은 현장관리감독자)는 수시로 교육훈련을 실시하여 평소에도 재난관리의 책임을 주지하고 역량을 유지하도록 해야 한다.

일반 건축물이나 설비의 점검 및 보강 또한 필요하다. 사업장 주변 지역의 위험에 대한 위험지도를 참고해 건축법 등 내진설계기준이 되어 있는지 확인한다. 내진 기준에 따라 건축되었는지 미리 확인하고, 내진 여부가 불확실하거나 구조적으로 취약한 건물은 내진성능평가를 실시한다.

근로자가 상시 작업하는 장소와 피난장소, 업무상 중요한 장소 등은 우선적으로 내진보강을 하여 안전한 공간을 확보해 둔다. 또한 평소 피난장소로까지의 피난 경로를 확보해 두어야 한다. 대피로인 복도와 출입구 주변에 물건이 놓여 있으면 원활한 대피가 힘들고, 경우에 따라서는 물건이 출입구를 막아 실내에 갇힐 수도 있다. 또한 소화용구의 준비와 관리는 주기적으로 관리해 주며, 재난 대응 기자재와 비상용 물품도 준비해 두어야 한다. 지진 발생 후 교통마비로 인하여 근로자가 귀가하지 못하거나, 라이프라인이 끊길 상황에 대비하여 적정한 양의 물과 식량, 침구 등을 준비하는 것이 좋다.

(2) 지진 발생 시 대책 가이드

공정, 설비별로 비상시 설비 정지순서를 작성하여 배치해 비상시 따를 수 있도록 한다. 지진 발상으로 인한 손상이 발생하였거나, 2차 피해가 예상되는 설비는 지진 발생 알림 즉시 가동을 정지한다. 가동 정지로 인하여 오히려 위험한 상황을 초래하거나 다른 설비에도 영향을 미칠 수 있으므로, 이 부분은 평소 대책 가이드를 세워두어야 한다.

또한 근로자들은 안전하고 신속하게 대피하여야 한다. 전기단전, 방송시설 파손 등으로 방송이 불가한 경우에는 확성기, 메가폰 등으로 방송하며 피난 유도 담당자는 근로자들을 안전한 대피장소로 유도한다. 가능한 경우 근로자들은 현장의 안전보를 착용하고 이동하며, 불가피한 경우 쿠션이나 가방으로 머리를 보호히여 대피한다. 지진 발생 시 엘리베이터는 사용하지 않고, 계단을 통해 이동하도록 한다.

첫 지진으로 인한 흔들림이 가라앉으면 2차재해 예방을 위해 사용 중이던 화기 기구들을 신속하게 꺼야 한다. 전기기구들의 플러그를 뽑고, 안전장치 또는 차단기를 내린다. 기구 위나 주변에 떨어진 가연성 물질을 제거하고 배선이 안전한지 확인한다. 대지진 발생 직후 사업장에서 근로자들이 귀가를 위해 한꺼번에 이동할 경우 대혼란이 발생하므로 이러한 혼란 방지를 위해 도심지 사업장이나 대규모 공장단지는 지진발생 시 근로자들이 함부로 이동하지 않도록 우선순위를 정하고 이를 순수하도록 한다.

지진 발생 후 건물 주변 내외의 피해상황 등을 신속하게 파악하고, 건물의 안전성을 확인한다. 동시 한꺼번에 귀가하는 것을 억제하기 위해 사전에 계획을 세워두고, 당장 귀가가 어려운 근로자를 위한 내진설계 된 장소와 물, 식량 등의 비상물품을 준비해 둔다.

즉시 귀가가 필요한 직원(구호가 필요한 사람 또는 영유아가 있는 가족 등)에 대하여는 귀가경로의 피해 상황이나 버스 등의 대체교통수단 상황 등을 파악하여 정보를 제공해야 한다. 지진 상황과 근로자의 거주지 등을 고려하여 시차 퇴근 계획과 귀가지도를 작성해 놓고 교[3]통 복구 상황이나 도로 혼잡 상황 등을 고려해 안전하게 귀가할 수 있게 된 경우 당일은 순차적 퇴근을 실시한다.

또한 안전한 대기 장소는 알기 쉽도록 표시하고 안내판을 설치하도록 한다.

2) 지진해일 발생 시

(1) 지진해일 일반 상식

- 해안가 주민들은 항시 지진해일에 대한 관심을 가져야 하고, 현상을 잘 이해하는 것이 중요하다.
- 일본 서해안의 지진대에서 규모 7.0 이상의 지진이 보고되면, 일반적으로 약 1~2시간 이내에 동해안에 지진해일이 도달하게 된다.
- 지진해일 도달 가능 영역은 동해안 전역이고, 파고 3~4m 정도의 지진해일이 내습할 수 있다.
- 지진해일은 물이 빠지는 것으로 시작되는 경우도 있고, 이 때 항구 바닥이 드러나기도 한다.
- 지진해일은 일반적으로 여러 번 도달하는데 제 1파보다 2, 3파의 크기가 더 큰 경우도 있으며, 지진해일에 의한 해면의 진동은 10시간 이상 지속되기도 한다.
- 지진해일 내습 속도는 사람의 움직임보다 빠르고, 그 힘이 강력하여 약 30cm 정도의 해일파고라도 성인이 걷기 어려우며, 약 1m 정도의 해일이라면 건물이 파괴될 수 있으며, 이로 인해 인명피해가 발생할 수 있다.

3) [산업안전] 산업현장 지진발생시 안전대책!! 작성자 세이프어스

- 해안가의 선박 등 다른 물건들이 지진해일에 의해 육지로 운반되어 주택에 충돌하는 경우도 있고, 이러한 물체들이 유류탱크 등에 충돌하여 화재가 발생할 수도 있다.
- 지진해일은 바다로 통해 있는 하천을 따라 거슬러 올라오기도 한다.

(2) 지진해일 발생 시 연안에 있다면

- 연안 주민들은 지진해일에 관심을 둬야 하고, 현상을 잘 이해하는 것이 좋다.
- 일본 서해안에서 규모 7.0 이상의 지진이 발생하면 지진해일 발생을 우려해야 한다.
- 일본 서해안에서 지진 발생 후 동해안에는 약 1~2시간 이내에 지진해일이 도달하므로 해안가에서는 작업을 중단하고, 위험물(부유 가능한 물건, 충돌 시 충격이 큰 물건, 유류 등)을 이동시키며, 신속히 고지대로 대피하도록 한다.
- 지진해일 특보가 발표되면 모든 수단을 동원하여 서로에게 알리도록 한다.
- 항내 선박은 움직이지 않도록 고정시키거나 가능한 항 외로 이동시키고, 지진해일 특보를 경청하며 지시에 따르도록 한다.
- 해안가에 있을 때 강한 지진동을 느꼈을 경우는 가까운 바다에서 지진이 발생한 경우일 수 있으므로(이 경우 2~3분 이내에 해일이 내습할 수 있음) 지진해일 특보가 발효되지 않았더라도 신속히 고지대로 이동하도록 한다.

(3) 지진해일 발생 시 선박 위에 있다면

- 대양에서는 지진해일을 전혀 느낄 수 없으며, 해안 부근에서 크게 증폭되므로 대양에 있는 경우 지진해일 경보가 발령되었거나 이를 인지하였을 때에는 항구로 복귀하지 않도록 한다.
- 항만, 포구 등에 정박해 있거나, 해안가에서 조업 중인 선박은 지진해일 발생 여부를 인지한 후, 시간적 여유가 있다면 수심이 깊은 먼 바다 쪽으로 이동하도록 한다.
- 지진해일이 내습하면 항만 등에서는 파고가 급격히 높아지므로 선박에 대한

안전조치를 실시하고, 선박에 대한 조치가 끝난 후에 자신이 육지에 있다면 동료와 함께 신속히 고지대로 이동한다.

- 방파제 내측은 지진해일이 넘어올 위험이 있으므로 이곳에 선박을 매놓지 말아야 한다.[4]

3) 아파트 및 고층건물 지진피해 대책

지진 발생 시 고층 건물은 일반 건물에서 느껴지는 진동 위에 천천히 오래도록 흔들리는 '장주기(長周期)진동'이 추가된다.[5]

따라서 더 높은 층일수록 오랫동안 더 크게 흔들리기 때문에 실내 가구, 집기 등이 전도 될 가능성도 그만큼 높아진다.

또한, 엘리베이터가 운행중지 될 수 있고(중지되지 않더라도 이용하면 위험), 계단 붕괴 시 높은 층에 거주하는 사람은 그대로 고립되어 그에 따른 피해가 발생할 수 있다.

따라서 아파트 등 고층건물의 지진피해 대책을 정리하면 다음과 같다.

첫째, 물 · 식량 · 생필품 등을 평상시에 잘 비축하고 요령있게 소비하도록 한다.

물론, 일반적인 재해 대책으로 어느 가정이라도 그렇게 준비할 수 있다면 좋겠지만 고층 아파트의 높은 층에 거주하는 사람이라면 고립 될 가능성이 추가되기에 더 각별히 준비하여야 한다.

일상생활에서 소비하며 보충하는 감각으로 비축하는 습관을 들이면 좋다.

예를 들어 물 10L를 비축하기로 정했다면, 1L를 새로 사와서 비축했던 1L는 소비하는 식이다.

둘째, 가구와 전자제품의 고정은 필수

이 또한, 일반적인 지진재해대책이지만 앞서 언급했듯이 지진 발생 시 장주기(長周期)진동으로 인해 고층 건물의 높은 층일수록 가구, 전자제품의 전도, 낙하, 이동 등으로 인한 피해는 더 커질 수 있기 때문이다. 그리고 자고 있을 때 발생

---

4) 행정안전부 국민안전처, 국민재난포탈, www.mpss.go.kr/

5) 짧은 주기의 진동에는 오히려 낮은 건물이 크게 흔들리지만, 긴 주기의 진동에는 높은 건물일수록 크게 흔들린다.

할 수 있는 지진에도 대비하여 잠자리 주변에는 큰 가구를 놓지 않은 것이 좋다.

셋째, 평소에 주민끼리 대책마련하기

아파트에서는 주택지보다 이웃 간에 소통이 없거나 분쟁을 겪기도 하는데, 그래도 여러 세대가 한 건물에 살고 있는 특성 때문에 주택지보다는 아파트 주민연합이라든지, 관리협회 등의 주민 커뮤니티가 운영되고 있다.

이러한 주민 커뮤니티를 이용하여 평소에 주민끼리 잘 도모하여 재해 대책을 마련하거나, 정보를 공유할 필요가 있다.

그 방법의 예로는,

- 지진 발생 시 각 층별에 따른 대처 요령, 비상계단 위치 표기, 아파트 내 일시피난장소 지정 등의 내용이 담긴 여러분이 살고 있는 아파트에 맞춘 방재매뉴얼을 만들어 주민끼리 숙지
- 재해 관련 물품(공용 물, 식료품, 생필품, 간이 화장실 등등)의 비축품을 설정 구매하고 비축장소, 소비방법 등을 설정한다.
- 아파트 내 일시피난장소에 모여 본다던지, 재해 관련 비축품을 누가 어떻게 배분할 것인지 등의 방재 훈련을 한다.

그런 훈련을 통해 주민들이 다 모여서 서로의 얼굴을 확인하는 것도 중요하다. 흩어질 수 있는 각자의 가족 구성원을 찾아주거나 보호해줄 수 있기 때문이다.[6)]

4) 집안 및 건물 내에 있을 때

- 지진을 느끼면 중심이 낮고 견고한 테이블 등 가장 안전한 장소로 들어가 다리를 꽉 잡고 몸을 피하고 테이블 등이 없을 때에는 방석 등으로 머리를 보호해야 하도록 한다. 화장실, 목욕탕은 면적이 좁은데 벽면이 많아 비교적 안전하다.
- 불이 날 수 있는 것들은 중간밸브를 잠그거나 스위치나 전열코드를 꺼야한다. 불이나면 재빨리 초기소화를 하는 것이 큰 화재를 막는 중요한 조치이다.

---

6) 출처, http://cafe.daum.net/ssaumjil/LnOm/1682294?q=%EC%A7%80%EC%A7%84%20%EB%B0%9C%EC%83%9D%EC%8B%9C%20%EB%8C%80%EC%B2%98%EC%9A%94%EB%A0%B9

- 지진의 진동 시 놀라서 서둘러서 밖으로 뛰어나가면 유리창이나 기와, 간판 등이 떨어져 대단히 위험하므로 먼저 안전을 확인하고 대피하도록 한다.
- 철근콘크리트 구조의 아파트 등은 지진에 의한 진동으로 문이 비틀려서 안 열리게 되어 방안에 갇힐 우려가 있으므로 문을 열어 출구를 확보해야 한다.

5) 집밖이나 번화가 빌딩가 있을 때

- 블록담이나 대문, 기둥 등은 무너지기 쉽기 때문에 가까이 가지 말고, 번화가나 빌딩가에서 가장 위험한 것은 간판 등의 낙하물이므로 우선 갖고 있는 소지품이나 가방 등으로 머리를 보호하는 것이 중요하다.
- 빌딩가 등에 있을 때에는 상황에 따라서 건물 안으로 들어가는 것이 오히려 안전하다.

6) 다중이용시설(백화점, 극장, 지하 등)

- 백화점이나 극장 등 다중이용시설은 매우 혼잡하므로 지진이 지나갈 때까지 순간 몸을 웅크리고 머리 부분을 가려 보호한 후 대피결정을 주최 측의 지침에 따라 비상 시 담당 안내직원의 안내에 따르도록 한다.
- 지하는 지진 시 정전되나 비상등이 곧 켜지므로 차분하게 행동한다.
- 운동장은 출구보다는 넓은 운동장으로 대피한다.

7) 교통수단 이용 시

(1) 전철 이용 시

- 우선 지하철에 있을 경우 큰 충격이 올 수 있으므로 손잡이를 꽉 잡아 넘어지지 않도록 주의를 하고 차내 안내 방송을 따라 침착하게 안전한 장소로 이동을 한다.
- 전철의 운행이 정지되었다고 해서 서둘러 밖으로 나가면 큰 부상의 위험이 있을 수 있다.

- 지하철역에서는 정전 시 곧바로 비상등이 켜지므로 서둘러서 출구로 뛰어나가는 것은 위험한 행동이며, 큰 혼란의 원인이 될 수 있다. 구내방송에 따라 침착하게 행동한다.

(2) 자가용 이용 시

- 자가용 운전 중이었을 경우 지진으로 인해 핸들이 불안정하게 작동될 수 있으니 최대한 서행을 하며 교차로 길을 피해 차간 간격을 충분히 확보한 후 도로의 우측으로 정차를 한다.
- 도심에서는 거의 모든 도로에서 자동차의 통행이 금지될 수 있으므로 통제구역에서는 운전을 금하고, 대피하는 사람들이나 긴급차량이 통행할 수 있도록 도로의 중앙부분을 비워 둔다.
- 자동차 라디오의 정보를 잘 듣고 부근에 경찰관이 있으면 지시에 따라서 행동한다.
- 대피할 필요가 있을 때는 화재 발생 시에 차안에 불이 들어오지 않도록 하기 위해서 창문은 닫고, 자동차 열쇠를 꽂아 둔 채로, 문을 잠그지 말고 안전한 곳으로 신속히 피신한다.

8) 산이나 바다에 있을 때

- 산 근처나 해안 등 급한 경사지에서는 산사태나 설개시 붕괴위험이 있으므로 경사로를 벗어나 사방이 트여 있는 개방된 평지로 대피해야 한다.
- 해안에서는 해일 특보가 발령되면 시군구의 안내방송이나 라디오 및 텔레비전의 정보를 시청해서 신속히 안전한 곳으로 대피한다.[7)]

7) 행정안전부 국민안전처, 국민재난포탈, www.mpss.go.kr/

Chap. 5 교통안전

1. 교통사고의 개념과 요인
2. 교통사고와 인간의 특성
3. 자동차 안전관리 및 점검요령
4. 안전운전과 방어운전요령
5. 자동차 응급조치 요령
6. 교통사고 시 처리요령
7. 교통시고 예방대책 및 상식

제 5 장 교통안전

경제 성장과 더불어 사회가 급격히 변화하면서 심각한 문제로 대두된 것이 바로 교통사고이다. 뉴스 등의 언론매체를 통해서 하루에도 수십 건씩 교통사고 소식을 전해 듣고 실제 생활 속에서 작은 사고부터 큰 사고까지 쉽게 접하는 것이 현실이다. 이렇듯 빈번히 일어나는 교통사고는 사람들의 인식 속에서 늘 발생하는 사고이지만 나에게는 일어나지 않을 것이라는 안일한 생각 때문에 사고의 예방이 쉽지 않아 매년 늘어나는 추세이며 오늘날 자동차의 대량 보급으로 자동차는 도로상에서 보행자와 가장 밀접한 관계에 있으므로 자동차사고는 그 발생건수가 급증하여 하루도 빠짐없이 사고발생 상황이 보도되고 있으며, 커다란 사회문제가 되고 있다.

오늘날 사회문제로까지 떠오른 교통사고의 원인은 주로 운전자나 보행자의 부주의라 하겠으나 도로 폭이 좁고, 안전시설이 불충분한 상황에서 지켜야 할 안전수칙 등 그 원인이 너무 많은 데에 있다.

또한 교통사고를 범죄라고 인식하지 못하는 경우가 많은데 공공의 사회질서와 안녕을 위하여 지켜야 할 법과 의무를 위반하는 것으로 이는 사회에 심각한 영향을 끼치는 것이기에 명백한 범죄이며, 졸음운전이나, 음주 운전 등으로 생명을 잃거나 인간의 삶을 영위할 수 없을 만큼의 자신의 행위와 의지에 상관없는 파괴를 가져오는 경우도 있어, 교통사고를 범죄라고 인식하고 중한 사고는 물론 경미한 사고까지도 주의를 기울여야한다.

우리 국민들의 삶과 행복을 지키기 위해서 교통사고에 대한 예방대책을 마련하는 것은 무엇보다 중요한 일이며 국가 경쟁력과 이미지의 질을 높이기 위해서 교통사고를 줄이는 예방대책이 시급하다.

따라서 늘어나는 교통사고의 추세를 전국 교통사고발생추세, 지역별교통사고

발생추세, 여성운전자별 교통사고 발생추세, 대구 교통사고 발생추세, 대구 행정구역별 교통사고 발생추세로 나뉘어 알아보았으며 국가적 차원, 사회적 차원, 개인적 차원으로 나뉘어 살펴봄으로써 구체적이고 현실 가능한 예방대책을 세워보았다.

1. 교통사고의 개념과 요인

1) 교통사고의 개념

도로교통법 상 교통사고는 차의 교통으로 인하여 사람을 사상하거나 물건의 손괴한 것을 말한다(교통사고처리지침 제2조 제1호). 여기서 차라 함은 자동차·건설기계 ·원동기장치 자전거·자전거 또는 사람이나 가축의 힘에 의하여 도로에서 운전되는 것으로서, 철길 또는 가설된 선에 의하여 운전되는 것과 유모차 및 신체장애자용 의자차외의 것을 말한다(道路交通法 제2조 제 13호). 그러나 도로교통법 상 교통사고의 개념은 도로에서 발생한 사고를 전제로 한 것이므로, 도로가 아닌 개인 주택의 정원, 자동차 교습소, 역구내, 경기장, 주차장, 차고 등에서 일어난 사고는 도로 교통법상 교통사고라 할 수 없다. 도로교통체계를 구성하는 요소는 운전자 및 보행자를 비롯한 도로사용자, 도로 및 교통신호등 등의 환경, 차량들로 이 요소들이 제 기능을 다하지 못할 때 체계의 이상이 초래되고 그 결과는 교통사고를 비롯한 갖가지 교통문제로 연결된다.

2) 교통사고의 요인

교통사고에는 반드시 원인과 요인이 있다. 교통사고의 원인이란 반드시 사고란 결과를 초래한 그 어떤 것을 말하며, 사고의 요인이란 교통사고원인을 초래한 인자를 말한다. 따라서 요인이 반드시 결과(교통사고)로 연결되는 것은 아니다.

교통사고의 요인은 아래 그림과 같이 간접적 요인·중간적 요인·직접적 요인 등 3가지로 구분된다. 여기서는 사고의 요인 중 사람(운전자)에 대한 것만 살펴보기로 한다.

(1) 간접적 요인

간접적 요인은 교통사고 발생을 용이하게 한 상태를 만든 조건으로 운전자에 대한 홍보활동결여 또는 훈련의 결여 차량의 운전 전 점검습관의 결여 안전운전을 위하여 필요한 교육태만, 안전지식 결여 무리한 운행계획 직장이나 가정에서의 인간관계불량 등이 있다.

(2) 중간적 요인

중간적 요인만으로 교통사고와 직결되지 않는다. 직접적 요인 또는 간접적 요인과 복합적으로 작용하여 교통사고가 발생한다. 중간적 요인은 운전자의 지능 운전자 성격 운전자 심신기능 불량한 운전태도 음주·과로 등과 관계있다.

(3) 직접적 요인

직접적 요인은 사고와 직접 관계있는 것으로 사고 직전 과속과 같은 법규위반 위험인지의 지연 운전조작의 잘못, 잘못된 위기대처 등이 있다. 경찰 통계에 따르면 매년 운전자가 제1당사자(가해자)가 되어 발생한 교통사고 비율이 90% 이상이다. 따라서 교통사고 방지대책을 마련하고 시행할 때에는 직접적 요인만큼이나 간접적 요인도 고려하여야 한다. 교통사고가 인적요인에 의할 때는 운전자의 심리직-생리적 배경을 분석하여 교통사고예방활동을 전개하는 것이 효과적이다.

(4) 심리적 요인

교통사고 관련자(운전자, 보행자 등)는 그들만이 갖는 특성 혹은 특유의 심리가 있는 것으로 전문가들은 분석하고 있다.

교통사고를 유발한 운전자의 특성은 선천적 능력(타고난 심신기능의 특성)부족, 후천적 능력(학습에 의해서 습득한 운전에 관계되는 지식과 기능)부족, 바람직한 동기와 사회적 태도(각양의 운전 상태에 대하여 인지, 판단, 조작하는 태도)결여, 불안정한 생활환경 등이다.

착각의 정도는 사람에 따라 다소 차이가 있지만, 착각은 사람이 태어날 때부터 지닌 감각에 속한다.

① 크기의 착각

어두운 곳에서는 가로 폭보다 세로 폭의 길이를 보다 넓은 것으로 판단한다.

② 원근의 착각

작은 것은 멀리 있는 것 같이, 덜 밝은 것은 멀리 있는 것으로 느껴진다.

③ 경사의 착각

작은 경사는 실제보다 작게, 큰 경사는 실제보다 크게 보인다.
오름 경사는 실제보다 크게, 내림경사는 실제보다 적게 보인다.

④ 속도의 착각

좁은 시야에서는 빠르게 느껴진다. 비교 대상이 먼 곳에 있 것을 때는 느리게 느껴진다. 상대 가속도감(반대방향), 상대 감속도감(동일방향)을 느낀다.

⑤ 상반의 착각

주행 중 급정거 시 반대방향으로 움직이는 것처럼 보인다.
큰 것들 가운데 있는 적은 것을 적은 것들 가운데 있는 같은 것 보다 적어 보인다. 한쪽 곡선을 보고 반대방향의 곡선을 봤을 경우 실제보다 더 구부러져 있는 것처럼 보인다.

이와 같은 맥락에서도 유추할 수 있는 것과 같이 교통사고의 3대 요인은 인적요인(운전자, 보행자 등), 차량요인, 도로·환경요인이다. 도로·환경요인을 도로요인과 환경요인으로 나누어 4대 요인으로 분류하기도 한다.

인적요인은 신체, 생리, 심리, 적성, 습관, 태도 요인 등을 포함하는 개념으로 운전자 또는 보행자의 신체적 생리적 조건, 위험의 인지와 회피에 대한 판단, 심리적 조건 등에 관한 것과 운전자의 적성과 자질, 운전습관, 내적태도 등에 관한 것이다.

차량요인은 차량구조장치, 부속품 또는 적하(積荷) 등이다.

쉬운 이해를 위하여 도로·환경요인을 도로요인과 환경요인으로 나누어 보면 다음과 같다.

도로요인은 도로구조, 안전시설 등에 관한 것이다. 여기서 도로구조는 도로의 선형, 노면, 차로 수, 노폭, 구배 등에 관한 것이며 안전시설은 신호기, 노면표시, 방호책 등 도로의 안전시설에 관한 것을 포함하는 개념이다.환경요인은 자연환경, 교통환경, 사회환경, 구조환경 등의 하부요인으로 구성된다.

자연환경은 기상, 일광 등 자연조건에 관한 것

교통환경은 차량교통량, 운행차의 구성, 보행자교통량 등 교통상황에 관한 것

사회환경은 일반국민·운전자·보행자 등의 교통도덕, 정부의 교통정책, 교통단속과 형사처벌 등에 관한 것

구조환경은 교통여건변화, 차량점검 및 정비관리자와 운전자의 책임한계 등

일부 교통사고는 위 3대 요인(또는 4대 요인) 중 하나의 요인만으로 설명될 수 있으나 대부분의 교통사고는 둘 이상의 요인들이 복합적으로 작용하여 유발된다. 이들 요인들을 중심으로 좀 더 자세히 다루고자한다.

2. 교통사고와 인간의 특성

1) 운전자 특성

자동차를 운행하고 있는 운전자는 교통상황을 알아차리고(인지), 어떻게 자동차를 움직여 운전할 것인가를 결정하고(판단), 그 결정에 따라 자동차를 움직이는 운전행위(조작)에 이르는 "인지-판단-조작"의 과정을 수 없이 반복한다. 운전자 요인에 의한 교통사고는 이 3 과정의 어느 특정한 과정 또는 둘 이상의 연속된 과정의 결함에서 비롯된다.

먼저 운전자라고 하여 외부정보를 받아들이고 처리하는 과정이 보통의 다른 사람과 다를 바 없다는 점을 밝혀 두고 본론으로 들어간다.

운전자의 정보처리과정은 다음과 같다. 감각기관의 수용기로부터 입수되는 차량 내·외의 교통정보(운전정보)는 구심성 신경을 통하여 정보처리부인 뇌로 전달된다. 이렇게 전달된 교통정보는 당해 운전자의 지식·경험·사고·판단을 바탕으로 의사결정과정을 거쳐 다시 원심성 신경을 통해 효과기(운동기)로 전달되어 운전조작행위가 이루어진다.

이 같은 과정은 매우 짧은 순간마다 행해지며, 동시에 수정·보완되는 피드백(Feed-Back) 과정을 끊임없이 반복한다.

'내외의 교통 환경을 인지하고 이에 대응하는 의사결정과정'과 '운전행위로 연결되는 운전과정'에 영향을 미치는 운전자의 신체적·생리적 조건은 피로·약물·질병 등이며, 심리적 조건은 흥미·욕구·정서 등이다. 이들은 인간-기계(차량)의 정보처리과정 또는 행동을 촉진하거나 억제한다.

이 같은 운전특성은 일정하지 않고 사람 간에 차이(개인차)가 있다. 개인 내에 있어서도 그의 신체적·생리적 및 심리적 상태가 항상 일정한 것은 아니어서 인간의 운전행위를 공산품의 공정처럼 일정하게 유지시킬 수 없다. 환경조건과의 상호작용이 매우 가변적이기 때문이다. 이러한 인간의 특성은 운전뿐 아니라 인간행위, 삶 자체에도 큰 영향을 미친다.

인간의 뇌는 약 100,120억 개의 뉴런이라는 전문화된 세포로 구성되어 있다. 뉴런은 학습과 정신기능의 비밀을 간직하고 있는데 그 메카니즘에 관해서는 이제 겨우 실마리를 풀기 시작했을 뿐이다. 이 실마리가 좀 더 풀리면 인간의 운전특성을 포함한 인간행동 전반에 대한 한 차원 높은 이해를 바탕으로 보다 안전하고 편리한 교통생활을 영위할 수 있을 것이다.

(1) 시각(視覺)특성

운전자가 운전에 필요한 정보의 약 80~90%는 눈을 통해 시각적으로 얻어지는데 시각과 관련된 인간공학적 요소는 가시거리, 시야, 암순응과 명순응, 현혹 등이 있다.

① 가시거리(可視距離)

운전자가 전방의 물체 또는 대상물을 볼 수 있는 거리로 가시거리는 기본적으로 주위의 밝기에 의해 제한되며 차량속도, 대상물의 반사율 등에 영향을 받는다. 따라서 어두운 야간에 반사율이 낮은 검은색계통의 물체는 발견이 용이하지 않다. 또한 시력(視力)은 운전자 또는 대상물이 정지되어 있는 때보다 이동하고 있을 때 더 낮아지기 때문에 주행속도가 높을수록 운전자가 볼 수 가시거리는 짧아지게 된다.

② 시야(視野)

일반적으로 양쪽 눈으로 볼 수 있는 좌·우의 범위를 시야라고 하는데 정상적인 시력을 가진 사람의 양안 시야는 보통 약 180~200° 정도이며, 한쪽 눈의 시야는 좌·우 각각 약 160°정도, 양쪽 눈으로 색체를 식별할 수 있는 범위는 약 70°정도이다. 시야는 눈의 이동속도에 영향을 받게 되는데 예를 들어 정지 상태에서 정상인의 시야는 약 200°정도이나 약 40km/h에서 운전자의 시야는 100°정도, 100km/h일 때는 40°정도로 좁아진다. 또한 시야의 범위는 한곳에 주의가 집중되어 있을 때에는 인지할 수 있는 시야범위가 주의집중정도만큼 좁아지는 특성이 있다.

〈표 5-1〉 눈의 이동속도에 따른 시야특성

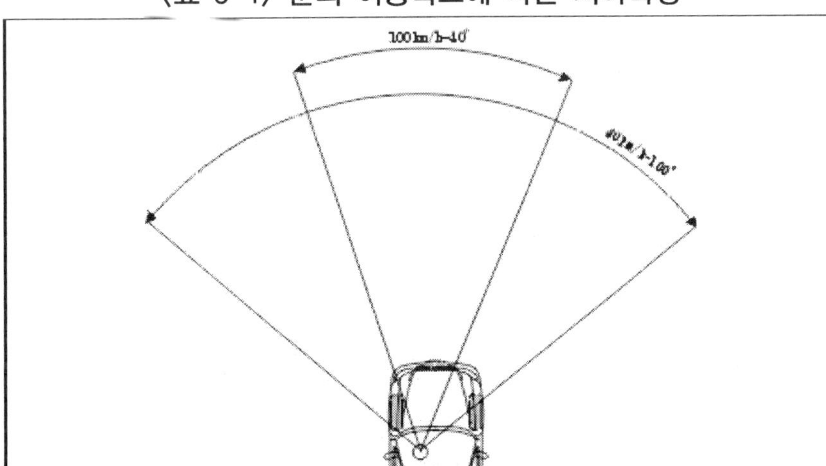

③ 암순응(暗順應)과 명순응(明順應)

밝은 장소를 주행하던 운전자가 터널 등의 어두운 장소로 진입하게 되면 일시적으로 심한 시력저하가 발생하는데 이것을 암순응이라고 하며 암순응의 반대현상으로 터널 등 어두운 장소에서 밝은 장소로 진입할 때 일시적으로 눈이 부셔 일시적으로 시력저하가 발생하는 현상을 명순응이라고 한다. 암순응과 명순응에 의한 시력저하가 발생하게 되면 다시 시력을 회복하기까지는 일정의 시간이 필요하게 되는데 일반적으로 시력의 회복시간은 명순응에 비해 암순응이 상대적으로 매우 느리다.

④ 눈부심(glare)

상대방의 전조등 불빛, 햇빛 등에 의해 일시적으로 시각장애를 일으키는 현상이다. 눈부심은 전방의 강한 광원에 의해 눈이 부셔 일시적으로 앞을 볼 수 없는 현상으로 때때로 가로등 불빛, 앞 차량의 후미 등 불빛, 브레이크 등 불빛 등에 의해 나타나기도 한다.

(2) 인지반응특성

운전자의 인지반응특성은 아래의 4단계로 구분할 수 있다.

- 지각(perception) : 상황 또는 위험을 시각적으로 인식
- 확인(identification) : 시각적으로 인식한 상황 또는 위험을 식별 · 이해
- 의사결정(emotion) : 식별 또는 이해한 상황(위험)에 대한 반응의 결정
- 반응(volition & reaction) : 의사결정에 대한 동작의 수행

교통사고공학에 있어 제동과정의 인지반응특성을 살펴보면 일반적으로 운전자가 전방의 위험을 인지하고 오른발을 가속페달에서 떼어 제동의 행동에 들어가기까지의 인지 · 반응시간은 약 0.4~0.5초, 오른발을 가속페달에서 떼어 브레이크페달로 옮기는 시간이 약 0.2~0.3초, 브레이크페달을 밟아 실제제동이 이루어지기까지는 약 0.1~0.2초가 소요된다. 여기에서 운전자가 전방의 위험을 인지하고 브레이크를 조작하여 바퀴(타이어)에 실제제동이 걸리기까지의 시간을 공주시간

이라고 하며, 공주시간 동안의 주행거리를 공주거리로 정의한다. 공주시간은 차량의 구조, 운전자의 반응특성 등에 따라 개인차가 있으나 보통 약 0.7~1.0초 정도이다.

(3) 음주운전

경찰청 발표 교통사고통계에 따르면 음주운전 발생하는 교통사고는 최근 몇 년간 매년 전체의 약 10%를 점한다. 음주운전 교통사고가 미치는 개인적 사회적 악영향을 고려할 때 하루 빨리 감소시켜야 할 사고유형 중의 하나이다.

술을 마시게 되면 생리적으로 지각 · 반응시간이 연장되고 시야가 좁아지며 시력저하 · 감각둔화 · 동작의 불안정 등의 운전능력이 저하된다. 또한 정신적 · 심리적으로 판단력과 자제력이 떨어지게 된다. 술의 알코올 성분은 주로 인체의 소장에서 흡수되며 혈액 중의 알코올 농도는 개인차가 있으나 섭취 후 1~2시간 내에 최고농도에 이르고, 그 이후 술을 마시지 않으면 점차적으로 감소하게 된다.

음주운전 교통사고와 신체의 변화를 요약하면 아래와 같다.

① 음주운전 시 신체반응의 변화

- 가속페달조작, 핸들조작, 브레이크조작 등의 운전조작능력이 떨어진다.
- 거리판단, 속도판단, 상대 물체와의 간격 등 상황인식능력이 저하된다.
- 청력과 평형감각이 저하되며 기계적인 오조작의 가능성이 커진다.
- 좌우시력, 특히 야간시력이 저하된다.
- 정서의 불안정, 감정억제력이 저하된다.
- 주의력부족, 위험대처능력이 떨어진다.

② 음주운전 교통사고의 특징

- 주차 중인 자동차와 같은 정지 물체 등에 충돌한다.
- 전신주, 가로시설물, 가로수 등과 같은 고정물체와 충돌한다.
- 대향차 전조등에 의한 현혹현상 발생 시 정상운전보다 교통사고 위험이 증가.

- 치사율이 높다.
- 차량단독사고의 가능성이 높다(차량단독 도로이탈사고 등)

(4) 졸음운전

졸음운전은 만성적인 피로, 수면부족, 장시간의 운전 등 운전자 심신의 내적상태에 의해 유발되는 피로형 졸음운전과 도로환경이나 운전조작의 단조로움 등에서 유발되는 단조감형 졸음으로 구분할 수 있다.

피로형 졸음운전은 심신의 기능과 대뇌의 기능이 저하되면서 피로가 축적되어 인지지연, 판단 및 조작의 착오빈도가 늘어나 졸음으로 연결되는 경우가 많고, 단조감형 졸음운전은 고속도로와 같이 선형의 변화와 운전조작의 변화가 적어 긴장감이 둔화되고, 주의력이 떨어지면서 최면상태를 유발시키게 된다.

(5) 운전피로

운전 작업에 의해서 일어나는 신체적인 변화, 신체적으로 느끼는 피로감, 객관적으로 측정되는 운전기능의 저하를 총칭한다. 순간적으로 변화는 운전환경에서 오는 운전피로는 신체적 피로와 정신적 피로를 동시에 수반하지만, 신체적인 부담보다 오히려 심리적 부담이 더 크다.

① 운전피로의 특징

피로의 증상은 전신에 걸쳐 나타나고 이는 대뇌의 피로(나른함, 불쾌감 등)를 불러온다. 피로는 운전작업과 요인의 생략이나 착오가 발생할 수 있다는 위험신호이다. 단순한 운전피로는 휴식으로 회복되나 정신적 심리적 피로는 신체적 부담에 의한 일반적 피로보다 회복시간이 길다.

② 운전피로의 요인

운전피로는 수면 · 생활환경 등 생활요인, 차내 환경 · 차외환경 · 운행조건 등 운전작업 중의 요인, 신체조건 · 경험조건 · 연령조건 · 성별조건, 성격 · 질병 등의 운전자 요인 등 3요인으로 구성된다.

③ 피로와 교통사고

운전자의 피로가 지나치면 과로가 되고 정상적인 운전이 곤란해진다. 대체로 운전피로는 운전조작의 잘못, 주의력 집중의 편재, 외부의 정보를 차단하는 졸음 등을 불러와 교통사고의 직접-간접원인이 된다.

가. 피로의 진행과정

- 피로의 정도가 지나치면 과로가 되고 정상적인 운전이 곤란해진다.
- 피로 또는 과로 상태에서는 졸음운전이 발생될 수 있고 이는 교통사고로 이어질 수 있다.
- 연속운전은 일시적으로 급성피로를 낳게 한다.
- 매일 시간상 또는 거리상으로 일정 수준 이상의 무리한 운전을 하면 만성피로를 초래한다.

나. 장시간 연속운전

장시간 연속운전은 심신의 기능을 현저히 저하시킨다. 운행계획에 휴식시간을 삽입히고 생활 관리를 철저히 해야 한다.

다. 수면부족

적정한 시간의 수면을 취하지 못한 운전자는 교통사고를 유발할 가능성이 높다. 예로써, 오후 9시 이후에 사고를 일으킨 운전자 가운데 피로니 수면부족을 호소하는 운전자가 많다는 연구보고가 있다.

④ 피로와 운전착오

피로가 운전기능에 미치는 영향의 정도는 확실치 않지만, 피로가 발생되면 운전자의 정보수용기구(감각, 지각), 정보처리기구(판단, 기억, 의사결정), 그리고 정보효과기구(운동기관)의 각 기구에 어떤 부정적인 영향을 주는 것은 확실하다.

그 중 몇 가지를 요약하면 다음과 같다.

- 운전작업의 착오는 운전업무 개시 후·종말 시에 많아진다. 개시직후의 착오

는 정적 부조화, 종말시의 착오는 운전피로가 그 배경이다

- 운전시간 경과와 더불어 운전피로가 증가하여 작업타이밍의 불균형을 초래한다. 이는 운전기능, 판단착오, 작업 단절현상을 초래하는 잠재적 사고로 볼 수 있다.
- 운전착오는 심야에서 새벽사이에 많이 발생한다. 각성수준의 저하, 졸음과 관련된다.
- 운전 피로에 정서적 부조나 신체적 부조가 가중되면 조잡하고 난폭하며 방만한 운전을 하게 된다.
- 더욱이 피로가 쌓이면 졸음상태가 되어 차외, 차내의 정보를 효과적으로 입수하지 못한다.

2) 보행자의 특성

(1) 보행자 사고의 요인

우리나라 보행 중 교통사고 사망자 구성비는 미국, 프랑스, 일본 등에 비해 1.53배이며, 특히 어린이는 45배 정도 높다.

차대 사람의 사고가 가장 많은 보행유형은 어떻게 도로를 횡단하였든 횡단 중(횡단보도횡단, 횡단보도부근횡단, 육교부근횡단, 기타 횡단)의 사고가 가장 많다.

다음으로 어떤 형태이든 통행중의 사고가 많으며, 연령층별로는 어린이와 노약자가 높은 비중을 차지한다.

- 교통사고를 당했을 당시의 보행자 요인은 교통상황 정보를 제대로 인지하지 못한 경우가 가장 많고, 다음으로 판단착오, 동작착오의 순서로 많다. 일본의 사례연구에 따르면 보행자가 교통상황 정보를 제대로 인지하지 못한 경우가 58.6%, 판단착오 24.5%, 동작착오가 16.9%였다.
- 보행자의 인지결함, 판단착오, 동작착오 중 교통사고와 가장 큰 관련이 있는 교통정보 인지결함의 원인을 살펴보면 대체로 다음과 같다.

① 술에 많이 취해 있었다.

② 등교 또는 출근시간 때문에 급하게 서둘러 걷고 있었다.

③ 횡단 중 한쪽 방향에만 주의를 기울였다.

④ 동행자와 이야기에 열중했거나 놀이에 열중했다.

⑤ 피곤한 상태여서 주의력이 저하되었다.

⑥ 다른 생각을 하면서 보행하고 있었다.

횡단보도를 두고도 비 횡단보도를 횡단하는 보행자 상태는 대체로 다음과 같다.

- 횡단거리 줄이기 : 횡단보도로 건너면 거리가 멀고 시간이 더 걸리기 때문.
- 평소습관 : 평소 교통질서를 잘 지키지 않는 습관을 그대로 답습
- 자동차가 달려오지만 충분히 건널 수 있다고 판단해서.
- 갈 길이 바빠서.
- 술에 취해서 등이다.

(3) 보행속도

일반적으로 사람의 보행속도는 각 개인의 운동능력, 신체적조건, 보행의 목적, 주변의 환경, 교통밀도 등에 따라 달라지나 약 1.1~1.5m/s의 속도범위에 있으며 장년층 보다는 청년층이, 여자보다는 남자의 보행속도가 빠르며, 특히 인도 또는 자유보행 시 보다는 횡단보도에서의 보행속도가 상대적으로 더 빠르게 나타나는 것으로 조사되고 있다.

3) 교통약자와 안전

(1) 고령자(노인층) 교통안전

① 고령자의 교통행동

고령자는 오랜 사회생활을 통하여 풍부한 지식과 경험을 가지고 있으며, 행동이 신중하여 모범적 교통생활인으로서의 자질을 갖추고 있다. 그러나 신체적인 면에서 운동능력이 떨어지고 시력·청력 등 감지기능이 약화되어 위급 시 회피능력이 둔화되는 연령층이다. 특히 교통안전과 관련하여 움직이는 물체에 대한 판별능력이 저하되고 야간의 어두운 조명이나 대향차가 비추는 밝은 조명에 적응

능력이 상대적으로 부족하다.

고령자는 교통 생활인으로서의 건전한 자질에도 불구하고 이러한 신체적인 취약 조건들로 인하여 어린이, 신체허약자와 함께 교통사고 피해자의 상당수를 점하고 있다.

② 고령 운전자의 태도 및 의식관계

가. 고령 운전자의 의식

- 고령자의 운전은 젊은 층에 비하여 상대적으로 신중하다 과속을 하지 않는다.
- 또한 고령자의 운전은 젊은 층에 비하여 상대적으로 반사 신경이 둔하고, 돌발사태시 대응력이 미흡하다. 이는 재빠른 판단과 동작능력이 젊은 층에 비하여 뒤진다는 것을 의미한다.

나. 고령 운전자의 불안감

- 고령 운전자의「급 후진」「대형차 추종운전」등은 고령 운전자를 위험에 빠뜨리고 다른 운전자에게도 불안감을 유발시킨다.
- 고령에서 오는 운전기능과 반사기능의 저하는 고령 운전자에게 강한 불안감을 준다.
- 좁은 길에서 대형차와 교행할 때, 연령이 높을수록 불안감이 높아지는 경향이 있다. 특히 60세를 넘으면 불안감은 더해진다.
- 전방의 장애물이나 자극에 대한 반응은 60대 70대가 된다 해도 급격히 저하되거나 쇠퇴해지는 것은 아니지만, 후사경을 통해서 인지하고 반응해야 하는 「후방으로부터의 자극」에 대한 동작은 연령의 증가에 따라서 크게 지연된다.

다. 고령자 교통안전 장애 요인

고령의 운전자 또는 보행자를 막론하고 교통안전 장애 요인은 다음과 같이 요약된다.

- 자동차 주행속도와 거리의 측정능력 결여
- 시력 약화
- 위험한 교통상황에 대처함에 있어서 이를 회피할 수 있는 능력의 부족

- 청력 약화
- 기동성 결여
- 자동차 교통의 주행속도와 교통량(자동차 대수)의 증대
- 반사 동작의 둔화
- 노화에 따른 전반적인 체력약화
- 도로 횡단시간이 부족함에 대한 두려움
- 주의 · 예측 · 판단의 부족

라. 고령 보행자 교통안전 계몽 사항

- 필요시 안경착용
- 단독, 다수 또는 부축을 받아 도로를 횡단하는 방법
- 야간에 운전자들의 눈에 잘 보이게 하는 방법 (의복, 야광재의 보조)
- 필요시는 보청기 사용
- 도로 횡단 시 2륜 자동차(모터사이클)를 잘 살피는 것
- 필요시 주차된 자동차 사이 통과방법
- 기타 필요한 사항

마. 노인 보행자 안전수칙

- 안전한 횡단보도를 찾아 멈춘다.
- 횡단보도 신호에 녹색불이 들어와도 바로 건너지 않고 오고 있는 자동차가 정지했는지 확인한다.
- 자동차가 오고 있다면 보낸 후 똑바로 횡단한다.
- 횡단하는 동안에도 계속 주의를 기울인다.
- 횡단보도를 건널 때 젊은이의 보행속도에 맞추지 말고 천천히 건너면서 손을 들어 자동차에 양보신호를 보낸다.
- 횡단보도 신호가 점멸중일 때는 늦게 진입하지 말고 다음 신호를 기다린다.
- 주차 또는 정차된 자동차 앞뒤와 골목길, 코너는 운전자가 볼 수 없는 지역이므로 일단 정지하여 확인한 후 천천히 이동해야 한다.
- 음주 보행은 신체적, 정신적 능력을 저하시키므로 최대한 삼가야 한다.

- 생활 도로를 이용할 때 길 가장자리를 이용하여 안전하게 이동해야 한다.
- 야간 이동시에는 눈에 띄는 밝은 색 옷을 입어야 한다.

(2) 어린이 교통안전

A. 어린이의 일반적 특성과 행동능력

어린이 교통사고 사상자는 연령이 낮을수록 많이 발생한다. 그 이유는 인간 발달의 일반적인 특성에서 찾을 수 있는데 이는 출생에서 청소년기에 이르는 인간의 행동과 능력을 4단계로 분류한 아동 발달의 일반적 특성과 행동 능력과의 관계를 알아보는 것으로 쉽게 이해할 수 있다.

① 감각적 운동단계(0～2세)

자신과 외부 세계를 구별하는 능력이 매우 미약하다. 따라서 교통장면에 대처할 능력도 전혀 없다. 전적으로 보호자에게 의존하는 단계이다.

② 전 조작 단계(2～7세)

직접 존재하는 것에 대해서만 사고(思考)하며, 이 사고도 고지식하고 자기중심적이어서 한 가지 사물에만 집착한다. 다시 말하면 2가지 이상을 동시에 생각하고 행동할 능력이 매우 미약하다.

③ 구체적 조작단계(7～12세)

이 시기에 접어들면 추상적 사고의 폭이 넓어지고, 개념의 발달과 그 사용이 증가한다. 따라서 교통장면을 충분히 인식하며, 추상적 교통규칙을 이해할 수 있는 수준에 도달한다. 이 시기에 잘 지도하고 습관화시킴으로서 현재와 미래의 올바른 교통사회인을 육성할 수 있다.

④ 형식적 조작단계(12세 이상)

대개 초등학교 6학년 이상에 해당한다. 논리적 사고가 발달하고 다소 부족하지만 성인 수준에 근접해 가는 수준을 갖추고 보행자로서 교통에 참여할 수 있다.

B. 어린이 교통사고의 특징

최근 10년간 어린이를 대상으로 사고를 분석한 결과 다음과 같은 몇 가지 특징을 보였다.

- 어릴수록 그리고 학년이 낮을수록 교통사고를 많이 당한다. 어릴수록 그리고 학년이 낮을수록 교통사고가 많다. 따라서 중학생 이하 어린이 교통사고 사상자 구성비는 취학 전 아동, 초등학생, 중학생의 순서로 높다.
- 보행 중 교통사고를 당하여 사상당하는 비율이 절반 이상으로 가장 높다.
- 시간대별 어린이 사상자는 오후 4시에서 오후 6시 사이에 가장 많다.
- 보행 중 사상자는 집에서 2km이내의 거리에서 가장 많이 발생되고 있다. 중학생 이하 어린이 교통사고 예방을 위해서는 무엇보다 보행안전을 확보해야 한다는 사실을 알 수 있다.

C. 어린이의 교통행동 특성

어린이들은 연령의 증가에 따라 점차 추상적 사고의 폭이 넓어지고 개념의 발달과 그 사용이 증가한다. 그러나 사고의 폭이나 개념의 인식정도에는 개인차가 큰 경우가 있다. 어린이의 일반적인 교통행동 특성은 다음과 같다.

- **교통상항에 대한 주의력이 부족하다**

한 가지 일에 몰두하게 되면 다른 일에 대한 주의력이 급격히 떨어진다. 예를 들면, 공놀이를 하다가 공이 도로로 굴러가게 되었을 때 자동차 등에 주의를 기울이지 못하고 공을 따라 무심코 도로에 뛰어들어 위험을 자초하는 경우이다.

- **판단력이 부족하고 모방행동이 많다**

어른의 행동을 모방한다는 것은 성장하고 있다는 바람직한 증거이다. 문제는 옳고 그름에 대한 판단력이 부족하여 옳지 못한 것도 금방 모방하는 경우이다. 예를 들면, 신호를 무시하고 횡단하는 어른의 행동을 보았을 때 그것이 잘못인줄도 모르고 그대로 따라서 무단 횡단하는 사례가 그것이다. 어른이 먼저 교통질서를 준수하는 올바른 행동을 보여줌으로써 어린이의 부족한 판단력을 보완 해주고 어린이들이 옳은 모방행동을 보이도록 해야 한다.

• 사고방식이 단순하다

사물이나 현상을 단순하게 이해하는 경향이 있다. 손이나 깃발을 들고 도로를 횡단하면 자동차가 멈추어 줄 것으로 생각하고 행동하는 경우가 그 좋은 예이다.

• 추상적인 말은 잘 이해하지 못하는 경우가 많다

대상물에 대한 개념의 형성이 미약하기 때문이다. 이 결과 '위험하다', '주의해라' 등 구체성이 없는 말은 왜 위험한지, 무엇에 왜 주의해야 하는지 잘 이해할 수 없게 된다. 이런 경우는 더욱 구체적으로 그 이유를 잘 설명해 주고 위험을 잘 피할 수 있는 방법을 행동으로 보여주거나 이해시켜 주어야 한다.

• 호기심이 많고 모험심이 강하다

이것은 어린이들의 일반적인 현상으로 무엇인가에 직접 접촉해보고 직접 해결해 보고자 하는 욕구에서 출발한다. 달리는 자동차에 가까이 가보고자 한다거나 움직여보고 싶어 하는 것이다. 어린이들의 호기심과 모험심은 키워주되 지나친 호기심과 모험심을 발휘하여 뜻밖의 교통사고를 당하지 않도록 주의시켜야 한다.

D. 어린이들이 당하기 쉬운 교통사고 유형

어린이 교통사고는 성인의 교통사고 유형과 다른 특성이 있다. 어린이 교통사고는 대체로 통행량이 많은 낮 시간에 주로 집 부근에서 발생하며, 또한 보행자 사고가 대부분이고 성인에 비하여 치사율도 대단히 높다. 어린이가 당하기 쉬운 교통사고 유형을 살펴보면 다음과 같다.

① 도로에 갑자기 뛰어들기

어린이 보행자 사고의 대부분(약 70% 내외)은 도로에 갑자기 뛰어들기로 인하여 발생되고 있다. 특히 뛰어들기 사고는 주거지역내의 폭이 좁고 보도와 차도가 구분되지 않은 이면도로에서 많이 발생하고, 어린이의 정서적·사회적 특성과도 관계가 있다. 예를 들면 시야가 나쁜 골목이나 대문 밖이 바로 도로인 집 앞에서 그대로 도로에 뛰어들어 달려오는 차와 부딪치는 경우, 길 건너편에서 어머니가 부르거나 공이나 풍선 등을 잡기 위하여 도로에 뛰어드는 경우 등이다.

② 도로 횡단 중의 부주의

어린이는 몸이 작기 때문에 주차 또는 정차한 차량 바로 앞뒤로 도로를 횡단하면 차를 운전하는 운전자는 어린이를 볼 수 없는 경우가 있으며, 어린이 역시 주차나 정차된 차에 가려 다른 차를 볼 수 없는 경우가 있다.

③ 도로상에서 위험한 놀이

어린이들이 길거리나 주차한 차량 가까이서 놀다가 당하는 사고도 자주 발생한다.

예를 들면 어린이들이 노는 것에만 열중하다 자신도 모르게 달려오는 자동차에 뛰어들어 사고를 발생되기도 하고, 집 앞에 주차되어 있는 차의 뒤나 옆에서 놀던 어린이가 운전자가 확인하지 않고 차를 후진하거나 움직이는 바람에 사고를 당하는 경우가 있다.

④ 자전거 사고

자도에서 자전거를 타고 놀거나 골목길에서 일단 멈추지 않고 그대로 넓은 길로 달려 나오다가 자동차와 부딪치는 사고가 발생하기도 한다.

어린이들이 자전거를 사달라고 한다고 그냥 사 줄 것이 아니라 자전거의 안전장치가 이상이 없는지에 대한 점검과 안전하게 자전거를 탈 수 있는 장소와 타서는 되지 않는 장소 등에 대한 지도가 필요하다.

⑤ 차내 안전사고

자동차가 빠른 속도로 달리다 급정지 할 경우에는 관성에 의해 몸이 앞으로 쏠리면서 차 내부의 돌출물에 부딪치게 된다. 그렇기 때문에 반드시 안전벨트를 착용하게 하고 차안에서 장난치거나 머리나 손을 창밖으로 내밀지 않도록 해야 한다. 간혹 운행 중에 차문을 여는 경우도 있으므로 안전장치의 확인에도 신경을 써야 한나.

E. 어린이가 승용차에 탑승했을 때 주의점

① 안전띠 착용

자동차의 시트와 안전띠는 어른의 체격에 맞도록 되어 있으므로 어린이를 그냥 앉히고 안전띠를 착용시키면 위험하므로 가급적 어린이는 뒷좌석 2점 안전띠의 길이를 조정하여 사용한다.

② 여름철 주차 시

여름철, 햇볕 속에 주차시켜둔 차의 실내 온도는 50 이상이 되며, 때에 따라서는 더 높은 온도까지 올라가기도 한다. 이럴 때 차내에 어린이를 혼자 태우고 방치하면 탈수현상과 산소부족으로 생명을 잃는 경우가 있으므로 주의하여야 한다.

③ 문은 어른이 열고 닫는다.

어린이가 문을 열고 닫을 때 부주의하여 손가락이나 다리를 다칠 경우도 있고 주위의 다른 차량이나 자전거 등에 부딪칠 경우도 있으므로 반드시 어린이는 제일 먼저 태우고 제일 나중에 내리도록 하며, 문은 어른이 열고 닫아야 안전하다.

④ 차를 떠날 때는 같이 떠난다.

어린이가 차안에 혼자 남아 있으면 차의 시동을 걸거나 각종 장치를 만져 뜻밖의 사고가 생길 수 있으므로 어린이와 같이 차에서 떠나야 한다.

⑤ 어린이는 뒷좌석에 앉도록 한다.

어린이가 앞좌석에 앉으면 운전 장치나 물건 등을 만져 운전에 지장을 줄 수 있고 사고의 위험도 있다. 반드시 뒷좌석에 태우고 도어의 안전잠금장치를 잠근 후 운행한다.

3. 자동차 안전관리 및 점검요령

1) 일상점검

매일 그날 최초의 운행을 개시하기 전에 각종 장치의 기능이 정상상태인가를 운전자가 점검하는 일종의 안전관리이며 운전자는 반드시 일상점검을 의무화하여야 한다. 일상점검 유의사항은 다음과 같다.

- 눈으로 똑똑히 보고 확인한다(시각)
- 손으로 대어보고 확인한다(촉각)
- 냄새를 맡아보고 확인한다(후각)
- 차에 일정량의 충격을 주어 그 상태를 보고 확인한다(청각).
- 계기 등으로 기준 치수와 무게 등의 차이를 확인한다.

(1) 시동 전 점검사항

① 후드(본네트)를 열고

- 엔진오일, 냉각수, 브레이크 오일, 와셔액 등이 충분한 시, 새는 곳은 없는지를 점검한다.
- 각종 벨트, 특히 발전기벨트의 손상유무 및 장력을 점검한다.
- 배너리 충전상내와 배터리 액을 짐김한다.

② 자동차 둘레를 돌며

- 타이어의 외관 손상 여부 또는 타이어의 접지 면에 이물질이 끼었는지, 타이어와 노면의 접지상태를 보고 공기압이 적당하지를 점검한다.
- 진행하려는 방향 쪽에 장애물은 없는지, 차 밑에 장애물이 없는지 또는 차 밑바닥에 냉각수나 오일이 떨어져 있지 않은지 살핀다.

③ 운전석에 앉아

- 조향핸들을 잡을 때 자연스럽게 잡을 정도로 시트위치 및 등받이를 조정한다.
- 브레이크 및 클러치페달 유격을 점검한다.
- 전면유리가 깨끗한지 점검한다.
- 외부 후사경의 위치를 알맞게 조정한다.

(2) 시동 후 점검사항

① 차량 밖에서

- 스위치를 작동시켜 각종 램프류의 작동상태를 점검.
- 엔진 작동음 및 배기가스의 색깔을 점검.
- 자동변속기 오일 수준을 점검.

② 운전석에 앉아

- 계기판에 있는 각종 계기 및 경고등의 작동상태를 점검.
- 키를 II단 'ON'위치에 놓았을 때 오일경고등, 충전경고등, 브레이크 경고등(주차 브레이크를 채운 경우), 엔진정비지시등의 점등되었다 시동 후에는 꺼지는지 확인.
- 취급설명서를 참고하여 각종 스위치 위치와 작동방법을 익혀 둔다.
- 연료가 목적지까지 운행하는데 충분한지 확인.
- 안전벨트를 바르게 착용.
- 초행길의 경우 출발 전에 지도를 보고 목적지 근처의 지명을 숙지한 후 출발

(3) 운행 중 점검 사항

- 자동차 어느 부분에선가 이상한 소리가 나지 않는가?
- 이상한 냄새가 나지 않는가?
- 계기판 경고등에 불이 들어오지 않는가?
- 냉각수 온도계기는 정상을 가리키는가?

- 브레이크, 엑셀레이터, 핸들 조작 시 이상한 감각이 느껴지지는 않는가? 등이며, 이상 시에는 확인 점검과 함께 응급조치 후 출발해야 한다.

(4) 운행 후 점검 사항

- 핸드 브레이크의 정확한 작동
- 언덕길 주차 시 굄목 삽입이나 기어 변속
- 각종 전기 장치 스위치를 끈 후 다시 한 번 확인
- 문(Door)의 잠김 상태 확인
- 차체 외관과 타이어 상태 확인

2) 점검 시 유의사항

(1) 진동과 소리로 구분할 수 있는 고장

① 엔진의 점화 장치 부분

주행 중 차체에 이상한 진동이 느껴질 때는 엔진에서의 고장이 주원이다. 플러그 배선이 빠져있거나 플러그 자체가 나쁠 때 이런 현상이 나타난다.

② 엔진의 이용

엔진의 회전수에 비례하여 쇠가 마수지는 소리가 날 때가 있다. 거의 이런 이음은 밸브 장치에서 나는 소리로, 밸브 간극 조정으로 고쳐질 수 있다.

③ 팬벨트

가속 페달을 힘껏 밟는 순간 '끼익!' 하는 소리가 나는 경우가 많은데, 이때는 팬벨트 또는 기타의 V벨트가 이완되어 걸려 있는 풀리와의 미끄러짐에 의해 일어난다.

④ 클러치 부분

클러치를 밟고 있을 때 "달달달" 떨리는 소리와 함께 차체가 떨리고 있다면, 이것은 클러치 릴리스 베어링의 고장이다. 이것은 정비공장에 가서 교환하여야 한다.

⑤ 브레이크 부분

브레이크 페달을 밟아 차를 세우려고 할 때 바퀴에서 "끽!" 하는 소리가 나는 경우를 많이 경험할 것이다. 이것은 브레이크 라이닝의 마모가 심하거나 라이닝에 오일이 묻어 있을 때 일어나는 현상이다.

⑥ 조향 장치 부분

핸들이 어느 속도에 이르면 극단적으로 흔들린다. 특히 핸들 자체에 진동이 일어나면 앞바퀴 불량이 원인일 때가 많다. 앞 차륜 정렬(휠 얼라인먼트)이 흐트러졌다든가 바퀴 자체의 휠 밸런스가 맞지 않을 때 주로 일어난다.

⑦ 바퀴 부분

주행 중 하체 부분에서 비틀거리는 흔들림이 일어나는 때가 있다.

특히 커브를 돌았을 때 휘청거리는 느낌이 들 때는 바퀴의 휠 너트의 이완이나 공기 부족일 때가 많다.

⑧ 현가장치 부분

비포장도로의 울퉁불퉁한 험한 노면을 달릴 때 "딱각딱각" 하는 소리나 "쿵쿵" 하는 소리가 날 때에는 현가장치인 쇽업쇼버의 고장으로 볼 수 있다.

(2) 냄새와 열로 구분할 수 있는 고장

① 전기 장치 부분

고무 같은 것이 타는 냄새가 날 때는 바로 차를 세워야 한다. 대개 엔진실 내의 전기 배선 등의 피복이 녹아 벗겨져 합선에 의해 전선이 타면서 나는 냄새가 대부분인데, 보닛을 열고 잘 살펴보면 그 부위를 발견할 수 있다.

② 브레이크 장치 부분

치과 병원에서 이를 갈 때 나는 단내가 심하게 나는 경우는 주브레이크의 간격이 좁든가, 주차 브레이크를 당겼다 풀었으나 완전히 풀리지 않았을 경우이다. 또한 긴 언덕길을 내려갈 때 계속 브레이크를 밟는다면 이러한 현상이 일어나기 쉽다.

③ 바퀴 부분

바퀴마다 드럼에 손을 대보면 어느 한쪽만 뜨거울 경우가 있는데, 이때는 브레이크 라이닝 간격이 좁아 브레이크가 끌리기 때문이다.

(3) 배출 가스로 구분할 수 있는 고장

자동차 후부에 장착된 머플러(소음기) 파이프에서 배출되는 가스의 색을 자세히 살펴보면, 엔진의 건강 상태를 알 수 있다.

① 무색

완전 연소 시 배출 가스의 색은 정상 상태에서 무색 또는 약간 엷은 청색을 띤다.

② 검은색

농후한 혼합 가스가 들어가 불완전 연소되는 경우이다. 초크 고장이나 에어 클리너 엘라이먼트의 막힘, 연료 장치 고장 등이 원인이다.

③ 백색

엔진 안에서 다량의 엔진 오일이 실린더 위로 올라와 연소되는 경우로, 헤드 개스킷 파손, 밸브의 오일 씰 노후 또는 피스톤 링의 마모 등 엔진 보링을 할 시

기가 됐음을 알려준다.[8)]

- 엔진 냉각 펜은 엔진온도가 상승되면 자동으로 회전하는 전동식 팬이다. 팬이 불시에 회전하여 사고를 당하는 일이 없도록 항상 시동을 끄고 점검하도록 한다.
- 엔진이 회전하는 상태에서 점검을 해야 할 경우에는 회전부위에 옷자락이나 넥타이 등이 접촉되지 않도록 주의한다.
- 시동을 켠 상태에서는 절대로 점화 계통을 손으로 만지지 않는다.
- 잭으로 차량을 받친 상태에서는 차량 밑으로 들어가지 않는다.
- 연료장치, 배터리 근처에서는 불꽃을 멀리해야 한다.
- 엔진을 회전시키면서 점검을 해야 할 경우는 반드시 통풍이 잘되는 곳에서 실시
- 고장이 잦은 부분

고장은 반드시 전조 현상을 가져온다. 따라서 평소에 운전하면서 이상하게 느꼈다면 어느 곳에서, 무엇이, 언제, 어떠한 현상으로 나타나는가를 잘 파악해야 한다. 만약, 이 전조 현상을 느끼고도 그대로 방치한다면, 결국 고장을 불러일으킬 수밖에 없다. 흔히 말하는 오감이란 시각·청각·촉각·후각·미각을 말하는데, 이 다섯 가지 감각을 잘 활용한다면 자동차의 고장을 사전에 충분히 예방하거나 빨리 발견하여 조치할 수 있다.

4. 안전운전과 방어운전요령

1) 방어운전이란

운전자는 자동차를 운전함에 있어서, 안전운전과 방어운전을 별도의 개념으로 양립시켜 운전할 수는 없다. 두 가지 중 어느 것 하나라도 소홀히 하면 곧 바로 교통사고로 연결되어 사람의 귀중한 생명과 재산상의 손실을 초래할 수 있기 때문이다.

8) http://tong.nate.com/dowong/39236378

(1) 안전운전

“안전운전”이란 운전자가 자동차를 그 본래의 목적에 따라 운행함에 있어서 운전자 자신이 위험한 운전을 하거나 교통사고를 유발하지 않도록 주의하여 운전하는 것을 말한다.

(2) 방어운전

“방어운전”이란 운전자가 다른 운전자나 보행자가 교통법규를 지키지 않거나 위험한 행동을 하더라도 이에 대처할 수 있는 운전자세를 갖추어 미리 위험한 상황을 피하여 운전하는 것, 위험한 상황을 만들지 않고 운전하는 것, 위험한 상황에 직면했을 때는 이를 효과적으로 회피할 수 있도록 운전하는 것을 말한다.

방어운전이란 다른 사람의 잘못이나 불리한 교통상황에도 불구하고 이에 빠져들지 않고 사고를 피해 가는 운전, 즉 적극적인 자기보호 운전법을 말한다. 방어운전은 예측이 가장 중요하며 어떤 조건하에도 사고의 발생 가능성을 예견하여 미리 대비하는 것이 기본이다. 사고발생 가능성의 예견이나 실제 교통 상황 하에서 발생 가능한 모든 사고를 미리 생각해 둔다는 것인데 이러한 생각자체만으로도 상당히 중요한 의미를 갖는다. 사고발생 가능성을 미리 생각해두면, 교통상황을 다시 한 번 확인하게 되고, 불확실성을 간과하거나 요행을 바라는 등의 모험을 하지 않게 되며, 항상 방어운전을 생각해두고 있어 자기의 안전을 철저히 지킬 수 있기 때문이다.

2) 방어운전의 기본

(1) 능숙한 운전 기술

적절하고 안전하게 운전하는 기술을 몸에 익혀야 한다.

(2) 정확한 운전지식

교통표지판, 교통관련 법규 등 운전에 필요한 지식을 익힌다.

(3) 세심한 관찰력

자신을 보호하는 좋은 방법 중이 하나는 언제든지 다른 운전자의 형태를 잘 관찰하고 타산지석으로 삼는 것이다.

(4) 예측능력과 판단력

① 예측력

앞으로 일어날 위험 및 운전 상황을 미리 파악하는 안전을 위협하는 운전 상황의 변화요소를 재빠르게 파악하는 등 예측 능력을 키운다.

② 판단력

교통 상황에 적절하게 대응하고 이에 맞게 자신의 행동을 통제하고 조절하면서 운행하는 능력이 필요하다.

(5) 양보와 배려의 실천

운전할 때는 자기중심적인 생각을 버리고 상대방의 입장을 생각하며 서로 양보하는 마음의 자세가 필요하다. 운전자 상호간에도 서로 상대방의 입장에서 운전해야 한다.

운전은 자기 혼자만 하는 것이 아니라 주위에서 같이 달리는 자동차의 운전자와 길을 건너고자 하는 많은 보행자를 같이 생각해야 하는 것인 만큼 양보와 배려가 습관화 되도록 한다.

(6) 교통상황 정보수집

변화무쌍한 교통상황에서 방어운전을 제대로 하기 위해서는 유용한 정보가 요구된다. TV, 라디오, 신문, 컴퓨터, 도로상의 전광판 및 기상예보 등을 통해 입수되는 다양한 정보는 안전운전에 긴요하다. 그러나 운전 중이라면 그 교통현장의 정확하고 빠른 교통정보인지가 더욱 중요하다.

(7) 반성의 자세

운전의 세계에서 흔히 볼 수 있는 현상은 다른 차의 잘못에 대해서는 신경과민이지만 자기 자신의 독선적인 운전 따위에 대해서는 그것을 느끼지 못하고, 비록 느꼈다고 하더라도 반성하지 않는 경향이 강하다.

자신의 운전행동에 대한 반성을 통하여 더욱 안전한 운전자로 거듭날 수 있다.

(8) 무리한 운행 배제

사람이나 자동차 모두가 건강하여야 안전운전 방어운전이 가능하다. 졸음상태, 음주상태, 기분이 나쁜 상태 등 신체적 심리적으로 건강하지 않은 상태에서는 무리한 운전을 하지 않는다. 또한 자동차 고장이나 이상이 있는 경우에는 아무리 사소한 것이라도 수리 · 정비한 다음이 아니면 무리하게 차를 운행하지 않는다.

3) 방어운전 실천요령

- 운전자는 앞차의 전방까지 시야를 멀리 둔다. 장애물이 나타나 앞차가 브레이크를 밟았을 때 즉시 브레이크를 밟을 수 있도록 준비 태세를 갖춘다.
- 뒤차의 움직임을 룸미러나 사이드미러로 끊임없이 확인하면서 방향지시등이나 비상등으로 자기 차의 진행방향과 운전 의도를 분명히 알린다.
- 교통신호가 바뀐다고 해서 무작정 출발하지 말고 주위 자동차의 움직임을 관찰한 후 진행한다.
- 보행자가 갑자기 나타날 수 있는 골목길이나 주택가에서는 상황을 예견하고 속도를 줄여 충돌을 피할 시간적 공간적 여유를 확보한다.

- 일기예보에 신경을 쓰고 기상변화에 대비해 체인이나 스노우타이어 등을 미리 준비한다. 눈이나 비가 올 때는 가시거리 단축, 수막현상 등 위험요소를 염두에 두고 운전한다.
- 교통량이 너무 많은 길이나 시간을 피해 운전하도록 한다. 교통이 혼잡할 때는 조심스럽게 교통의 흐름을 따르고, 끼어들기 등을 삼가 한다.
- 과로로 피로하거나 심리적으로 흥분된 상태에서는 운전을 자제한다.
- 앞차를 뒤따라 갈 때는 앞차가 급제동을 하더라도 추돌하지 않도록 차간거리를 충분히 유지한다. 4-5대 앞차의 움직임까지 살핀다. 대형차를 뒤따라갈 때는 가능한 앞지르기를 하지 않도록 한다.
- 뒤에 다른 차가 접근해 올 때는 속도를 낮춘다. 뒤차가 앞지르기를 하려고 하면 양보해 준다. 뒤차가 바짝 뒤따라올 때는 가볍게 브레이크 페달을 밟아 제동등을 켠다.
- 진로를 바꿀 때는 상대방이 잘 알 수 있도록 여유있게 신호를 보낸다. 보낸 신호를 상대방이 알았는지 확인한 다음에 서서히 행동한다.
- 교차로를 통과할 때는 신호를 무시하고 뛰어나오는 차나 사람이 있을 수 있으므로 반드시 안전을 확인한 뒤에 서서히 주행한다. 좌우로 도로의 안전을 확인한 뒤에 주행한다.
- 밤에 마주 오는 차가 전조등 불빛을 줄이거나 아래로 비추지 않고 접근해 올 때는 불빛을 정면으로 보지 말고 시선을 약간 오른쪽으로 돌린다. 감속 또는 서행 하거나 일시 정지한다.
- 밤에 산모퉁이 길을 통과할 때는 전조등을 상향과 하향을 번갈아 켜거나 껐다 켰다 해 자신의 존재를 알린다. 주위를 살피면서 서행한다.
- 횡단하려고 하거나 횡단중인 보행자가 있을 때는 속도를 줄이고 주의해 진행한다. 보행자가 차의 접근을 알고 있는지 확인 한다
- 어린이가 진로 부근에 있을 때는 어린이와 안전한 간격을 두고 진행한다. 서행 또는 일시 정지한다.
- 다른 차의 옆을 통과 할 때는 상대방 차가 갑자기 진로를 변경할 수도 있으므로 미리 대비한다. 충분한 간격을 두고 통과한다.

- 대형 화물차나 버스의 바로 뒤를 소형차로 뒤 따라서 진행할 때에는 전방의 교통상황을 파악할 수 없으므로, 이럴 때는 함부로 앞지르기를 하지 않도록 하고, 또 시기를 보아서 대형차의 뒤에서 이탈 해 진행한다.
- 신호기가 설치되어 있지 않은 교차로에서는 좁은 도로로부터 우선순위를 무시하고 진입하는 자동차가 있으므로, 이런 때에는 속도를 줄이고 좌우의 안전을 확인한 다음에 통행한다.

4) 충돌사고 방어운전법

(1) 앞차와의 충돌사고 예방운전법

앞차의 사전예고 없는 급정거나 급회전을 예견해야 한다. 그러면 차간거리를 저절로 유지하게 되며 앞차의 통행을 수시로 확인하게 됨과 동시에 멀리 전방상황의 파악에도 게으르지 않게 된다. 또, 다급한 상황에 처해서야 급제동을 거는 것은 사고의 유발 가능성이 높은 운전습관이므로 위험이 예견될 때에는 항상 미리 브레이크를 사용하는 것을 습관화 되도록 해야 한다.

(2) 뒤차와의 충돌사고 예방운전법

천천히 부드럽게 정지하여 뒤차에게 시간적 여유를 주고 정지시 차간거리를 유지할 수 있도록 한다. 그리고 감속하거나 정지하기 전에는 반드시 미리 브레이크 등을 밟히거나 수신호를 하여 뒤차에게 신호를 주도록 한다. 따라서 브레이크 등이 들어오지 않거나 더렵혀져 불빛이 희미해지지 않도록 늘 살피는 습관을 가져야 한다.

(3) 정면충돌 사고 예방운전법

상대가 중앙선에 접근하여 위협적으로 다가오거나 자신의 차로를 침범한 채 다가올 경우 우측으로 붙어야 한다. 최악의 경우 우측으로 도로를 이탈하는 한이 있더라도 섣불리 다가오는 차를 피해 반대로 중앙선을 넘어서지 말아야 한다. 사신의 차로를 침범해 계속 달려오는 차는 다시 자기 차로로 되돌아갈 가능성이 많으며 또한 뒤따라오는 차도 있을 것이기 때문이다.

만일의 경우에도 상대 차와의 정면충돌보다는 개울에 빠지거나 전복되는 경우의 피해가 적을 수 있으며 자기 차의 단독 사고의 경우가 생명을 건질 가능성이 더 높다. 커브 길에서는 브레이크를 밟지 않음으로써 미끄러짐을 최소화해야 한다. 또한, 비보호 좌회전지역 또는 신호 없는 좌회전 지역에서는 마주 오는 차와 충돌하지 않을 확신이 선후 주행해야 한다.

(4) 교차로 사고 예방 운전법

교차로를 통과할 때 자신이 우선이라거나 상대가 양보해 줄 것이라고 생각해서는 안 된다. 교차로에 접근할 때는 항상 액셀러레이터 페달에서 발을 떼고 브레이크 페달을 밟을 준비를 하는 습관을 가져야 한다. 교차로에 접근하면 먼저 좌측을 그리고 우측을 확인해야 하며 예상치 못한 위험이나 보이지 않는 위험이 항상 도사리고 있기 때문에 건너기 전에 확실히 확인해야 한다.

(5) 추월당할 때의 운전법

무리하게 추월하는 차가 있더라도 그 차의 추월을 도와주어 자신을 보호해야 한다. 추월을 용이케 해줌으로써 사고를 방지할 수 있어야 한다. 그리고 행동하기 전에 신호하고 상대가 충분히 뜻을 알아들었는지 확인한 후에 행동해야 한다. 좌·우회전을 하기 위해 적정한 차로에 다가설 때는 충분히 이루어진 후 안전에 확신이 선 때에 행동해야 한다.

※ 우연 사고를 가장한 고의충돌 테러 및 범죄가 늘어나고 있으며 차량 결함을 은밀히 만들어 놓아 사고를 유발케 하는 범죄도 늘어나고 있다. 따라서 주행시에는 방어운전법에 최선을 다해야 하며 주행 전에는 차량점검을 하여 차체결함 여부를 확인 후 주행해야 한다.(차체점검 수시로)

5) 상황별 안전운전요령

(1) 교차로

교차로는 자동차, 사람 이륜차 등의 엇갈림(교차)이 발생하는 장소로써, 교차로 및 교차로 부근은 횡단보도 및 횡단보도 부근과 더불어 교통사고가 가장 많이 발생하는 지점이다. 교차로에서의 차대차 또는 차대사람 등의 엇갈림(교차)으로 인한 교통사고를 예방하고 교통의 원활한 소통을 도모하는 방법은 신호기를 설치하거나 교차로 자체를 입체화(입체교차로 설치)하는 것이다. 이때 신호기는 교통 흐름을 시간적으로 분리하는 기능을 하며 입체교차로는 교통 흐름을 공간적으로 분리하는 기능을 한다.

A. 사고발생유형

교차로 교통사고의 대부분은 운전자가 다음과 같이 운전한 경우이다.

- 앞쪽(또는 옆쪽) 상황에 소홀한 채 진행진호로 바뀌는 순간 급출발
- 정지신호임에도 불구하고 정지선을 지나 교차로에 진입하거나 무리하게 통과를 시도하는 신호무시
- 교차로 진입 전 이미 황색신로임에도 무리하게 통과시도

B. 교차로 안전운전, 방어운전

- 신호등이 있는 경우 : 신호등이 지시하는 신호에 따라 통행
- 교통경찰관 수신호의 경우 : 교통경찰관의 지시에 따라 통행
- 신호등 없는 교차로의 경우 : 통행우선순위에 따라 주의하며 진행
- 섣부른 추측운전은 하지 않는다.

통행하는 차량이나 사람이 없으니까, 혹은 잘 아는 곳이니까 하는 생각으로 일시정지나 서행을 무시하거나 형식적으로 통과하면 위험하므로 반드시 자신의 눈으로 안전을 확인하고 주행한다.

- 언제든 정지할 수 있는 준비태세를 갖춘다.

교차로에서는 자전거 또는 어린이 등이 뛰어 나올 수 있다는 것을 염두에 두고 이에 대처할 수 있도록 언제든지 정지할 수 있는 마음의 준비를 하고 운전해야 한다.

- 신호가 바뀌는 순간을 주의한다.

교차로 사고의 대부분은 신호가 바뀌는 순간에 발생하므로 반대편 도로의 교통 전반을 살피며 12초의 여유를 가지고 서서히 출발한다.

C. 교차로 황색신호

황색신호는 전 신호와 후 신호 사이에 부여되는 신호로, 전 신호 차량과 후 신호 차량이 교차로 상에서 상충(상호충돌)하는 것을 예방하여 교통사고를 방지하고자 하는 목적에서 운영되는 신호이다.

① 황색신호시간

- 교차로 황색신호시간은 통상 3초를 기본으로 운영한다. 교차로의 크기에 따라 46초까지 연장 운영하기도 하지만, 지극히 부득이한 경우가 아니라면 6초를 초과하는 것은 금기로 한다.
- 교차로 황색신호시간은 이미 교차로에 진입한 차량은 신속히 빠져나가야 하는 시간이며 아직 교차로가 진입하지 못한 차량은 진입해서는 안 되는 시간이다. 그러나 현실적으로는 무리하게 진행하는 차량이 많은 실정이다.

② 황색신호 시 사고유형

교차로 황색신호시간에 일어날 수 있는 교통사고는 크게 다음과 같은 4가지 유형으로 구분할 수 있다.

- 교차로 상에서 전 신호 차량과 후 신호 차량의 충돌
- 횡단보도 전 앞차 정지 시 앞차 충돌
- 횡단보도 통과 시 보행자, 자전거 또는 이륜차 충돌
- 유턴 차량과의 충돌

③ 교차로 황색신호 시 안전운전 방어운전

- 황색신호에는 반드시 신호를 지켜 정지선에 멈출 수 있도록 교차로에 접근할때는 자동차의 속도를 줄여 운행한다. 교차로 내는 물론 교차로 부근에 걸쳐 위험요인이 산재하므로 교차로에 무리하게 진입해서는 안 된다. 교차로 또는 교차로와 접해 있는 횡단보도 및 그 부근, 유턴구간 및 그 부근 등 사고다발지점인 경우가 많기 때문이다.
- 교차로에 무리하게 진입하거나 통과를 시도하지 않는다. 황색신호 진입 시 마주 오는 차로의 차량도 황색신호에 출발할 수 있기 때문에 만일 사고가 일어난다면 대형사고가 될 가능성이 높다.

(2) 커브길

커브길은 도로가 왼쪽 또는 오른쪽으로 굽은 곡선부를 갖는 도로의 구간을 의미하는데 곡선부의 곡선반경이 길어질수록 완만한 커브길이 되며 곡선반경이 극단적으로 길어져 무한대에 이르면 완전한 직선도로가 된다. 곡선반경이 짧아질수록 급한 커브길이 된다. 곡선부의 곡선반경이 극단적으로 길어져 무한대에 이르면 완전한 직선도로가 된다. 커브길은 주로 다음과 같은 교통사고 요인을 갖고 있다.

- 도로 이탈의 위험이 뒤따른다.
- 중앙선을 침범하여 대향차와 충돌할 위험이 있다.
- 시야불량으로 인한 사고의 위험이 있다.

A. 커브길 주행요령

① 완만한 커브길

다음과 같은 순서로 주의하여 주행한다.

- 커브길의 경사도나 도로의 폭을 확인하고 가속 페달에서 발을 떼어 엔진 브레이크가 작동되도록 하여 속도를 줄인다.
- 엔진 브레이크만으로 속도가 충분히 떨어지지 않으면 풋 브레이크를 사용하

여 실제 커브를 도는 중에 더 이상 감속할 필요가 없을 정도까지 줄인다.

- 커브가 끝나는 조금 앞부터 핸들을 돌려 차량의 모양을 바르게 한다.
- 가속 페달을 밟아 속도를 서서히 높인다.

② 급커브길

다음과 같은 순서로 주의하여 주행한다.

- 커브의 경사도나 도로의 폭을 확인하고 가속 페달에서 발을 떼어 엔진 브레이크가 작동되도록 하여 속도를 줄인다.
- 풋 브레이크를 사용하여 충분히 속도를 줄인다.
- 후사경으로 오른쪽 후방의 안전을 확인한다.
- 저단 기어로 변속한다.
- 커브의 내각의 연장선에 차량이 이르렀을 때 핸들을 꺾는다.
- 차가 커브를 돌았을 때 핸들을 되돌리기 시작한다.
- 차의 속도를 서서히 높인다.

③ 커브길 핸들조작

커브길에서의 핸들조작은 슬로우 인 패스트 아웃(Slow-in, Fast-out) 원리에 입각하여 커브 진입직전에 핸들조작이 자유로울 정도로 속도를 감속하고, 커브가 끝나는 조금 앞에서 핸들을 조작하여 차량의 방향을 안정되게 유지한 후, 속도를 증가(가속)하여 신속하게 통과할 수 있도록 하여야 한다.

B. 커브길 안전운전 및 방어운전

- 커브길에서는 미끄러지거나 전복될 위험이 있으므로 부득이 하지 않으면 급핸들 조작이나 급제동은 하지 않는다.
- 핸들을 조작할 때는 가속이나 감속을 하지 않는다.
- 중앙선을 침범하거나 도로의 중앙으로 치우쳐 운전하지 않는다.
- 주간에는 경음기, 야간에는 전조등을 사용하여 내 차의 존재를 알린다.
- 항상 반대 차로에 차가 오고 있다는 것을 염두에 두고 차로를 준수하며 운전

한다.

- 커브길에서 앞지르기는 대부분 안전표지로 금지하고 있으나 금시 표지가 없더라도 절대로 하지 않는다.
- 겨울철에는 빙판이 그대로 노면에 있는 경우가 있으므로 사전에 조심하여 운전한다.

(3) 차로 폭에 따른 상황

차로 폭이란 어느 도로의 차선과 차선 사이의 최단거리를 말하며, 차로의 폭은 차선의 중심선에서 인접한 차선의 중심선까지로 한다. 차로 폭은 아래 〈표5-2〉와 같은 관련 기준에 따라 도로의 설계속도, 도로의 구분, 지형조건 등을 고려하여 달리할 수 있으나 대개 3.0m~3.5m를 기준으로 한다. 다만, 교량 위, 터널 내, 유턴차로(회전차로) 등에서 부득이한 경우 2.75m로 할 수 있다.

〈표 5-2〉 차로의 최소 폭(미터)

도로의 구분	지방지역			도시지역
고속도로	3.50			3.50
일반도로	설계속도(Km/h)	80 이상	3.50	3.25
		70 이상	3.25	2.25
		69 이상	3.25	3.00
		60 미만	3.00	3.00

A. 차로 폭에 따른 사고 위험

① 차로 폭이 넓은 경우

운전자가 느끼는 주관적 속도감이 실제 주행속도 보다 낮게 느껴짐에 따라 제한속도를 초과한 과속사고의 위험이 있다.

② 차로 폭이 좁은 경우

차로 폭이 좁은 도로의 경우는 차로수 자체가 편도 1-2차로에 불과하거나 보차분리시설이 미흡하거나 도로정비가 미흡하거하고 자동차, 보행자들이 무질서하게 혼재하는 경우가 있어 사고의 위험성이 높다.

B. 차로 폭에 따른 안전운전 방어운전

① 차로 폭이 넓은 경우

주관적인 판단을 가급적 자제하고 계기판의 속도계에 표시되는 객관적인 속도를 준수할 수 있도록 노력하여야 한다.

② 차로 폭이 좁은 경우

보행자, 노약자, 어린이 등에 주의하여 즉시 정지할 수 있는 안전한 속도로 주행속도를 감속하여 운행한다.

(4) 언덕길

운전자는 오르막 내리막으로 구성되는 언덕길에서 차량을 운행할 경우 평지운행에 비하여 보다 많은 주의를 기울여야 한다.

A. 내리막길 안전운전 방어운전

- 내리막길을 내려가기 전에는 미리 감속하여 천천히 내려가며 엔진 브레이크로 속도를 조절하는 것이 바람직하다. 엔진 브레이크는 자동차에 별도로 장착된 제동장치가 아니라 기어와 엔진 회전수 사이의 상호 관계를 활용한 속도 조절 방법이다.
- 엔진 브레이크를 사용하면 페이드(fade) 현상을 예방하여 운행 안전도를 더욱 높일 수 있다.
- 도로의 오르막길 경사와 내리막길 경사가 같거나 비슷한 경우라면, 변속기

기어의 단수도 오르막 내리막을 동일하게 사용하는 것이 적절하다. 이는 앞서 사용한 기어단수가 적절하였다는 가정 하에서 적용하는 것이다.

- 커브 주행 시와 마찬가지로 중간에 불필요하게 속도를 줄인다든지 급제동하는 것은 금물이다.
- 비교적 경사가 가파르지 않은 긴 내리막길을 내려갈 때 시선은 통상 먼 곳을 바라보는 경향이 있기 때문에 가속 페달을 무심코 밟게 되어 자신도 모르게 순간 속도가 높아질 위험이 있으므로 조심해야 한다.
- 내리막길에서 기어를 변속할 때는 다음과 같은 요령으로 한다.
  - 변속할 때 클러치 페달을 밟고 떼는 속도와 변속 레버의 작동은 신속하게 한다.
  - 변속 시에는 머리를 숙인다던가 하여 다른 곳에 주의를 빼앗기지 말고 눈은 교통상황 주시상태를 유지한다.
  - 왼손은 핸들을 조정하며 오른손과 양발은 신속히 움직인다.

B. 오르막길 안전운전 방어운전

- 정차할 때는 앞차가 뒤로 밀려 충돌할 가능성을 염두에 두고 충분한 차간 거리를 유지한다.
- 오르막길의 사각 지대는 정상 부근이다. 마주 오는 차가 바로 앞에 다가올 때까지는 보이지 않으므로 서행하여 위험에 대비한다.
- 정치 시에는 풋 브레이크와 핸드 브레이크를 동시에 사용한다.
- 출발 시에는 핸드 브레이크를 사용하는 것이 안전하다.
- 오르막길에서 앞지르기 할 때는 힘과 가속력이 좋은 저단 기어를 사용하는 것이 안전하다.
- 좁은 언덕길에서 대향차와 교차할 때 우선권은 내려오는 차에 있다.

C. 언덕길 교행

언덕길에서 올라가는 차량과 내려오는 차량의 교행시에는 내려오는 차에 통행 우선권이 있다. 올라가는 차량이 양보한다. 이것은 내리막 가속에 의한 사고위험이 더 높다는 점을 고려한 것이다.

(5) 앞지르기

앞지르기란 뒤차가 앞차의 좌측면을 지나 앞차의 앞으로 진행하는 것을 의미하며 다음과 같은 사고의 위험을 갖고 있다.

- 앞지르기는 앞차보다 빠른 속도로 가속하여 상당한 거리를 진행해야 하므로 앞지르기할 때의 가속도에 따른 위험이 수반된다.
- 앞지르기는 필연적으로 진로변경을 수반한다. 진로변경은 동일한 차로로 진로변경 없이 진행하는 경우에 비하여 사고의 위험이 높다.

A. 앞지르기 사고의 유형

- 앞지르기 위한 최초 진로변경 시 동일방향 좌측 후속차 또는 나란히 진행하던 차와 충돌
- 좌측 도로상의 보행자와 충돌, 우회전차량과의 충돌
- 중앙선을 넘어 앞지르기하는 때에는 대향차와 충돌
  중앙선이 실선인 경우 중앙선침범이 적용되고, 중앙선이 점선인 경우 일반과실 사고로 처리된다.
- 진행 차로 내의 앞뒤 차량과의 충돌
- 앞 차량과의 근접주행에 따른 측면 충격
- 앞지르기 당하는 차량의 좌회전 시 충돌
- 경쟁 앞지르기에 따른 충돌

B. 앞지르기 안전운전 방어운전

① 자차가 앞지르기 할 때

- 과속은 금물이다. 앞지르기에 필요한 속도가 그 도로의 최고속도 범위이내일 때 앞지르기를 시도한다.
- 앞지르기에 필요한 충분한 거리와 시야가 확보되었을 때 앞지르기를 시도한다.
- 앞차가 앞지르기를 하고 있는 때는 앞지르기를 시도하지 않는다.
- 앞차의 오른쪽으로 앞지르기하지 않는다.

- 점선의 중앙선을 넘어 앞지르기 하는 때에는 대향차의 움직임에 주의한다.

② 다른 차가 자차를 앞지르기 할 때

- 자차의 속도를 앞지르기를 시도하는 차의 속도이하로 적절히 감속한다. 앞지르기를 시도하는 차가 안전하고 신속하게 앞지르기를 완료할 수 있도록 함으로써 자체와의 사고 가능성을 줄일 수 있기 때문이다.
- 앞지르기 금지 장소나 앞지르기를 금지하는 때에도 앞지르기하는 차가 있다는 사실을 항상 염두에 두고 주의 운전한다.

(6) 철길 건널목

철도와 도로법에서 정한 도로가 평면 교차하는 곳을 의미한다. 제1종 건널목, 제2종 건널목, 제3종 건널목으로 구분한다.

A. 건널목의 종류

① 1종 건널목

차단기, 경보기 및 건널목 교통안전 표시를 실시하고 차단기를 주·야간 계속하여 작동시키거나 또는 건널목 안내원이 근무하는 건널목

② 2종 건널목

경보기와 건널목 교통안전 표지만 설치하는 건널목

③ 3종 건널목

건널목 교통안전 표지만 설치하는 건널목

B. 철길 건널목 사고원인

- 운선사가 건널목의 경보기를 무시하거나, 일시정지를 하지 않고 통과하다가

주로 발생한다.

- 일단 사고가 발생하면 인명피해가 큰 대형사고가 주로 발생하게 된다.

C. 철길건널목 안전운전 방어운전

- **일시정지 후, 좌 · 우의 안전을 확인한다.**

건널목 직전에서 일시정지 후 확인하며, 차단기가 내려졌거나, 내려 는 중이거나, 경보음이 울릴 때에는 진입하지 않는다.

- **건널목 통과 시 기어는 변속하지 않는다.**

엔진이 정지되지 않도록 가속 페달을 조금 힘주어 밟고 건널목을 통과하고 있을 때는 기어 변속 과정에서 엔진이 멈출 수 있으므로 가급적 기어 변속 을 하지 않고 통과한다(수동변속기).

- **건널목 건너편 여유 공간 확인 후 통과**

앞 차량을 따라 계속 건너갈 때는 앞 차량이 건너간 맞은편에 자기 차가 들어갈 여유 공간이 있을 때 통과한다.

D. 철길 건널목 내 차량고장 대처요령

- 즉시 동승자를 대피시킨다.
- 철도 공무원에게 알리고 차를 건널목 밖으로 이동시키도록 조치한다.
- 시동이 걸리지 않을 때는 당황하지 말고 기어를 1단 위치에 넣은 후 클러치 페달을 밟지 않은 상태에서 엔진 키를 돌리면 시동 모터의 회전으로 바퀴를 움직여 철길을 빠져 나올 수 있다.

(7) 야간

야간에는 주간에 비해 시야가 전조등의 범위로 한정되어 노면과 앞차의 후미등 전방만을 보게 되므로 주간보다 속도를 20%정도 감속하고 운행해야 한다.

커브 길이나 길모퉁이에선 헤드라이트를 비춰도 회전하는 방향이 제대로 비춰지지 않아 앞이 제대로 보이지 않으므로 더욱 속도를 줄여 주행해야 한다.

야간에는 운전자가 좁은 시계로 인해 앞차의 위치를 확인할 수 있도록 근접거리까지 차간거리를 좁혀 주행하게 되는데 이렇게 한정된 시계로 주행하다 보면 안구동작이 활발치 못해 자극에 대한 반응이 둔해지게 되고 심하면 근육이나 뇌파의 반응도 저하되어 졸음까지 오게 되니 주의한다

특히 마주 오는 대형차가 전조등을 상향등 상태로 주행하게 되면 조명 빛으로 인해 보행자의 모습을 볼 수 없게 되는 증발현상과 운전자의 눈 기능이 순간적으로 저하되는 현혹현상 등으로 인해 교통사고를 일으키게 된다. 이럴 때는 상대방의 불빛을 무시하고 약간 오른쪽을 보며 상대방의 전조등을 정면으로 보지 않도록 한다.

(8) 안개길

안개로 인해 시야의 장애가 발생되면 우선 차간거리를 충분히 확보하고 앞차의 제동이나 방향지시등의 신호를 예의 주시하며 천천히 주행해야 안전하다.

운행 중 앞을 분간하지 못할 정도로 짙은 안개가 끼었을 때는 차를 안전한 곳에 세우고 잠시 기다리는 것이 좋다. 이때에는 지나가는 차에게 내 자동차의 존재를 알리기 위해 미등과 비상경고등을 점등시켜 충돌사고 등에 미리 예방하는 조치를 취한다.

(9) 빗길

비가 내려 물이 고인 길을 통과할 때 물의 깊이가 자동차의 범퍼보다 깊을 경우 자동차의 바닥 매트와 차체 철판 사이의 물기가 스며들게 되고 그 후에도 제거되지 않아 곰팡이와 이상한 냄새가 지속되므로 주의하여 통과한다.

빗물 고인 곳을 벗어난 다음 주행 시 브레이크가 듣지 않을 경우에는 브레이크를 여러 번 나누어 밟아 마찰열로 브레이크 패드나 라이닝의 물기를 제거하거나 기어를 저단으로 하여 엔진 브레이크상태를 만든 다음 왼발로 브레이크 페달에 저항이 걸릴 정도로 밟고, 오른발은 가속페달을 밟아 물기를 세거한다.

(10) 비포장 도로

깨끗하게 포장된 도로와는 달리 울퉁불퉁한 비포장도로는 노면 마찰계수가 낮고 매우 미끄럽다. 이런 길에서는 브레이킹, 가속페달 조작, 핸들링 등을 부드럽게 해야 한다.

모래, 진흙 등에 빠졌을 때 주의할 점은 엔진을 고속 회전시키지 않는다는 것이다. 몇 차례의 시도로 차가 밖으로 나오지 못하면 변속기의 손상과 엔진의 과열을 방지하기 위해 견인을 한다.

6) 계절별 안전운전요령

(1) 봄철

봄은 겨우내 잠자던 생물들이 기지개를 켜고 새롭게 생존의 활동을 시작한다. 겨울이 끝나고 초봄에 접어들 때는 겨울 동안 얼어 있던 땅이 녹아 지반이 약해지는 해빙기이다. 특히 날씨가 온화해짐에 따라 사람들의 활동이 활발해지는 계절이다.

대륙성 고기압의 활동이 약화되고 대륙에서 분리된 고기압과 기압골이 통과함에 따라 날씨의 변화가 심하며, 기온이 상승하고 낮과 밤의 일교차가 커지며 강수량은 증가한다. 특히 추운 겨울이 물러가고 본격적인 봄 날씨로 접어들면서 일기 변화가 심하게 나타나 환절기 환자가 급증하고 새벽에는 찬 공기가 옷 속까지 스며들면서 한낮에는 영상 20도까지 오르는 날씨가 되기도 한다.

또한 흙먼지가 날려 운행에 불편을 주고 중국에서 발생한 황사가 강한 편서풍을 타고 우리나라 전역에 미쳐 운전자의 시야에 지장을 준다.

A. 봄철 교통사고의 특징

보행량 및 교통량의 증가에 따라 특히 어린이 관련 교통사고가 겨울에 비하여 많이 발생한다. 춘곤증에 의한 졸음운전 교통사고에 주의해야 한다.

① 도로조건

날씨가 풀리면서 겨우내 얼어있던 땅이 녹아 지반 붕괴로 인한 도로의 균열이나 낙석의 위험이 크며, 특히 포장된 도로를 운행할 때 노변을 통하여 운행하는 것은 노변의 붕괴 또는 함몰로 인한 대형 사고의 위험이 높다. 또한 바람과 황사 현상에 의한 시야 장애도 종종 사고의 원인으로 작용한다.

② 운전자

기온이 상승함에 따라 긴장이 풀리고 몸도 나른해진다. 춘곤증에 의한 졸음운전으로 전방주시태만과 관련된 사고의 위험이 높다.

③ 보행자

추웠던 날씨가 풀리면서 도로변에 보행자가 급증하기 때문에 모든 운전자들은 때와 장소의 구분 없이 보행자 보호에 많은 주의를 기울어야 한다.

특히 교통상황에 대한 판단능력이 부족하고 어린이와 신체능력이 약화된 노약자들의 보행이나 교통수단이용이 겨울에 비해 늘어나는 계절적 특성으로 어린이 노약자 관련 교통사고가 늘어난다. 주택가나 학교 주변 또는 정류소 등 보행자가 많은 지역에서는 차간 거리를 여유 있게 확보하고 서행하여야 한다.

B. 봄철 안전운행 및 교통사고 예방

① 교통 환경 변화

봄철 안전운전을 위해 중요한 것은 무리한 운전을 하지 말고 긴장을 늦추어서는 안 되며, 도로의 지반 붕괴와 균열로 인하여 도로 노면 상태가 1년 중 가장 불안정하여 사고의 원인이 되므로 시선을 멀리 두어 노면 상태 파악에 신경을 써야 한다.

도로 곳곳에 용해 노면이 있어 큰 사고에 직면할 수 있으므로 도로 정보를 사전에 파악하고, 변화하는 기후 조건에 잘 대처할 수 있도록 방어운전에 힘써야 한다.

② 주변 환경 대응

포근하고 화창한 외부환경 여건으로 보행자나 운전자 모두 집중력이 떨어져 사고 발생률이 다른 계절에 비해 높으며, 특히 신학기를 맞아 학생들의 보행 인구가 늘어나고 각 학교의 소풍이나 수학여행 그리고 본격적인 행락철을 맞아 교통수요가 많아져 통행량도 증가하게 된다.

이런 때일수록 들뜬 마음이나 과로 운전이 원인이 되어 교통사고로 이어질 가능성이 크다는 점에 유의하여 충분한 휴식을 취하고 운행 중에는 주변 교통 상황에 대해 집중력을 갖고 안전 운행하여야 한다.

③ 춘곤증

봄이 되면 낮의 길이가 길어짐에 따라 활동 시간이 늘어나지만 휴식·수면 시간이 줄고, 신진대사 기능이 활발해지지만 야채나 과일류 섭취 부족으로 비타민의 결핍을 가져와 무기력해지는 춘곤증이 생기게 된다.

춘곤증은 피로·나른함 및 의욕저하를 수반하여 운전하는 과정에서 주의력 집중이 안 되고 졸음운전으로 이어져 대형 사고를 일으키는 원인이 될 수 있다. 시속 60km로 달리는 자동차의 운전자가 1초를 졸았을 경우 무의식중의 주행거리가 약 16.7m나 되어 대형 사고의 원인이 될 수 있으므로 무리한 운전을 피하고 장거리 운전 시에는 충분한 휴식을 취해야 한다.

C. 봄철 자동차관리

봄철 자동차관리는 해빙기라는 계절적 변화에 착안하여 기본적인 사항에 대한 점검을 실시한다.

① 세차

자동차를 물로 자주 씻는 것은 그리 바람직하지 못하나 겨울을 보낸 다음에는 전문 세차장을 찾아 차체를 들어 올리고 구석구석 세차를 해야 한다. 노면의 결빙을 막기 위해 뿌려진 염화칼슘이 운행 중에 자동차의 바닥부분에 부착되어 차체의 부식을 촉진시키기 때문이다.

② 월동장비 정리

겨울을 나기 위해 필요했던 스노우타이어, 체인 등 월동장비를 잘 정리해서 보관한다. 관리의 잘못으로 기껏 장만한 비싼 장비를 한철도 쓰지 못하거나 재사용이 불가능해지는 경우가 많기 때문이다.

③ 엔진오일 점검

주행거리와 오일의 상태에 따라 교환해 주거나 부족시 보충해야 한다. 오일을 교환할 때는 다른 오일과 혼합해서 사용하지 말고 동일 등급의 오일을 사용하며 반드시 오일 필터도 함께 교환하도록 한다.

④ 배선상태 점검

전선의 피복이 벗겨진 부분은 없는지, 소켓 부분이 부식되지는 않았는지, 등을 살펴보고 낡은 배선은 새것으로 교환해주어 화재발생을 예방할 수 있도록 한다.

(2) 여름철

봄철에 비해 기온이 상승하며, 6월말부터 7월중순까지 장마전선의 북상으로 비가 많이 오고, 장마 이후에는 무더운 날이 지속되며, 저녁 늦게까지 기온이 내려가지 않는 열대야 현상이 나타난다.

태풍을 동반한 집중 호우 및 돌발적인 악천후, 본격적인 무더위에 의해 기온이 높고 습기가 많아지며 한밤중에도 이러한 현상이 계속되어 운전자들이 짜증을 느끼게 되고 쉽게 피로해지며 주의 집중이 어려워진다.

A. 여름철 교통사고의 특징

여름철에 발생되는 교통사고는 무더위, 장마, 폭우로 인한 교통환경의 악화를 운전자들이 극복하지 못하여 발생되는 경우가 많다.

① 도로조건

돌발적인 악천후 및 무더위 속에서 운전하다 보면 시각적 변화와 긴장·흥분·피로감 등이 복합적 요인으로 작용하여 교통사고를 일으킬 수 있으므로 기상 변화에 잘 대비하여야 한다. 장마와 더불어 갑자기 소나기가 내리는 변덕스러운 기상 변화 때문에 도로 노면의 물은 빙판 못지않게 미끄러워 교통사고를 유발시킨다는 점도 유의하여야 한다.

② 운전자

기온과 습도 상승으로 불쾌지수가 높아져 적절히 대응하지 못하면 이성적 통제가 어려워져 난폭운전, 불필요한 경음기 사용, 사소한 일에도 언성을 높이며 잘못을 전가하려는 행동이 나타난다. 또한 수면부족과 피로로 인한 졸음운전 등도 집중력 저하 요인으로 작용한다.

③ 보행자

장마철에는 우산을 받치고 보행함에 따라 전·후방 시야를 확보하기 어렵고, 장마 이후엔 무더운 날씨로 낮에는 더위에 지치고 밤에는 잠을 제대로 자지 못해 피로가 쌓여 불쾌지수가 증가하여 위험한 상황에 대한 인식이 둔해지고 안전수칙을 무시하려는 경향이 강하게 나타난다.

B. 여름철 안전운행 및 교통사고 예방

① 뜨거운 태양 아래 오래 주차 시

기온이 상승하면 차량의 실내 온도는 뜨거운 양철 지붕 속과 같이 되므로 출발하기 전에 창문을 열어 실내의 더운 공기를 환기시키고 에어컨을 최대로 켜서 실내의 더운 공기가 빠져나간 다음에 운행하는 것이 좋다.

② 주행 중 갑자기 시동이 꺼졌을 때

기온이 높은 날에는 운행 도중 엔진이 저절로 꺼지는 일이 발생하기도 한다.

이 같은 현상은 연료 계통에서 열에 의한 증기로 통로의 막힘 현상이 나타나 연료 공급이 단절되기 때문으로, 자동차를 길 가장자리 통풍이 잘되는 그늘진 곳으로 옮긴 다음, 보닛을 열고 10여분 정도 열을 식힌 후 재시동을 건다.

③ 비가 내리는 중에 주행 시

비에 젖은 도로를 주행할 때는 건조한 도로에 비해 마찰력이 떨어져 미끄럼에 의한 사고 가능성이 있으므로 감속 운행해야 한다.

도로교통법령에서도 비가 내려 노면에 습기가 있을 때(노면에 눈이 20mm 미만 쌓인 때 포함)에는 최고속도의 100분의 20을 줄인 속도로, 폭우(폭설 · 안개포함)로 인해 가시거리가 100m 이내인 경우 최고 속도의 100분의 50을 줄인 속도로 운행하도록 하고 있다.

C. 여름철 자동차관리

여름철에는 무더위와 장마, 그리고 휴가철을 맞아 장거리 운전하는 경우가 있다는 계절적인 특징이 있으므로 이에 대한 대비를 해야 한다.

① 냉각장치 점검

여름철에는 무더운 날씨 속에 엔진이 과열되기 쉬우므로 냉각수의 양은 충분한지, 냉각수가 새는 부분은 없는지, 그리고 팬 벨트의 장력은 적절한지를 수시로 확인해야 하며, 팬벨트는 여유분을 휴대하는 것이 바람직하다.

② 와이퍼의 작동상태 점검

장마철 운전에 없어서는 안 될 와이퍼의 작동이 정상적인가 확인해야 하는데, 유리면과 접촉하는 부위인 브레이드가 닳지 않았는지, 모터의 작동은 정상적인지, 노즐의 분출구가 막히지 않았는지, 노즐의 분사각도는 양호한지, 그리고 워셔액은 깨끗하고 충분한지를 점검해야 한다.

③ 타이어 마모상태 점검

마모 타이어는 빗길에서 잘 미끄러질뿐더러 제동거리가 길어지므로 교통사고의 위험이 높다. 노면과 맞닿는 부분인 트레이드 홈 깊이가 최저 1.6밀리미터 이상이 되는지를 확인하고 적정 공기압을 유지하고 있는지 점검한다.

④ 차량 내부의 습기 제거

차량 내부에 습기가 찰 때에는 습기를 제거하여 차체의 부식과 악취발생을 방지한다, 폭우 등으로 물에 잠긴 차량의 경우는 각종 배선에서 수분이 완전히 제거되지 않아 합선이 일어날 수 있으므로 시동을 건다든지 전기장치를 작동시키지 않고 전문가의 도움을 받는다.

(3) 가을철

천고마비의 계절 가을은 아침저녁으로 제법 선선한 바람이 불어 즐거운 느낌을 주기도 하지만, 심한 일교차로 건강을 해칠 수도 있다. 대륙성 이동성 고기압의 영향으로 맑은 날씨가 계속되고 기온도 적당하여 학교 소풍이나 수학여행, 직장 또는 지역 단위의 교통수요가 많다. 연중 가장 심한 일교차가 일어나기 때문에 안개가 집중적으로 발생되어 대형 사고의 위험도 높아진다.

해양성 고기압의 세력이 약해져 대륙성 고기압 전면에 들거나 이로부터 분리된 고기압이 자주 통과하여 기온이 낮아지고 맑은 날이 많으며 강우량이 줄고, 아침에는 안개가 빈발하며 일교차가 심하다. 특히 하천이나 강을 끼고 있는 곳에서는 짙은 안개가 자주 발생한다.

A. 가을철 교통사고의 특징

① 도로조건

추석 교통량 증가로 전국 도로가 모살을 앓기는 하지만 다른 계절에 비하여 도로조건은 비교적 좋은 편이다.

② 운전자

추수철 국도 주변에는 경운기·트랙터 등의 통행이 늘고, 높고 푸른 하늘, 형형색색 물들어 있는 단풍을 감상하다보면 집중력이 떨어져 교통사고의 발생 위험이 있다.

③ 보행자

맑은 날씨, 곱게 물든 단풍, 풍성한 수확, 추석, 단체여행객의 증가 등으로 들뜬 마음에 의한 주의력 저하 관련 사고가능성이 높다.

B. 가을철 안전운행 및 교통사고 예방

① 이상기후 대처

안개가 발생되는 날은 예측하기가 어렵고, 예고 없이 발생하기도 하며 발생 지역의 범위도 매우 다양하다. 안개 속을 주행할 때 갑작스럽게 감속을 하면 뒤차에 의한 추돌이 우려되고 반대로 감속하지 않으면 앞차를 추돌하기 쉽다. 안개 지역에서는 처음부터 감속 운행한다.

또한 늦가을에 안개가 끼면 노면이 동결되는 경우가 있는데, 이때는 엔진 브레이크를 사용하면서 감속한 다음 브레이크를 밟아야 하며, 급 핸들 및 급브레이크 조작을 삼가 한다.

② 보행자에 주의하여 운행

사람들은 기온이 떨어지면 몸을 움츠리는 등 행동이 부자연스러워진다. 보행자도 교통 상황에 대처하는 능력이 저하되므로 보행자가 있는 곳에서는 보행자의 움직임에 주의하여 운행한다.

③ 행락철 주의

행락철인 가을에는 각 학교의 수학여행·가을 소풍, 회사나 가족단위의 단풍놀이 등 단체 여행의 증가로 행락질서를 문란케 하고 운전자의 주의력을 산만하게 만들어 대형 사고를 유발할 위험성이 높으므로 과속을 피하고, 교통법규를 준수하여야 한다.

④ 농기계 주의

추수시기를 맞아 경운기 등 농기계의 빈번한 사용도 교통사고의 원인이 되므로, 농촌지역 운행 시에는 농기계의 출현에 대비하여야 한다. 농촌 마을 인접 도로에서는 농지로부터 도로로 나오는 농기계에 주의하여 서행한다. 도로가에 심어져 있는 나무 등에 가려 간선 도로로 진입하는 경운기를 보지 못하는 경우가 있으므로 주의해야 한다.

그리고 경운기에는 후사경이 달려있지 않고, 운전자가 비교적 고령이며, 자체 소음이 매우 커서 자동차가 뒤에서 접근한다는 사실을 모르고 급작스럽게 진행 방향을 변경하는 경우가 있으므로, 안전거리를 유지하고 경적을 울려, 자동차가 가까이 있다는 사실을 알려주어야 한다.

C. 가을철 자동차관리

가을철의 자동차 관리는 여름철의 연장으로 생각하면 되고 여행이나 추석 귀향 등 장거리 운행을 할 경우가 있으므로 출발 전에 자동차 점검을 철저히 해서 고장 없이 운행할 수 있도록 한다. 또한 겨울철을 앞두고 월동준비에도 많은 신경을 써야 한다.

① 세차 및 차체 점검

바닷가로 여행을 다녀온 차량은 바닷가의 염분이 차체를 부식시키므로 깨끗이 씻어내고 페인트가 벗겨진 곳은 부분적으로 칠을 해서 녹이 슬지 않도록 한다. 그리고 진공청소기를 사용해서 차 내부 바닥에 쌓인 먼지를 제거한다.

② 서리제거용 열선 점검

기온의 하강으로 인해 유리창에 서리가 끼게 되므로 열선의 연결부분이 이탈하지 않았는지, 열선이 정상적으로 작동하는지를 미리 점검한다.

③ 장거리 운행 전 점검사항

여행, 추석 귀향 등으로 장거리 여행을 떠날 때는 출발 전에 점검을 철저히 하여야 한다.

- 타이어의 공기압은 적절하고, 상처 난 곳은 없는지, 스페어타이어는 이상 없는지를 점검한다.
- 본넷을 열어보아 냉각수와 브레이크액의 양을 점검하고, 엔진오일은 양 뿐 아니라 상태에 대한 점검을 병행하며, 팬벨트의 장력은 적정한지, 손상된 부분은 없는지 점검하고 여유분 한 개를 더 휴대한다.
- 헤드라이트, 방향지시등과 같은 각종 램프의 작동여부를 점검한다.
- 운행 중의 고장이나 점검에 필요한 휴대용 작업등, 손전등을 준비한다.
- 출발 전 연료를 가득 채우고 지도를 휴대하는 것도 필요하다.

(4) 겨울철

겨울철은 차가운 대륙성 고기압의 영향으로 북서 계절풍이 불어와 날씨는 춥고 눈이 많이 내리는 특성을 보인다. 교통의 3대요소인 사람, 자동차, 도로환경 등 모든 조건이 다른 계절에 비하여 열악한 계절이다.

겨울철은 습도가 낮고 공기가 매우 건조하다. 또한 한랭성 고기압 세력의 확장으로 기온이 급강하하고 한파를 동반한 눈이 자주 내린다. 이상현상으로 기온이 올라가면 겨울안개가 생되기도 하지만 눈길, 빙판길, 바람과 추위는 운전에 악영향을 미치는 기상특성을 보인다.

A. 겨울철 교통사고의 특징

① 도로조건

겨울철에는 눈이 녹지 않고 쌓여 적은 양의 눈이 내려도 바로 빙판이 되기 때문에 자동차의 충돌·추돌·도로 이탈 등의 사고가 많이 발생한다. 또한, 노면이 평탄하게 보이지만 실제로는 얼음으로 덮여있는 도로 구간이나 지점도 접할 수 있다. 폭설이 도로조건을 열악하게 하는 가장 큰 요인이 된다.

② 운전자

한 해를 마무리하고 새해를 맞이하는 시기로 사람들의 마음이 바쁘고 들뜨기 쉬우며 각종 모임으로 인한 음주운전이 사고가 우려된다.

추운 날씨로 인해 방한복 등 두꺼운 옷을 착용함에 따라 움직임은 둔해져 위기상황에 대한 민첩한 대처능력이 떨어지기 쉽다.

③ 보행자

겨울철 보행자는 추위와 바람을 피하고자 두터운 외투, 방한복 등을 착용하고 앞만 보면서 목적지까지 최단거리로 이동하고자 하는 경향이 있다. 이런 욕구가 더 강해지면 안전한 보행을 위하여 보행자가 확인하고 통행하여야 할 사항을 소홀히 하거나 생략하여 사고에 직면하기 쉽다.

B. 안전운행 및 교통사고 예방

① 빙판길 출발 시

노면에 눈이 쌓였거나 결빙되어 미끄러운 곳에서 출발할 때는 차가 나가지 못하고 바퀴가 헛돌기만 하는데, 이때는 출발 방법을 달리해야 한다.

- 승용차의 경우 평상시에는 1단기어로 출발하는 것이 정상이지만, 미끄러운 길에서는 기어를 2단에 넣고 반 클러치를 사용하는 것이 효과적이고, 만일 핸들이 꺾여 있는 상태에서 출발하면 앞바퀴의 회전각도 자체가 브레이크 역할을 해서 바퀴가 헛도는 결과를 초래하므로 앞바퀴를 직진 상태에서 출발한다.
- 눈이 내린 후 차바퀴 자국이 나 있을 때에는 선(앞)차량의 타이어 자국위에 자기 차량의 타이어 바퀴를 넣고 달리면 미끄러짐을 예방할 수 있고, 눈이 새로 내렸을 때는 타이어가 눈을 다지는 기분으로 주행하고, 기어는 2단 혹은 3단으로 고정하여 구동력을 바꾸지 않는 방법으로 주행한다.
- 눈이 쌓인 미끄러운 오르막길에서는 주차 브레이크를 절반쯤 당겨 서서히 출발하며, 자동차가 출발한 후에는 주차 브레이크를 완전히 푼다.

② 전 · 후방 주시 철저

겨울철은 밤이 길고, 약간의 비나 눈만 내려도 물체를 판단할 수 있는 능력이 감소하므로 전 · 후방의 교통 상황에 대한 주의가 필요하다. 특히 미끄러운 도로를 운행할 때에는 돌발 사태에 대처할 수 있는 시간과 공간이 필요하므로 보행자나 다른 자동차의 흐름을 잘 살피고 자신의 자동차가 다른 사람의 눈에 잘 띌 수 있도록 한다.

③ 주행 시

빙판이나 눈길같이 미끄러운 도로를 주행할 때에는 다양한 운전 기술을 필요로 한다. 미끄러운 도로에서의 제동시 정지거리가 평소보다 2배 이상 길기 때문에 충분한 차간거리 확보 및 감속이 요구된다.

- 미끄러운 오르막길에서는 앞서가는 자동차가 정상에 오르는 것을 확인한 후 올라가야 하며, 도중에 정지하는 일이 없도록 밑에서부터 탄력을 받아 일정한 속도로 기어 변속 없이 한 번에 올라가야 한다.
- 주행 중 노면의 동결이 예상되는 그늘진 장소도 주의해야 한다. 햇볕을 받는 남향 쪽의 도로는 건조하지만 북쪽 도로는 동결하는 경우가 많다. 교량 위 · 터널 근처가 동결되기 쉬운 대표적인 장소인데, 교량은 지면에서 떨어져 있어 열기를 쉽게 빼앗기고 터널 근처는 지형이 험한 곳이 많아 풍량이 강해서 동결되기 쉬우므로 감속 운행해야 한다.
- 눈 쌓인 커브 길 주행 시에는 기어 변속을 하지 않는다. 기어 변속은 차의 속도를 가감하여 주행 코스 이탈의 위험을 가져온다. 또한 커브 진입 전에 충분히 감속해야 하며, 햇빛 · 바람 · 기온 차이로 커브길의 입구와 출구 쪽의 노면 상태가 다르므로 도로 상태를 확인 및 감속하여야 한다.

④ 장거리 운행 시

장거리 운행을 할 때는 목적지까지의 운행 계획을 평소보다 여유 있게 세워야 하며, 도착지 · 행선지 · 도착시간 등을 타인에게 고지하여 기상악화나 불의의 사태에 신속히 대처할 수 있도록 한다. 특히, 비포장도로나 산악 도로를 운행 시에는 월동 비상 장구를 휴대하도록 한다.

C. 겨울철 자동차관리

자동차도 사람처럼 추위를 타기 때문에 차량관리에 각별히 유의하지 않으면 사고의 위험성이 커진다.

① 월동장비 점검

겨울철의 눈길이나 빙판길을 안전하게 주행하기 위해 스노우타이어로 교환하거나 체인을 장착해야 하고, 체인은 구동 바퀴에만 장착해야 하며, 시속 50km이상을 주행하면 심한 진동과 소음이 생기고 체인이 벗겨질 위험도 있으므로 과속하지 않도록 한다.

② 부동액 점검

냉각수의 동결을 방지하기 위해 부동액의 양 및 점도를 점검한다.

③ 정온기 상태 점검

엔진의 온도를 일정하게 유지시켜 주는 역할을 하는 정온기를 점검하여 엔진의 워밍업이 길어지거나, 히터의 기능이 떨어지는 것을 예방할 수 있다.[9]

D. 겨울철 운전 10대 요령

- 여유 있는 마음으로 임한다.
- 시동은 두 번에 나누어 한다.
- 워밍업은 필수요건으로 한다.
- 액셀은 약하게, 클러치는 서서히 밟는다.
- 앞바퀴의 출발 방향은 직진으로 향한다.
- 변속은 평소보다 낮은 rpm에서 시작한다.
- 엔진브레이크와 병행으로 주행한다.
- 브레이크는 짧게 여러 번 나누어 밟는다.

---

9) http://cafe212.daum.net/_c21_/bbs_search_read

- 눈 쌓인 언덕길 2단 스타트로 출발한다.
- 코너링 도중 브레이크는 삼가 하여야 한다.
- 운전 중 흔히 부닥치는 사고위험 상황
- 겨울철 새벽에는 노면이 쉽게 얼어 매우 미끄럽다.
- 터널출구나 다리 위는 초겨울에도 결빙되는 수가 많다.
- 야간에는 앞에 오는 차의 불빛 때문에 길옆 보행자 · 자전거 · 경운기 등이 보이지 않는다.
- 터널을 나올 때 앞에 고장차량이 서있는 경우가 많다.
- 앞서가던 자전거나 오토바이가 갑자기 넘어지는 경우가 있다.
- 안전 기준 보다 높고 표시도 안 된 과속 방지턱이 갑자기 나타날 수 있다.
- 야간 간선도로변에 주정차 표시도 없이 고장 난 차량이 서있는 경우가 있다.
- 지하철공사 현장의 복공판은 아스팔트 노면보다 상당히 미끄럽다.
- 도로중간에 검문 · 검색을 위한 바리케이드가 안보일 경우가 많다.
- 골목길에서 갑자기 보행자 · 자전거 · 자동차 등이 튀어 나온다.
- 차도와 인도의 구분이 없는 도로에서 보행자가 갑자기 차도로 뛰어 들 수도 있다.
- 앞서가는 차량을 추월하려 할 때 앞창의 옆에서 갑자기 보행자가 뛰어나온다.
- 반대쪽 차량이 갑자기 중앙선을 침범하며 달려오는 경우가 있다.
- 심야에 택시를 잡는 보행자들이 도로 중앙까지 나와 있다.
- 도로의 차선이 갑자기 줄어들거나 경사 · 곡선 등이 갑자기 나타날 경우를 대비해야 한다.
- 대형차의 사이에 끼여 있을 겨우 대형차는 시야가 높고 · 멀기 때문에 앞의 소형차를 못 볼 수도 있다.
- 신호가 없는 교차로에서 갑자기 좌 · 우에서 차가 나타나기도 한다.

5. 자동차 응급조치 요령

1) 주행 중 브레이크가 미끄러질 때

브레이크에서 이상 음이 들리지 않는 경우는 브레이크액의 누설, 브레이크 페달을 밟을 때 '끼'하는 이상 음이 발생하는 경우는 브레이크 라이닝의 마모나 헐거움을 생각할 수 있다.

- 주행 중에 브레이크의 제동력이 떨어졌음을 느꼈으면, 엔진회전에 맞추면서, 기어단수를 서서히 감속한다.
- 충분히 감속이 되었으면, 핸드 브레이크를 천천히 당겨 더욱 감속하여 정지시킨다. 이 때 급격히 핸드브레이크를 당기면 균형을 잃어 스핀하거나, 브레이크의 와이어가 끊어질 우려가 있으므로 주의하여야 한다. 또한, 당황하여 엔진 스위치를 끄면 핸들이 무거워 방향성을 잃게 되므로 도리어 위험하다.
- 차를 정지시켰으면 본넷을 열고, 브레이크액의 양을 점검한다. 줄어 있다면, 브레이크 파이프 등에 액 누설은 없는지 점검한다. 경상일 경우에는 브레이크액을 보충하면 다소 주행할 수 있으나, 탱크가 비었거나 하는 경우는 전문가에게 연락하여야 한다.
- 브레이크에서 이상 음이 발생할 경우 전문가의 점검을 받을 것.

※ 타이어가 수몰되어 휠이 잠기는 물웅덩이를 지나간 후에는 브레이크의 제동력이 약해지는 수가 있다. 드럼과 슈에 물이 묻어 마찰력이 떨어지기 때문이다. 물웅덩이를 빠져나온 경우에는, 브레이크 페달을 2~3회 가볍게 밟아주면, 마찰열에 의해 수분이 증발하여 브레이크는 원상태로 회복된다.

2) 주행 중 타이어가 펑크 났을 때

최근의 자동차는 일반적으로 튜브리스 스틸 래디얼 타이어를 사용하고 있어서, '뻥'하고 요란스럽게 펑크 나는 일은 없어졌다. 주행 중에 자동차의 주행이 부자연스러워 타이어를 조사해 보니 펑크가 나 있더라는 경우가 많다.

그러나 펑크가 난 것을 인식하지 못하고 그대로 주행을 계속하면, 브레이크

페달을 밟거나 핸들을 꺾거나 했을 때 차가 한쪽 편으로 쏠려 대단히 위험하다. 차의 이상한 흔들림이나 타이어의 이상음에 주의하여, 일찍 펑크를 발견하도록 유념하여야 한다.

- 타이어가 펑크 난 것을 인지하였으면, 급브레이크를 밟는 것은 금물이다. 펑크 난 타이어 쪽으로 미끄러질 수가 있다. 브레이크 페달을 여러 번 나누어 천천히 밟고, 차를 길가 안전지역에 정지시킨다. 이것을 펌핑 브레이크(단속 브레이크)라고 한다. 펌핑 브레이크를 이용하면, 스피드 컨트롤이 가능해 짐과 동시에, 순조로운 스피드 다운에 의해, 주의의 상황을 파악할 여유가 생긴다. 또한, 제동 등이 점멸하므로, 후속 차에게 이상발생을 알려 주의를 환기시킬 수 있다.
- 고속 주행 중에 펑크가 나서 타이어의 공기가 급격히 빠지거나 파열이 일어나면, 파열된 쪽으로 차체가 기울어져 급격히 핸들을 빼앗긴다. 이때는 핸들을 단단히 잡고 직진방향으로 누르듯이 하고, 엔진브레이크로 서서히 속도를 떨어뜨려 길가에 댄다. 브레이크를 밟아서는 안 된다. 급브레이크를 밟으면 콘트롤을 잃어버려 오히려 위험하다

3) 차가 모래 · 길 밖 · 진흙웅덩이 · 눈길에 빠졌을 때

(1) 모래에 빠졌을 때

여름 휴가철에 해수욕상을 갔을 경우에 가끔 발생하는 것 중에 하나가 모래에 차가 빠졌을 경우다. 이럴 때는 아무리 나오려 해도 모래만 밀려나오고 차가 더 깊숙이 들어가게 된다. 이 경우는 물을 모래에 부으면 모래가 물다짐으로 단단하게 되며 구동축 타이어의 공기를 빼내면 접지력이 높아져 쉽게 나올 수 있다. 이때 중요한 것은 기어를 1단이 아닌 2단을 넣어야 한다. 그래야만 회전수가 줄어들고 미끄러짐이 없이 서서히 빠져 나올 수 있다.

(2) 바퀴가 길 밖으로 빠졌을 때

바퀴가 하나만 빠졌을 때는 차를 좀 더 길 밖으로 내민 다음, 크게 핸들을 꺾으면서 전진하면 올라 올 수 있다. 홈이 깊어 차바퀴가 공중에 떠 있을 때는 도로 선에 거의 직각이 되게 바퀴를 돌려 후진하면 된다. 그래도 안 되면 자키를 이용한다.

(3) 진흙웅덩이에 차가 빠졌을 때

나무나 돌, 잡지, 신문지 등을 집어넣은 후 기어를 2단에 놓고 천천히 출발시킨다. 그래도 안 되는 경우는 구동축이 되는 타이어의 공기압을 약간 뽑으면 빠져 나올 수 있다. 나온 뒤에는 반드시 타이어의 공기압을 보충해 주어야 한다.

(4) 눈길에 차가 빠졌을 때

바퀴 밑에 흙이나 돌을 뿌린 후 낮은 단수의 기어를 넣고 천천히 빠져 나온다. 그래도 안 되면 차를 앞뒤로 반복해 움직이면서 트랙션을 더 크게 얻어 빠져 나온다. 겨울에는 삽을 싣고 다니면 유용하게 쓸 수 있다.

(5) 오버 히트 되었을 때

최근의 자동차는 냉각계통 장애 이외의 원인으로 돌연 오버히트 되는 일은 거의 없다. 오버히트가 일어나는 것은 냉각수의 누설, 부족, 팬벨트의 이완 절단, 라디에이터의 막힘이 주원인이다.

- 차를 그늘이나 통풍이 잘되는 곳에 세운다.
- 엔진이 작동하고 있는 상태로 본넷을 열어두어 통풍을 좋게 한다.
- 온도가 떨어지면 엔진을 정지시킨다.
- 엔진이 충분히 냉각되고 나서, 냉각수의 유무, 라디에이터 코어부(방열부)에 현저한 오염이나 오물 부착은 없는가, 팬벨트가 느슨해져 있지 않은가 등을 점검한다.

❑ 냉각수 부족일 경우

냉각수가 부족하다면 보충하여 주는데 수돗물이 좋다. 개울물이나 생수는 철분 성분 때문에 부식가능성이 있다. 부득이 생수를 사용했다면 나중에 교체하도록 한다.

❑ 라디에이터 호스가 손상된 경우

호스가 찢어져 있으면, 청테이프나 비닐테이프를 칭칭 감아 보수한다.

호스가 젖어 있으면 접착력이 약해지므로 천 등으로 잘 닦고 나서 테이프를 많이 그리고 단단히 감아준다. 이대로 엔진의 시동을 걸면 압력이 걸려 보수 부위로부터 재차 누수가 발생하므로 라디에이터 캡을 열고 주행한다. 단, 엔진회전수를 올리지 말고, 서행하면서 수리공장으로 직행하도록 한다.

❑ 팬 벨트에 문제가 있는 경우

팬벨트는 냉각팬과 워터펌프를 작동시키고 있다. 느슨해져 있으면 규정된 함량으로 조정한다. 또한 팬벨트가 끊어진 경우 ("빵"하고 엔진이 폭발하는 것 같은 소리가 남)에는 곧 엔진을 성시시켜야 한다. 끊어진 벨트가 계속 돌면 배선이나 배관을 손상하기도 하고, 회전축에 감겨버리기도 한다. 끊어진 벨트가 엔진룸 내에 있으면, 철사를 이용하여 일시적으로 보수할 수 있으나, 벨트 없이도 수온계에 주의하면서 저속으로 주행하면 2~3km는 주행할 수 있다. 곧 수리공장에 집어넣는다. 단, 발전기도 움직이지 못하게 되므로, 카세트나 히터 등 전기를 사용하는 것은 모두 꺼 두어야 한다.

❑ 라디에이터 코어 부분에 이물질이 끼어 막혀 있으면 제거해 준다.

라디에이터 캡을 열 때 열이 어느 정도 식은 다음 여는 것이 좋다. 냉각수에 압력이 걸려 있으므로 증기나 뜨거운 물이 분출되어 뜻하지 않은 화상을 입는 수가 있으므로 수건 등을 덮고 캡을 조금 열어 증기를 일단 빠지게 하는 것이 좋다.

(6) 배터리가 방전되었을 때 시동하는 방법

배터리 방전으로 엔진시동이 불가능한 경우라도, 다른 차의 배터리를 전원으로 하여 엔진의 시동을 걸 수가 있다. 점퍼 와이어는 보통 빨강코드가 +용, 검정코드가 -용이다.

① 점퍼 케이블을 아래 번호순서대로 접속한다.

a. 배터리가 나간 차의 배터리 +단자에 +용 케이블(빨강 코드)의 집게를 물린다.

b. 그 케이블의 나머지 집게를 구원차 배터리 +단자에 연결한다.

c. -용 케이블(검정코드)의 집게를 구원차 배터리의 -단자에 연결한다.

d. 그 코드를 나간 차 배터리로부터 30cm 이상 떨어진 엔진본체(훅등)에 연결한다.

※ 배터리와 배터리를 직접 연결하면 배터리에서 발생하는 가연성 가스에 인화하여 폭발이 일어날 우려가 있다.

② 접속 후 구원 차의 엔진회전수를 약간 높게 해 둔다. 이것은 전기를 받는 차의 엔진 시동이 어려워, 양쪽차가 모두 시동이 되지 않는 것을 방지하기 위함이다.

③ 배터리가 나간 차의 시동을 건다.

④ 엔진의 시동이 걸리면, 연결시의 역순으로 점퍼 케이블을 분리한다.

스타트가 돌아 엔진의 시동이 걸렸어도, 잠시 동안은 다소 엔진속도를 높여 그 장소에서 배터리를 회복시킨 후 주행을 시작하도록 한다.

❑ 부스터 케이블이 없을 때

우산을 배터리코드 대용으로 사용할 수가 있다. 우선 2대의 자동차범퍼를 서로 맞대고, 배터리의 플러스 단자끼리 금속제 우산대를 연결시키고 시동을 건다. 접속을 확실히 하기 위해 철사나 끈으로 매어 둔다.

(7) 브레이크가 고장 났을 때

풋 브레이크가 고장 났을 경우에는 엔진 브레이크 및 주차브레이크를 사용하면 된다. 우선 고장을 알리기 위해 비상등을 켜고 엔진브레이크를 사용하면서 속도를 줄여 나가는 것이다. 커브가 급하지 않은 곳에서는 엔진 브레이크를 사용하면서도 충분히 속도를 줄일 수가 있다. 갑작스럽게 주차브레이크를 당기면 차량이 흔들리고 핸들이 틀어져 있을 경우에는 차량이 돌아갈 수 있다. 이는 보통 주차 브레이크는 뒷바퀴에 연결되어 있어 뒤쪽에만 제동이 되기 때문이다.

매뉴얼 차량은 기어를 1단에 넣고, 오토매틱 차량은 레버를 'L'에 옮긴다. 우선 엔진을 끄고 속도가 줄면 사이드브레이크를 잡아당긴다.

두 번째는 갑작스러운 돌발상황 시의 문제이다. 이때는 주차브레이크를 이용하여 차량을 90도 회전시켜 정지하는 방법으로 왼손으로 핸들을 오른쪽으로 45도 정도 돌리는 동시에 주차 브레이크를 오른손으로 당겨 올리면 차머리가 오른쪽으로 틀리며 미끄러지면서 멈출 수 있다. 왼쪽으로 차머리를 틀리게 하려면 핸들 방향만 왼쪽으로 돌리고 조작방법은 동일하다

(8) 전조등이 안 켜질 때

밀봉식 헤드라이트의 경우 전조등 렌즈 위를 '탕탕' 때려본다. 끊어진 필라멘트가 붙을 수 있기 때문이다. 일반적으로 헤드램프는 하향등이 끊어지므로 상향등을 켠 후 윗부분을 청테이프 등으로 살짝 가리면 하향등 대용으로 쓸 수 있다

(9) 와이퍼가 작동되지 않을 때

와이퍼를 작동시키는 모터소리가 들리지 않는다면 휴즈가 끊어진 것이다.

만일 예비용 퓨즈가 없다면 담배꽁초나 비누를 앞창에다 골고루 칠한다. 담배나 비누의 계면활성성분이 빗방울이 생기는 것을 막아주기 때문이다. 비오는 날 사이드 미러가 잘 보이지 않는다면 이 방법을 응용할 수 있다.

(10) 키(Key)가 돌아가지 않을 때

차 시동을 걸려고 키를 돌려도 키가 돌아가지 않을 때가 있다. 이것은 핸들의 잠금장치가 작동하고 있기 때문이다. 이때는 키를 가볍게 돌리면서 핸들을 좌우로 툭툭 치듯이 돌리면 잠금장치가 풀리면서 키가 돌아가게 된다.

(11) 시동이 걸리지 않을 때

우선 시동 시에 스타트 모터가 돌아가는가를 점검한다. 이 경우는 배터리나 모터에는 이상이 없는 것으로 연료계통에 이상이 있을 수 있다. 연료가 충분한 경우에는 연료펌프에 이상이 있을 수 있으며, 연료가 부족한 경우에는 연료탱크가 있는 뒤쪽을 흔들어 시동을 걸면 시동을 걸 수가 있다. 이 경우는 연료탱크 안에 있던 물이 아래로 내려가 물이 호스로 올라와 시동이 안 걸리는 수가 있기 때문이다.

또 한 가지는 타이밍 벨트가 끊어지거나 마모된 경우로 이 경우는 정비를 받아야만 한다. 모터가 안도는 경우는 배터리가 방전되었거나 발전기가 고장난 경우다.

발전기가 정상적으로 작동한다면 다른 차와 점프를 하면 시동이 걸리고 시동이 꺼지지 않는 한 운행을 할 수가 있지만 발전기가 고장 난 경우는 점프선을 떼면 시동이 꺼진다. 이 경우는 발전기를 교환하여야 한다. 응급조치로는 배터리만 갈면 배터리의 힘으로 어느 정도는 주행할 수가 있다.

❑ 배터리 이상으로 시동이 안 걸릴 때

수동변속차량은 키를 시동 거는 위치에 놓고, 기어를 2단에 넣은 다음 크러치를 밟은 상태에서 자동차를 내리막길로 내려가게 하거나 평지에서 뒤쪽에서 다른 사람이 밀게 한다. 차가 움직여 어느 정도 탄력을 받았다고 판단이 되면 밟았던 클러치를 떼면서 시동을 걸 면 된다. 그러나 오토매틱 차량은 이 방법을 쓸 수 없으므로 평상시 부스터케이블을 가지고 다니도록 하는 것이 좋다.

❑ 배터리가 약해 시동이 안 걸릴 때

배터리가 약하고 불안한 경우는 시동을 끄기 전 모든 전장품의 가동을 중지시키고 10분정도 쉰 후 다시 걸어본다. 그러나 시동모터를 지나치게 돌려서 배터리가 방전되었을 경우 30분 정도 기다린 후 다시 걸어본다.

❑ 더위로 시동이 안 걸릴 때

이는 열기로 인해 연료 펌프나 연료 파이프 속의 연료가 대기열과 엔진열에 의해 증기로 변화되어 연료의 양이 부족하여 생기는 베이퍼록 현상이다. 이로 인해 연료 펌프가 충분히 제 역할을 한다 해도 연료 라인내의 공기가 이그러져(고무풍선 이그러지듯) 연료가 압송되지 못하게 되고 이에 따라 연료 공급이 제대로 이루어지지 않아 시동이 꺼지게 된다.

이때는 본넷을 열어 열을 식히거나, 헝겊을 물에 적셔 연료펌프나 연료 파이프를 식혀주면 시동이 쉽게 걸린다.

(12) 스위치를 꺼도 시동이 꺼지지 않을 때

엔진이 오버히트하면 스위치를 꺼도 시동이 꺼지지 않을 때가 있다. 이때는 가속페달을 꽉 밟아 휘발유가 기화기에 다량 분출되면 혼합가스가 진해져 시동이 꺼진다.

(13) 신호대기 중 시동이 저절로 꺼질 때

점화계통 불량일 가능성이 많다. 이때는 차를 한가한 곳으로 옮겨 플러그와 디스트리뷰터 연결부위의 금속을 점검한다. 평상시 플러그와 디스트리뷰터는 점검을 해 두는 것이 좋다.

(14) 주차중인 차의 기어가 빠지지 않을 때

비탈길에 주차된 차를 발차시킬 때 기어가 잘 빠지지 않는 경우가 있다. 이때는 사람들이 자동차를 앞뒤로 밀면서 움직이면 된다. 이런 현상은 노후 된 차에 자주 생기며 기어의 틈새가 벌어져 서로 완전히 물리지 않아 빠지지 않는 것이다.

(15) 밟은 엑셀이 빠지지 않을 때

주행 중 액셀을 밟은 상태에서 나오지 않는 경우, 이때는 차가 가속된 상태이므로 급브레이크를 밟으면 차가 미끄러지거나 돌 수 있다. 먼저 안전한 곳에서 시동을 끄고, 엔진브레이크를 걸어서 속도가 떨어지도록 하며, 길가로 대피시킨다.

(16) 경음기가 꺼지지 않을 때

배터리의 마이너스극(-) 쪽을 빼놓는다. 자동차의 배선은 전화계통, 라이트 계통, 와이퍼계통, 워셔계통으로 분리되어 있다. 라이트나 경음기에 이상이 생기면 그 계통의 커넥터나 휴즈를 제거하면 된다. 배터리는 12V로 감전은 염려 안 해도 된다.

(17) 연료가 떨어졌을 때

계기판이 E를 가리킬 때 기어를 1단이나 2단에 넣고 키를 돌리면 스타팅 모터의 구동력에 의해서 조금씩 10여M는 갈 수 있다. 그래도 안 되면 연료탱크 밑바닥에 있는 너트(드레인 플러그)를 풀면 약 2.5리터의 휘발유가 나오므로 20km 정도는 갈 수 있다.

(18) 머플러에서 흰 연기가 날 때

액셀레이터를 밟았을 때 머플러에서 흰 연기가 나면 엔진오일이 타는 것이다. 엔진오일이 과소모되는 이유는 피스톤, 링이 불결하거나 실린더, 밸브, 핀 가이드 등이 마모됐을 경우에 나타난다. 즉시 수리를 받도록 하는 것이 좋다.

(19) 라디에이터에서 물이 샐 때

먼저 라디에이터 캡을 열어 냉각계통의 압력을 줄여주어야 물이 새는 것을 줄일 수 있다. 임시로 구멍 난 곳에 밥알을 으깨어 붙이면 밥알이 말라붙으면서 구멍을 메워준다.

(20) 차안에 벌이 들어 왔을 때

운전 중에 벌레를 몰아내려 하면 매우 위험하다. 이때는 우선 창문을 열고 송풍팬의 스위치를 켠 후, 전면 윈도우 쪽으로 바람이 세게 가게 하면 바람에 밀려 벌이 창밖으로 나가게 된다. 가장 확실한 방법은 차를 세워 몰아낸 후 주행하는 것이다.

(21) 차가 물속에 빠졌을 때

물이 있는 곳을 지나가다 시동이 꺼져 정지했는지 아니면 차 전체가 물속에 잠겼는지에 따라 조치방법이 달라진다.

우선 물 있는 곳을 지나가다 시동이 꺼졌을 경우는 보통 점화장치 부품인 배전기와 점화코일, 점화플러그, 점화플러그 배선에 물기가 묻어 전기가 정상적으로 흐르지 못하고 엔진으로 누전되어 시동이 꺼졌다고 볼 수 있다. 점화장치 부품에 묻어 있는 물기를 닦고 시동을 걸면 되는데 상태가 심각할 경우 한쪽으로 주차시킨 후 긴급 봉사반이나 정비업소에 의뢰하는 것이 좋다.

차가 물에 잠겼을 때에는 즉시 차에서 빠져 나와 견인 요청을 해야 한다. 그런데 문제는 물에 잠긴 차를 곧바로 시동을 걸어도 되는지, 운행해도 되는지의 여부이다. 일반적으로 본네트를 기준으로 그 아래까지 물에 잠겼다면 에어클리너 교환 및 케이스 내부 세척과 엔진 옆 부품 특히 점화장치 부품을 세척해야 운행이 가능하다. (정비업소나 세차장까지 운행)

그러나 본네트 위까지 물에 잠겼다면 엔진내부까지 물이 침입했을 우려가 있으므로 견인차로 견인해 정비업소에서 정밀 진단을 받아야 한다.

수해지역에서 자동차가 침수되었을 경우에는 절대로 시동을 걸지 않아야 한다. 시동을 걸 경우 엔진 내부가 파손될 우려가 많기 때문이다. 그리고 앞. 뒤 바퀴의 허브 베어링 그리스를 점검해 필요 때 교환해주고 브레이크 드럼에 이물질이 묻었을 때에는 드럼이나 라이닝이 이상 마모를 일으키므로 분해 점검하고 라이닝을 교환해 주는 것이 좋다. 전기장치 부품과 실내 부품도 점검해 수리하거나 건조시켜 주어야 한다. 에어클리너와 엔진오일, 오일 필터등도 교환해 주어야 하며 연료탱크도 세척한 후 연료를 새로이 주입해야 한다.[10)]

6. 교통사고 시 처리요령

1) 교통사고 관계자가 유의할 사항

교통사고란 항공기, 선박, 자동차 등 모든 교통수단에 의하여 발생하는 사고를 말하는 것이지만 여기서는 주로 도로상에서 발생하는 자동차사고에 관하여 설명하기로 한다.

(1) 구호의무

교통사고가 나면 사고차량의 운전자나 승무원은 자기에게 과실이 있건 없건 즉시 차를 세우고 사상자를 구호하는데 필요한 조치를 취하여야 한다. 구호조치를 취하지 아니하면 설사 수사 결과 교통사고 자체에 과실이 없다고 판단되더라도 처벌을 받게 된다. 뿐만 아니라 현장에서 도주해 버리면 수사상 과실이 많은 것으로 불리한 취급을 받게 되고, 일단 도주차량의 혐의가 인정되면 일반 교통사고와 달리 징역1년 이상 사형까지 엄중한 법의 심판을 받게 된다.

(2) 신고의무

교통사고의 내용이 인적피해, 물적피해 어느 쪽이든 간에 전술한 구호조치가 끝난 다음 즉시 가까운 경찰관서에 신고를 하여야 한다. 설사 피해자가 신고하지

10) http://tong.nate.com/ccs1004/8938400

않기를 원한다고 하더라도 신고의무를 위반하면 처벌받게 된다. 다만, 자동차만 손괴한 것이 분명하고, 사고 후 또 다른 사고가 나지 않게 함은 물론 교통소통에도 장애가 없도록 필요한 조치를 한 때에는 신고의무가 면제된다.

2) 사고운전자의 사고처리 요령

인사 또는 접촉 사고가 발생했을 때는 도로교통법 제50조(사고발생시의 조치) 규정에 의하여 다음과 같은 의무를 진다.

(1) 즉시 정차하여야 함

이 조치를 취하지 않고 운전을 계속 하다가는 사고야기 도주로 간주되어 후일 몹시 불리하게 처리되는 수가 있음.(다만 운전자가 판단하여 다른 교통에 방해가 되지 않도록 사고지점 부근의 도로 측면에 정차시킨다던가, 부상자의 이송을 위하여 즉시 현장을 떠나도 법적으로는 현장 이탈의 책임을 지지 않음)

(2) 부상자를 구호함

이러한 의무는 사고 운전자가 취해야 할 준수사항 중에서 가장 중요한 의무이며, 이 의무의 위반은 뒤에서 볼 신고의무의 불이행과 병합하여, 이른바 뺑소니 행위도 적용되어 교통사고처리특례법에서 규정한 형사면책혜택에서 제외될 뿐만 아니라 특정범죄가중처벌법에 의하여 큰 벌을 받게 됨.(또 운전자가 피해자를 사고 장소로부터 옮겨 유기하고, 피해자를 치사 후 도주하거나 도주 후 피해자 사망의 경우는 가중처벌 되며, 형법상의 유기죄와도 경합)

(3) 위험방지 조치를 취함

부상자가 없고, 접촉사고 등의 경우는 현장보존을 위해 정차한 장소부근의 교통의 지장이 없도록 경고등이나 표시기재를 사용한 교통정리로 더 큰 사고의 발생을 미연에 예방하여야 한다.

(4) 경찰관서에 신고

인적, 물적 사고를 막론하고, 사고발생 3시간 내에 이행하여야 하며, 그 이후의 신고는 지연신고로 규정되어 행정처분을 받는 경우가 있다(다만 학교운동장이나 정비공장 등 일반공장 내, 공원, 부대의 연병장 등 도로가 아닌 곳에서의 차에 의한 사고는 행정상의 교통사고로 분류되지 않으므로 신고의무 없음)

(5) 경찰관의 지시를 받는다

필요한 긴급조치가 끝나면 신고를 받고 현장에 출동한 경찰관의 지시를 받는다. 이때 유의점은 사고운전자가 당황하여 자신의 과오를 인정하는 듯한 주관적인 경솔한 말을 하여서는 안 된다. 이는 후일 불리하게 이용될 때가 있다.

(6) 보험회사나 차주에게 즉시 통고함

사고운전자의 과실이 교통사고처리특례법의 8대 과실에 해당되지 않은 부상사고의 경우에는 차량이 종합보험 등에 가입되어 있을 경우나 피해자와 합의가 성립되었을 경우는 "공소권 없음" 처분으로 일단 석방된다.

(7) 인사사고의 증거확보

교통사고가 나면 교통계와 형사계 직원은 현장에 나가 스키드마크를 비롯한 현장 약도나, 현장의 유기물, 차량의 파손상태 등을 조사하여 사고발생 과정과 피해경위를 추리하는데 필요한 객관적인 자료를 수집하여 일건 서류에 첨부한다. 사고운전자들은 대부분 이런 조사에 별로 주의를 하지 않고 방관하고 있는 것이 상례이다. 그러나 이러한 자료들은 후에 사실의 진부를 가리는데 결정적인 열쇠가 되므로 운전자는 자기에게 유리한 증거가 있을 때는 꼭 기억해 두었다가 후에 진술해야 한다. 한편 물적 증거뿐만 아니라 인적 거도 중요하므로 목격자의 확보가 무엇보다 중요하다.

3) 인사사고 운전자의 사고대응 요령

(1) 경찰조사 대응 요령

초동수사를 비롯하여, 구속기간의 수사과 직원에 의한 진술조서 작성 때 운전자는 정신을 똑바로 차려, 자신이 도로교통법을 위반하였는지, 업무상 주의의무를 다하였는지, 자신의 진술이 조서에 그대로 반영되었는지, 자신에게 유리한 증거는 확보되어 있는지 등에 세심한 주의가 필요하다.

흔히 세간에서는 돈을 써야 나온다는 말이 있는데 이를 진실로 알고 수사관을 매수하여 사건을 유리하게 해결하려고 안간 힘을 다 쓴다. 그러나 이는 수사관의 취조태도의 완화정도나 기대할 수 있을 뿐, 사건 브로커의 이익을 채워주는 결과밖에 되지 않음을 명심.

사고 운전자는 자신이 절대로 무죄라고 생각되면 끝까지 과실인정을 거부하고 정식재판 청구의사를 표명하고 스티커 발부도 거부해야 한다(운전자가 스티커에 서명, 날인 하는 것은 자신의 범칙행위를 인정하는 것이고, 그에 따른 민, 형사, 행정상의 책임을 승복하겠다는 의사표시가 되는 것이다)

(2) 불구속운전자의 대응요령

사고운전자가 특례법의 형사면책 사유에 해당되면 '공소권없음'으로 행정처분만 받고 석방되거나 그것도 면책되어 무혐의로 석방되어 나온다. 또 피해정도가 경미한 사건 등 사안에 따라서는 비록 사고원인이 운전자의 10대 과실에 해당되는 경우라도 검사의 재량권에 의해 불구속입건이 되어 석방되는 경우도 있다. 그러나 불구속이라고 안심하지 말고 피해자에게 도의적인 책임이 있으므로 찾아가 진심으로 사과 위로하여 성의를 표명하는 한편, 피해자 측의 대응 자세를 살펴보고 심상치 않다고 느껴지면 이에 대응하는 준비를 게을리 하면 안 된다.

4) 구속운전자 가족의 유의사항

사건의 진상을 정확하게 알아보고 이에 대한 대처방안을 연구해야한다.

피해자나 그 가족을 찾아가 운전자의 석방을 청원하는 진정서나 형사합의서를 얻어 오도록 노력하는 것이 중요하다.

사고운전자의 과실이 10대 과실에 해당하거나 사망사고, 뺑소니사고 등의 경우에는 비록 사고차량이 종합보험 등에 가입됐거나 피해자와 합의했더라도 사고운전자는 일단 구속 입건된다. 그러나 교통사고는 반의사불벌죄 개념을 원칙으로 하고 있기 때문에 피해자가 가해 운전자의 처벌을 원하지 않을 경우에는 사안에 따라 검사가 기소유예 또는 불구속기소 혹은 약식명령 청구 등 관대하게 처분할 수 있고, 구속재판의 경우라도 판사의 선고유예 또는 집행유예 등의 은전을 기대할 수 있다. 변호사를 찾아가서 피해자와 가해자의 주장과 경찰의 수사내용을 사실대로 설명하고 객관적인 법률상담을 청하는 것이 좋다. 대부분의 가족은 가해자에게 유리한 주장만을 말하여 변호사의 판단을 그르칠 경우가 있는데 이런 자세는 오히려 운전자에게 이익이 되지 못한다.

5) 인사사고 피해자의 사고처리 요령

- 즉시 가족 또는 친지에게 피해사실을 연락하여 줄 것을 요청하고, 전화번호 또는 주소, 성명을 알려 주어야 한다.
- 병원관계자에게 가해자의 신원과 사고차량의 소속이나 차량번호 등을 정확히 파악하여 줄 것을 요청해야 한다.
- 가해자의 신원이 파악 됐으면 종합보험이나 공제조합에 가입하였는지 여부를 알아봐야 함. 또한 종합보험에 가입하였어도 보험료의 미납으로 보험계약이 실효가 된 경우가 있으므로 이런 점도 철저히 알아 두어야 한다.
- 가해자의 재산 상태를 조사한다. 가해자에게 동산이나 부동산의 소재가 파악되면 피해의 정도를 감안한 손해액을 대강 산출하고 이들 재산에 가압류 조치를 취한다.

- 경찰에 연락한다. 교통사고의 신고의무는 사고야기 운전자에게만 있는 것이 아니라 피해운전자나 피해자에게도 있다고 봐야 한다.
- 어떤 경우에는 가해운전자가 자신의 성의와 능력을 다하여 피해자에게 억울함이 없도록 책임을 다 할 것이니 신고를 하지 말아 달라고 요청해 오는 경우가 있다. 이런 때에는 운전자의 신원을 확실히 파악하고 보호자와 상의하여 손해배상 방법이 합리적이라고 생각되면 피해자의 요청을 받아들이는 것도 좋다.

6) 형사합의 요령

(1) 피해자가 유의할 사항

- 보통의 합의서에는 흔히 "앞으로 쌍방이 민, 형사상 일체의 책임을 묻지 않기로 합의한다."는 내용을 기재한다. 그런데 이런 합의서는 이 교통사고에 대한 민·형사상 일체의 조건이 합의 되었을 때의 말이고 형사합의서는 운전자의 형사문제에 대해서만 우선적으로 합의하여 주는 것이므로 절대로 위와 같은 문장이 기재된 합의서에 서명, 날인해서는 안 된다.
- 합의금은 민사배상 문제의 종합보험처리나 차주와의 직접 합의일 때에는 공제되지 않지만, 소송을 통한 손해배상청구일 경우에는 청구액에서 공제받는다.
- 피해자 측은 소송까지 가지 않고 보험처리 혹은 차주와의 직접 합의할 의사가 있는 경우에는 가해자 측에서 형사합의를 제의하여 오면 가해자 측이 도저히 감당할 수 없는 무리한 합의금을 요구하지 말고 적정한 수준의 합의금으로 합의를 하는 것이 좋음

(2) 가해자가 유의할 사항

- 특례법의 입법취지는 "피해자의 명시한 의사에 반하여 가해자를 처벌하지 않는다."는 반의사불벌죄의 개념을 교통사범에 적용시킨 것이다. 따라서 형사합의서에는 이점을 분명히 하여 "피해자 측은 사고운전자의 형사상 처벌을 원하지 않는다"는 문장을 꼭 기재해 두어야 한다.

- 형사합의는 빠를수록 좋다. 대부부의 경우 합의금액을 놓고 흥정의 줄다리기를 하여 시일을 끄는데, 이것은 구속운전자에게 좋지 않다. 합의서는 1심판결 이전에 제출되어야 한다.
- 피해자가 무리한 합의금의 요구를 하면 가해자 측은 적정선을 제시하여 관례를 설명하고, 가정형편을 이해시켜 여러 번 설득을 시도하다가 그래도 합의가 안 되면 검사의 조사기간이 끝나고 법원에 송치되기 전에 "할 수 없다. 몸으로 떼우라고 할 수 밖에 없다"하고, 합의포기를 선언하고 자리를 뜨는 모션을 써 보기도 한다. 그러면 의외로 합의가 잘되는 수도 있다.
- 합의 시에는 피해자 측 당사자의 신분을 확인하는 것이 중요하다. 피해자와 직접 합의할 때에는 별 문제가 없으나, 친족대표나 교통사고처리에 능숙한 대리인 등을 교섭 대표로 앞세우는 경우가 있는데 이 경우 피해자나 그 배우자가 합의에 불복하고 합의의 무효를 주장하는 수도 있다. 따라서 될 수 있으면 피해자의 직계상속권자와 합의하고 그렇지 못할 때는 이들의 위임장과 인감증명서를 받아 놓고 합의하는 것이 안전하다.
- 합의서외에 진정서를 함께 받아 두면 더욱 좋다. 진정서도 호소력을 가질 수 있다.
- 형사합의는 어디까지나 법관의 양형결정의 참작 사유가 될 뿐 뺑소니사건 등 죄질이 워낙 악질이거나 전과가 많을 때에는 효과를 얻지 못하는 경우도 있을 수 있음에 유의.

7) 공탁제도

(1) 피해자와의 형사합의 교섭과정에서

- 피해자 측에서 합의금액에 관계없이 강력히 가해자의 처벌을 원할 경우,
- 피해자 측이 관행이나 상식을 벗어나는 과대한 합의금을 요구할 때,
- 관행상 합당한 금액을 피해자 측에서 요구하지만 가해자 측이 능력이 없을 때 등의 경우 가해운전자의 불구속이나 형사처벌의 완화를 바라는 가해자 측 가족은 공탁제도를 이용하는 방법이 있다.

(2) 가해자 측의 공탁제도 이용

- 피해자와의 형사합의가 결렬된 가해자 측은 자신이 상당하다고 생각하는 합의금을 법원이 지정하는 은행에 공탁하고, 공탁증명서를 발급받아 형사사건이 계류 중인 관청에 제출한다.
- 이 공탁서로서 합의가 된 것으로 간주하여, 가해자에 대한 형자처리에 참작사유로 반영시켜 주고, 피해자 측에게는 공탁금입금을 통고하여 준다.
- 가해자의 형사법원 1심판결 선고 전까지 피해자 측에서 공탁금을 찾아가지 않을 때는 공탁금의 효력은 소멸하고 공탁자가 공탁은행에서 환불 받을 수 있고, 피해자측의 민사소송을 받을 수밖에 없다.

8) 형사면책에서 제외된 교통사고12대 중대과실

① 신호위반 또는 안전표지 위반
② 중앙선 침범 사고
③ 제한속도 시속 20킬로미터 초과 운전
④ 앞지르기 및 끼어들기 금지위반
⑤ 철길건널목 통과방법 위반
⑥ 횡단보도에서의 보행자 보호의무 위반
⑦ 무면허 운전
⑧ 음수운전 및 약물중독 운선
⑨ 보도(步道) 침범
⑩ 승객의 추락 방지의무 위반
⑪ 어린이 보호구역 내 어린이 사고
⑫ 자동차 화물이 떨어지지 않도록 필요한 조치를 하지 않고 운전

7. 교통사고 예방대책 및 상식

1) 교통안전표지

교통안전표지는 도로를 이용하는 사람과 자동차를 운전하는 사람의 안전을 위해 약속한 표지이다. 도로 표지라고도 하며 도로교통법에 의해서 교통안전표지의 종류나 양식 따위의 구분이 정해져 있다. 본 표지와 보조 표지가 있다. 본 표지에는 주의 표지 · 규제 표지 · 지시 표지 따위가 있다.

(1) 본 표지

① 주의 표지

주의 표지는 걸어가는 사람이나 자동차를 운전하는 사람에게 도로의 표면 상태나 도로에서 주의할 점 따위를 미리 알려 주거나 도로의 상태, 어린이 보호 구역 등도 알려 주는 것이다.

② 규제 표지

규제 표지는 도로를 걸어가는 사람이나 자동차를 운전하는 사람이 해서는 안 될 일들을 미리 알려 주는 것이다. 규제 표지에는 사람이나 자동차 모두, 또는 부분 통행을 금지하는 여러 가지 통행금지 표지와 우회전이나 좌회전을 금지하는 표지 등이 있다. 최고 속도와 최저 속도를 제한하는 속도 제한 표지, 걸어가는 사람들의 횡단이나 보행을 금지하는 표지도 규제 표지이다.

통행 금지 승용 자동차 통행 금지 자전거 통행 금지 진입 금지 좌회전 금지

회전 금지 앞지르기 금지 정차 · 주차 금지 차 높이 제한 최고 속도 제한

③ 지시 표지

지시 표지는 도로를 이용하는 사람이 도로에서 지켜야 할 일을 알려 준다. 지시 표지에는 자동차 전용 도로 · 자전거 전용 도로 · 우회전 · 좌회전 · 일방통행 등이 있다.

자동차 전용 도로 자전거 전용 도로 직진 및 우회전 양측방 통행 경음기 사용

(2) 보조 표지

보조 표지는 앞에 설명한 여러 가지 규제 표지와 지시 표지 등의 내용을 보충하기 위해 세운 표지이다. 그 밖에도 도로 표면에 기호나 문자를 적어서 여러 가지 내용을 알려 주는 노면 표지가 있다.

거리 구역 안전 속도 노면 상태 견인 지역

2) 보행자의 필수 규칙

(1) 안전한 도로횡단 규칙

- 우선 멈추어 좌우를 살피는 습관을 가져야 한다.
- 횡단보도가 아닌 곳을 무단으로 횡단하는 일은 금해야 한다.
- 횡단보도에서 신호가 바뀌더라도 차량의 진행유무를 반드시 확인한다.
- 어린이나 노약자는 보호자와 함께 건너야 한다.
- 처음부터 건너기시작한 사람이 아니면, 파란신호가 끝나지 않았더라도 건너지 않아야 한다.
- 신호등이 없거나 점멸신호가 있는 횡단보도에서는 차량이 완전히 멈추었거나 운전자의 수신호가 있을 때 건너도록 한다.
- 운전자는 사람이 내리고 있는 차량 옆으로 지나가거나 추월하지 않도록 한다.
- 차에서 내리는 사람은 지나가는 자전거, 오토바이, 차량에 주의해야 한다.

(2) 안전한 도로보행 규칙

- 사람은 인도로 다니고 차는 차도로 다녀야 한다.
- 인도와 차도가 구분이 안 된 도로의 경우에는 '길 가장자리' 즉 한쪽으로 다니도록 한다.
- 운동은 운동장이나 놀이터와 같은 안전한 장소에서 해야 한다.
- 비가 오는 날에 우산을 숙여 쓰면 앞을 살필 수 없으니 똑바로 쓰고 차도에서 떨어진 길의 가장자리로 걷도록 한다.
- 운전자의 눈에 잘 띄게 하기 위해 밝은 색 옷을 입어야 합니다.
- 좁은 길이나 골목길에서 넓은 도로로 나올 때에는 아무리 급한 일이 있더라도 일단 멈추어 서서 좌우를 잘 확인하고 나서야 한다.

3) 안전한 자전거 도로주행 요령

자전거 인구는 지속적으로 늘어 2017년 1300만명을 넘어섰다고 발표되었지만 안전의식은 아직도 미흡하다. 도로교통공단에 따르면 2016년 한 해 동안 발생한 자전거 교통사고는 1만 4937건으로, 2007년에 비해 71.2%가 증가했다. 자전거 사고로 가장 다치기 쉬운 부위가 머리이기 때문에 모든 연령대가 자전거 헬멧을 착용하도록 도로교통법을 개정했으며, 2018년 9월부터는 자전거 헬멧이 '의무 착용'이다.

도로는 다양한 변수가 발생하는 공간이기 때문에 돌발상황에 안전하게 대처하기 위해서는 시선과 소리에 집중해야 할 필요가 있다. 자전거를 탈 때 시선은 진행 방향을 바라보면서 살짝 노면을 향하는 것이 중요하다. 도로에 생긴 함몰, 침하 등 파손 부분이나 턱을 미리 발견하지 못할 시, 바퀴가 걸리게 되면 큰 부상으로 이어질 수 있기 때문이다.

또 양 옆이나 뒤쪽 등 시야 밖에서 들리는 소리에도 집중해야 위험 요소를 미리 감지하고 대처할 수 있다. 블루투스 스피커나 이어폰으로 음악을 크게 들으면서 라이딩을 한다면 뒤따라오는 자동차나 구두 또는 자전거벨로 추월을 알리는 소리 등을 감지하지 못해 큰 사고가 날 수 있다.

보행자들과 함께 이동하는 인도·횡단보도에서는 꼭 자전거에서 내려야 한다. 도로교통법 상 자전거는 '차'로 분류되기 때분이다. 도보로 길을 건너다 사고가 날 경우에는 보행자로 인정받아 과실을 덜 수 있으나, 자전거를 탄 채로 건너다 사고가 나면 자전거 이용자에게 과실 책임이 더 커진다.

선소등과 후미 등은 본인과 타인의 안전을 위해 반드시 장착해야 한다. 라이트는 야간 주행 시 전방의 상황을 파악할 수 있게 해주는 동시에 차량 운전자와 보행자에게 자신의 위치를 알리는 역할도 한다. 단 전조등은 마주 오는 상대방의 눈부심과 그로 인한 사고 방지를 위해 앞바퀴 바로 앞 정도 거리를 비출 수 있도록 각도를 하향 조정해야 한다.[11)]

앞으로 자전거를 이용하거나 이로 인한 사고는 점점 증가할 수 있으므로 자전거 안전주행에 필수적인 다음의 자전거 안전수칙은 반드시 지키도록 한다.

11) 아시아경제 2018.6.17, http://www.asiae.co.kr/news/view.htm?idxno=2018061712185866345(검색:2018.8.7.)

- **교통신호를 지켜라**

  자전거도 차이기 때문에 교통법규를 지켜야 한다.

- **절대 역주행은 금지**

  차량운전자는 자전거가 역주행하리라고 예측하지 못하기 때문에 사고로 연결되기 쉽다.

- **수신호를 사용하라**

  수신호를 사용함으로서 운전자가 예측이 가능하게 해야 안전한 주행이 보장된다.

- **직선으로 주행하라**

  가급적 직선으로 주행하되 주차된 차량문의 폭만큼 이격해서 주행하라

- **주차된 차량사이로 지그재그 주행 금지**

  주차된 차량사이로 지그재그로 주행하게 되면 뒤따르는 차량운전자에게 보이지 않을 수 있다.

- **교통량이 많은 곳에서는 저속차량 가운데에 위치**

  교통량이 많은 교차로에서 신호대기 중일 때 저속차로의 중간에 위치하고 같은 속도로 주행할 때도 마찬가지.
  (독일에서는 30km/h 존을 설치하여 차량과 자전거가 같은 차로를 사용)

- **노면표시대로 주행하라**

  교차로에서 우회전 전용차로에서 갑자기 직진차로로 뛰어들지 말고 사전에 직진차로로 주행하라.

- **적절한 방법으로 좌회전하라**

  차량과 같이 회전하는 방법과 직진을 한 후에 건너편 횡단보도를 이용하는 방법이 있다.

- **저속차량의 우측으로 앞지르기 금지**

  차량운전자는 우측으로 자전거가 앞지르기 할 것을 예상하지 못한다.

- **보도에서는 천천히**

  보도에서 통행의 우선권은 보행자에게 있다. 따라서 보행자가 있는 곳에서는 보행자의 속도로 주행하라.

- **튀어나오는 차량에 주의하라**

  항상 운전자와 눈을 맞춰야 한다. 눈을 맞추기 이전에는 자전거를 보지 못한 것으로 간주하라.

- **뒤쪽도 주의하라**

  균형을 잃지 않는 상태에서 뒤를 쳐다 볼 수 있어야 한다. 후사경을 사용하는 방안도 있다.

- **노면 장애물에 주의하라**

  노면에 있는 복공판 틈새, 기름기, 미끄러운 맨홀뚜껑, 잔돌 등에 주의하고 철도건널목은 직각으로 횡단하라.

- **항상 두 손은 제동할 수 있는 위치에**

  한 손으로 제동할 경우 거리가 길어지거나 넘어갈 수 있다. 노면에 습기가 있을 때는 제동거리가 더 길어진다.

- **개가 따라올 때**

  무시해도 계속 따라오면 물통의 물을 뿌리거나 소리쳐라. 계속 따라오면 내려서 자전거를 개의 방향으로 위치하라.

- **간단한 준비운동을 잊지 말자**

  거리에 관계없이 출발 전 몇 분간은 스트레칭을 통해 근육을 이완시켜야 한다.

- **야간에는 전조등과 후미등을 켜라**

  야간에는 밝은 전조등과 번쩍거리는 후미 등을 달고 주행하라. 주간에도 경음기나 호각 등을 준비하라.

- **안전 보호 장구를 착용하고 기후에 맞는 복장을 하라**

  헬멧 등 안전 보호 장구를 반드시 착용하고 밝은 색 계통의 복장을 하라. 장거리 주행 시에는 갈아입을 옷도 준비하라.

- **시건장치를 이용하라**

  자물쇠는 좋은 것을 구입하라. 비싸봐야 자전거보다는 싸다. 자물쇠는 U자형이 효과적이며 뒷바퀴와 프레임을 고정시켜라.

- **철저한 정비는 기본**

  좋은 공구를 이용해서 항상 자전거의 정비점검을 잊지 말아야 한다.

  도로를 횡단할 때에는 반드시 건널목(횡단보도)을 이용하여, 오른쪽으로 내려서 천천히 끌고 갑시다.

- 골목길에서 큰길로 나갈 때에는 반드시 정지한 후 자동차가 있는지 확인
- 우측통행을 지키고 차량과 같은 방향으로 주행함을 원칙
- 보도나 골목길을 달릴 때 보행자가 우선임을 잊지 말고 천천히 가야한다.
- 좌우로 왔다 갔다 하거나 손을 놓고 운전하지 말며, 과속을 하지 말 것
- 바지는 아랫부분이 너풀거리지 않도록 하며, 신발은 끈이 풀어지지 않도록 한다.
- 짐을 지나치게 싣거나, 뒷자리에 다른 사람을 태우면 핸들조작에 중심을 잃게 되어 위험
- 우산을 쓰거나 손에 물건을 들고 타지 말며, 슬리퍼를 신고 타는 일이 없도록 한다.
- 밤에 탈 경우에는 눈에 잘 띄는 밝은 색 계통의 옷을 입거나, 반사체 또는 전조등을 켜야 한다.
- 내리막길에서 과속으로 주행 때 급정거를 하면 자전거에 무리를 주어 넘어질 염려가 있어 매우 위험[12)]

---

12) 자료: bicyclela.org

4) 철도 사고에 대비 요령

철도안전을 위한 일반적인 요령은

- 철길이 파손되었거나 선로에 큰 돌 등이 떨어져 있는 것을 발견하면 즉시 신고(080-850-4982, 1544-7788, 119, 112)한다.
- 철길(교량, 터널 등)로 다니지 않는다.
- 건널목을 건널 때에는 일시정지 후 반드시 좌 · 우를 확인하고 횡단한다.
- 철길 가까이에서 어린이들이 놀거나 가축을 풀어 놓지 않는다.

자동차로 건널목 통과 시에는

- 건널목 통과 시에는 반드시 일시정지 후, 좌 · 우 방향의 열차운행 여부를 확인
- 경보종이 울리거나 차단기가 하강 중일 때는 건널목으로 진입하지 말 것
- 앞차가 건널목을 완전히 빠져나가기 전에 건널목으로 진입하지 않도록 함
- 건널목에서 차가 멈추면, 자동변속기 차량은 기어를 중립에 놓고 차를 밀고 수동변속기 차량은 기어를 1단에 놓고 클러치를 밟지 않은 상태에서 키로 시동모터를 돌리면 차를 움직일 수 있다. 차량을 밀어야 할 때는 여러 사람이 도와주도록 한다.

5) 항공기 사고 발생에 대비 요령

(1) 비상상황 발생 시

- 비행 전 승무원의 브리핑에 귀를 기울이고 상황발생시 승무원의 안내에 따른다.
- 어린이나 노약자(환자)를 위한 별도의 비상장비가 있는지 승무원에게 문의한다.
- 만일 비행 중 비상용 산소마스크가 내려올 경우에는 보호자가 먼저 마스크를 착용하고 어린이나 노약자를 도와주어야 한다.
- 비상탈출용 슬라이드 이용 시, 굽이 높은 구두나 모서리가 날카로운 장신구와 소지품을 기내에 남겨두고 탈출

- 충돌 전 좌석등받이를 앞으로 세우고 안전벨트를 착용한 후 부상을 최소화할 수 있는 자세를 취한다.

(2) 항공기 여행 시 주의사항

- 기내 수화물은 유사시 신속한 탈출에 방해되지 않도록 지정된 부피와 무게 준수
- 복장은 유사시 화상을 방지하기 위해 가급적 합성소재가 아닌 면과 같은 천연소재 의류를 이용
- 난기류 등에 의한 기체요동에 대비하여 비행 중 좌석에서는 항상 안전벨트 착용
- 만일 어린이나 노약자에게 비행 중 발생 가능한 신체·의학적 문제가 있다면 항공사 직원이나 승무원에게 탑승 전에 반드시 주지시켜 준다.
- 출발 전 배정된 좌석에 착석. 배정된 좌석을 임의로 변경하는 것은 항공기의 비행에 문제를 야기할 수 있다.

6) 선박 사고 발생에 대비 요령

- 소화기와 유리창을 깨는 망치가 어디에 있는지 확인
- 구명조끼가 어디에 있는지, 유사시 탈출로가 어디인지 확인
- 화재가 발생하면 큰 소리로 외치거나 경보기를 눌러 주변 사람들에게 신속하게 알리고, 소화기를 이용하여 불을 끄고 유리창을 깨서 환기를 시켜야 한다.

화재 등으로 위험한 상황이 되었을 때에는

- 의자 밑 또는 선실 내에 보관된 구명조끼를 입고 물속에서 행동이 용이하도록 가능한 한 신발을 벗는다.
- 선장 등 승무원의 안내에 따라 질서를 유지하면서 침착하게 탈출
- 출입문 쪽에 화염이 있거나 문이 열리지 않을 경우, 선내에 비치된 망치로 유리창을 깨고 탈출
- 구명조끼를 착용하고 물속에 뛰어든 사람은 신속하게 육지 쪽으로 이동하여

안전한 장소에서 거적, 낙엽 등으로 덮거나 서로 몸을 맞대거나 체온이 떨어지지 않도록 한다.

- 모터보트 등 소형 선박은 반드시 구명조끼를 착용하고 타야 한다.
- 선내에서 장난을 치거나 한쪽으로 몰리는 것은 위험
- 음주자는 소형선박을 이용해서는 안 된다.[13)]

7) 퍼스널 모빌리티(Personal Mobility)

퍼스널 모빌리티(Personal Mobility)는 전동 휠, 전동킥보드, 전기 자전거, 초소형 전기차 등 첨단 충전·동력기술이 융합된 1인용 전동이동수단을 통칭한다. 공해를 내뿜지 않고 공간을 많이 차지하지 않아 이동수단 및 레저용품으로써 입지를 늘려나가고 있으며, 가격이 점점 떨어지고 충전 용량이 개선되면서 미래형 교통수단으로 주목받고 있다. 한국의 도로교통법 상 퍼스널 모빌리티에 해당하는 이동수단들은 원동기장치 자전거로 분류된다. 매년 확대되는 퍼스널 모빌리티 시장과 그 수요에도 불구하고 관련 법안은 미흡하다하지만 관련 법안과 인프라는 갖춰지지 않아 불법과 안전 우려가 커졌다.

국내에서는 도로교통법에서 정격출력 0.59kW 미만의 원동기가 달린 전동 휠 등은 원동기 장치 자전거로 분류되기 때문에 인도와 자전거 도로 운행이 금지되며, 현행법에 따르면 퍼스널 모빌리티는 자전거 도로, 인도, 공원에서 탈 수 없다. 차도를 달릴 경우에도 안전장치는 필수다.

한편, 일본에서는 퍼스널 모빌리티를 탈 수 있는 특구나 주요 공원을 주행 허용 구역으로 지정해 놓았으며, 독일은 퍼스널 모빌리티를 전기보조 이동 수단으로 분류하여 일정 조건을 만족하면 자전거 도로 주행을 허용하고 있다.

하지만 아직 우리나라에서는 퍼스널 모빌리티 관련 규제나 법이 확립되지 않아서 이용에 많은 어려움이 있지만 아직 확립되지 않은 규제 속에서도 퍼스널 모빌리티를 이용하기 위해서 꼭 지켜야하는 것들이 무엇인지 알아보고자 한다.

---

13) 행정안전부 국민안전처 국민재난포털, http://www.safekorea.go.kr/idsiSFK/593/menuMap.do?w2xPath=/idsiSFK/wq/sfk/cs/csc/bbs_conf.xml&bbs_no=9&viewtype=read&bbs_ordr=507(검색:2018.8.02)

(1) 면허 필수

대부분의 퍼스널 모빌리티는 도로교통법 제 2조(정의), 제 19호에 따라 1인 또는 2인의 사람을 운송하기에 적합하게 제작된 이륜의 자동차 및 그와 유사한 구조로 되어있는 자동차 가운데 배기량이 125cc이하의 이륜차와 배기량 50cc미만, 전기를 동력으로 할 때는 정격출력 0.59kW미만의 원동기를 단 차로 분류되어 있다. 법적으로 '차'로 분류되기 때문에 원동기장치자전거 면허나 운전면허가 필요하다.

따라서 도로교통법 제154조(벌칙) 제 2호에 따르면 원동기장치자전거 면허를 받지 아니하고 원동기장치자전거를 운전한 사람은 30만원 이하의 벌금이나 구류에 처할 수 있다.

또한 도로교통법 제 92조(운전면허의 결격사유) 제1호에 따라 원동기장치자전거 면허는 16세 미만이 취득할 수 없으므로 위 조건을 충족하는 퍼스널 모빌리티는 16세 미만의 청소년들이 이용할 수 없다.

(2) 안전 장비 필수!

도로교통법 제50조(특수 운전자의 준수 사항)에는 이륜자동차와 원동기장치자전거의 운전자는 행정안전부령으로 정하는 인명보호 장구를 착용하고 운전하여야한다고 명시하고 있다.

이를 위반할 경우에는 도로교통법 시행규칙 별표28에 따라 2만원의 범칙금이 부과된다.

❑ 인명보호장구(도로교통법 시행규칙 제32조)

법제50조제3항에서 “행정안전부령이 정하는 인명보호장구”라 함은 다음 각 호의 기준에 적합한 승차용 안전모를 말한다.

- 좌우, 상하로 충분한 시야를 가질 것
- 풍압에 의하여 차광용 앞창이 시야를 방해하지 아니할 것
- 청력에 현저하게 장애를 주지 아니할 것

- 충격 흡수성이 있고, 내관통성이 있을 것
- 충격으로 쉽게 벗어지지 아니하도록 고정시킬 수 있을 것
- 무게는 2킬로그램 이하일 것
- 인체에 상처를 주지 아니하는 구조일 것
- 안전모의 뒷부분에는 야간운행에 대비하여 반사체가 부착되어 있을 것

(3) 퍼스널 모빌리티 주행도로

퍼스널 모빌리티는 도로교통법 상 원동기장치자전거로 오토바이와 같은 취급을 받기 때문에 차도에서 달려야한다. 그러나 모든 차선을 이용할 수 있는 것은 아니다.

도로교통법 제20조(진로 양보의 의무)에 따라 도로 우측 가장자리를 이용해 다른 차의 진로를 방해하면 안 되기 때문이다.

속도가 느린 차와 특수한 차는 우측 차선을 이용해야 한다는 사실에 따라 자동차만큼 속도가 나오지 않는 스마트 모빌리티는 우측 가장자리를 이용해야 한다.

(4) 속도 제한

2017년 8월 1일부터 적용된 전안법(전기용품 및 생활용품 안전관리법)에 의한 KC 안전 확인의 시행으로 스마트 모빌리티 판매 산업에는 제동이 걸렸다. 전동기능이 있는 보드류는 안전 확인을 거쳐야 하는데, 확인 기준 중 하나가 최고속력이 25km/h를 넘지 않아야 한다는 것이다.

현재 법안은 제품 구매 후 소비자가 튜닝을 하는 것에 대한 규제가 마련되어 있지 않은 상태이다. 따라서 속도 제한을 해제한다고 해도 처벌할 수 있는 방법은 없지만, 과속으로 인한 사고, 과도한 배터리 사용으로 인한 고장, 튜닝으로 인한 A/S 불가능 등 불이익을 감수하고 어떤 선택을 할 것인지는 소비자의 판단과 책임이 뒤따르기 때문에 특별히 안전에 고나한 주의를 소홀히 해서는 안 된다.

Chap. 6 스트레스 관리

1. 스트레스의 개요
2. 연령별 스트레스 특징
3. 스트레스 관리

제6장 스트레스 관리

현대 사회에서는 예측 불가능한 각종변화, 날로 심각해져가는 자연환경의 파괴, 복잡한 사회 구조 속에서 맺어지는 다양한 인간관계, 언제 닥쳐올지 모를 각종 재난과 질병으로부터의 위협 등 예전에는 예상도 못했던 새로운 스트레스가 늘어나고 있는 가운데 인간이 노출된 체 생활하고 있다.

인간이 생활하는 곳에는 언제, 어디에서나 스트레스가 존재한다. 그 중에는 가벼운 스트레스도 있고, 심한 것도 있으며, 적절히 경험하면 생애 활력을 주며 도움이 되는 것이 있는가하면 때로는 신체적으로 정신적으로 커다란 위해를 가져오기도 하며 계속적 스트레스는 병을 초래하는 것도 있다. 또 사람들 가운데에는 운동이나 오락 활동을 통하여 자신들이 가진 스트레스를 해결하려 하면서도 반대로 거기서 스트레스를 해소하기보다는 그로 인하여 스트레스를 더하고 있기도 하며, 또 어떤 이는 그러한 스트레스를 통하여 만족감을 느끼기도 한다.

이렇게 스트레스는 생활의 일부지만 적절히 해소하거나 대처하지 못하여 스트레스가 쌓이게 되면 만병의 근원이 될 뿐반 아니라 의사결정의 효율성이라든지, 원만한 대인관계, 작업능률이나 생신성 등에 나쁜 영향을 가지고 있다는 것은 잘 알려진 사실이다. 따라서 우리는 스트레스의 징후를 알고 적절히 관리하기 위해서 이에 대한 지식을 습득해야 한다. 스트레스란 무엇이며 그것을 일으키는 원인은 무엇인지, 우리가 어떻게 효과적으로 대처해 나아갈 것인지를 이해하는 것은 보다 만족한 삶을 영위하기 위해서 매우 중요한 일이 될 것이다.

1. 스트레스의 개요

1) 스트레스의 개념

스트레스(stress)라는 말은 이미 대중화된 말이지만, 과거에는 압력(pressure), 물리적 압박(physical strain)등으로 사용된 물리학, 공학의 전문 용어였다. 이와 함께 어려움, 곤란, 역경 등으로도 사용되었다. 그 후 생리학에서 외부 자극에 대한 생명체의 반응이라는 개념을 통해, 현재는 정신 건강 혹은 질병과 연관된 의미로 널리 쓰인다. Hans Selye는 스트레스를 "어떤 요구에 대한 신체의 비 특이적 반응"이라고 정의하였는데, 쉽게 이야기하자면 우리가 극복하기 어려운 상황에 노출되었을 때 생기는 정신적, 신체적인 반응 혹은 외부의 자극에 대한 생체반응이라고 할 수 있다. 즉, 스트레스란 외부환경으로부터 오는 새로운 요구나 변화에 대응해야 할 때 우리에게 발생하는 긴장이나 불안 같은 것을 의미한다. 아주 일상적인 일에서부터 커다란 사건까지 우리가 스트레스를 받는 일은 매우 다양하다.

적당한 스트레스는 오히려 삶에 도전과 의미를 제공해서 활력을 줄 수도 있습니다. 하지만 지나치게 많은 스트레스는 정신적 신체적 건강에 큰 해를 끼치게 된다. 많은 스트레스를 장기간 받게 되면 집중력이 떨어지고 무기력해져 학업이나 업무에도 지장을 받게 되고, 예민하고 짜증이 많아져 대인관계에서도 갈등이 많아지기 쉽다. 또한, 면역기능이 떨어져 감기에도 자주 걸리게 되며 두통, 만성피로, 소화불량, 불면증 같은 신체적인 증상도 경험하게 된다. 따라서 수영이나 에어로빅 같은 운동을 배우듯이 건강하게 살기 위해서는 누구나 스트레스를 예방하고 조절하는 방법도 배워야 합니다. 스트레스를 잘 관리하게 되면 몸과 마음을 건강하게 지키게 될 뿐 아니라 학업, 업무, 대인관계에서도 자기능력을 충분히 발휘하고 만족스런 삶을 꾸려가게 될 수 있다.

2) 스트레스에 대한 반응

모든 정상적인 활동은 스트레스를 유발한다. 따라서 스트레스로부터 자유롭게 된다는 것은 죽은 상태를 의미하며 일상생활에서 스트레스를 완전히 피할 수는 없을 것이다. 어떻게 생각하면 스트레스 없는 삶은 살 가치가 없는 것이라고 할 수도 있다. 사람의 삶에서 스트레스는 전구의 불을 밝게 해 주는 전류에 비유할 수 있는데 스트레스가 없다면 우리 인생의 불은 켜지지 않을 것이며, 적당한 스트레스가 있을 때만이 가장 적절한 효율성과 생산성을 가지고 인생의 불을 밝힐 수 있고, 스트레스가 과도하게 지속되면 전류가 지속적으로 과도하게 흐를 때 전구의 필라멘트가 끊어지듯 사람도 여러 가지 스트레스 반응을 나타내며 육체 및 정신적 질병에 걸리게 된다. 병원에서 신체의 이상을 발견할 수 없는데도 많은 갖가지 증상을 호소하는 사람이 많다.

우리의 몸은 어떤 손상을 받는 상황에서 3단계의 반응을 보이는데, 첫번째는 경보 반응으로 신체가 아직 적응해 본 적이 없는 자극에 노출되었을 때 대부분의 신체 조직의 활동이 증가되는 단계이고, 두번째는 저항기로 증상의 유발 없이 신체가 적응하는 단계이며, 세번째는 탈진기로 신체가 적응하는 능력, 즉 에너지가 고갈되어 스트레스의 증상을 유발하는 단계를 말한다. 따라서 과도한 스트레스가 지속되면 어떤 일정 시간 동안만 견딜 수 있으며 그 후에는 질병이 생기거나 사망하게 된다.

스트레스를 받게 되면 다음과 같은 몸과 마음의 증상을 겪을 수 있다.

① 기분 - 불안, 신경과민, 근심걱정, 우울, 분노, 좌절감

② 생각 - 집중력과 판단력 저하, 기억력 저하, 우유부단, 비관적 생각

③ 행동 - 안절부절못함, 손톱 깨물기, 다리떨기, 흡연, 폭음, 폭식, 화를 잘 내게 됨

④ 신체 - 두통, 근육통, 만성피로, 불면증, 식욕부신, 소화불량, 가슴이 답답히고 두근거림.

인체에는 중추신경계(뇌와 척수)와 말초신경계 이외에 자율신경계가 있는데, 자율신경계는 교감신경계와 부교감신경계로 나뉘어져 있고 이들은 서로 상호작용을 통하여 항상 균형을 이루고 있다. 스트레스를 받으면 중추신경계는 감각신경(예 "시각)을 통해 인지한 후 자율신경계(교감신경계)로 하여금 스트레스를 이길 수 있는 생리적 대비를 하게 하는데 이러한 생리적 반응은 자율신경계의 직접적인 조절에 의해 맥박이 빨라지고 혈압이 상승하며, 동공 확대, 호흡수의 증가, 근육 긴장, 산소 소비율 감소 등의 반응이 나타나게 되지만[1] 다른 한편으로는 관련

된 호르몬의 분비를 조절하여 수행하기도 한다.

- 갑상선 호르몬(thyroxine)의 증가
- 엔돌핀(endorphin)의 소진
- 성호르몬(sex hormone)의 감소
- 소화기관(digestive tract)의 활동감소
- 포도당과 인슐린의 증가
- 콜레스테롤(cholesterol)의 증가
- 심장박동수의 증가
- 감각기관이 예민해짐[2)]

3) 스트레스와 질병

스트레스와 관계있는 질병의 종류는 아래의 〈표 6-1〉과 같다.

〈표 6-1〉 스트레스와 관련된 질병

심혈관계	빈맥(頻脈), 부정맥(不整脈), 고혈압, 협심증, 심근경색증 등
소화기계	식욕부진, 신경성 구토, 위경련, 가슴앓이, 딸꾹질, 위궤양, 십이지장 궤양, 변비, 설사, 과민성대장증후군, 궤양성 대장염 등
호흡기계	신경성 기침, 기관지 천식, 과호흡 증후군 등
내분비계	당뇨병, 비만증, 갑상선 질환 등
비뇨생식기계	빈뇨(頻尿), 발기 부전, 불감증, 조루증, 월경불순, 불임증 등
신경계	긴장성 두통, 편두통, 수전증, 뇌졸중 등
근육계	근육통, 만성적 요통, 류머티스 관절염 등
면역계	저항력 감소, 자가면역성질환
피부계	여드름, 두드러기, 습진, 원형탈모증, 가려움증, 신경성 피부병, 다한증(땀이 많이 남) 등
정신계	불면증, 우울증, 불안증, 약물남용, 알코올중독, 신경증, 정신분열증, 자살 등
기 타	피로 및 무기력, 각종 암, 돌발적인 사망 등

*자료 : http://www.healthpro.or.kr/health/viewC.

1) http://www.healthpro.or.kr/health/viewC.

2) http://www.pion-tech.com/knowledge/stress.

2. 연령별 스트레스 특징

1) 아동스트레스

흔히 스트레스는 어른들이나 겪는 것으로 알고 있다. 그러나 성인 못지않게 어린 아이들도 스트레스에 시달리고 있으며 나이가 어릴수록 스트레스로 인한 악영향을 많이 받는다. 아이들은 성인과 달리 스트레스를 스스로 해결하는 방법을 모르기 때문에 정신적, 신체적 질환 및 이상 현상으로 나타나 일생에 큰 지장을 줄 수도 있다.

(1) 아동스트레스의 원인

아동 스트레스를 유발하는 요인들은 도처에 널려있다. 처음 놀이방이나 어린이집에 가는 날과 재롱잔치와 같은 행서 전날은 물론, 학령기에 들어 어린이의 기대수준과 발달과제를 수행하는 것이 스트레스로 작용한다.

또한 부모 또는 가족의 사망, 부모이혼, 부모간의 갈등, 맞벌이 부부의 증가, 부모의 정신적·신체적 학대, 형제간의 차별 등 가정문제는 어린이들에게 심리적 장애를 유발케 한다. 잦은 이사 등으로 인한 가까운 친구의 상실, 친구 관계의 붕괴, 친구 사귀기의 어려움, 또래에서의 따돌림 등 또래와의 문제도 간과할 수 없다.

(2) 아동스트레스질환

① 외상 후 스트레스 장애

범죄에 노출되거나 유괴, 골수 이식과 같은 큰 수술, 심한 화상 등을 경험한 경우에 발생률이 높으며, 주요 증상으로 어둠, 부모로부터의 격리, 혼자 있는 것, 밖으로 나가는 것, 낯선 사람에 대한 두려움, 동물이나 괴물에 대한 공포심 등의 전반적 불안과 사건과 연계된 상황의 회피, 야경증, 몽유증 또는 잠꼬대 같은 수면장애가 많이 나타난다.

② 적응장애

흔한 적응장애의 요인으로는 전학, 이사, 친구관계의 변화, 급격한 성적저하, 부모의 이혼 등의 가족 내 환경변화 등이 있으며, 불안과 우울, 파괴적·공격적 행동의 증가, 무단결석 등의 비행 등을 보이거나 복통, 마비, 졸도 등의 증상을 보인다.

③ 불안 장애

가족들의 과잉 기대로 인해 민감해진 아동들에게 많이 생기며 특히 학업성적에 관심이 많고 타인의 인정을 받으려는 욕구가 강해서 자존심에 상처를 입을 상황이 예측될 때 심한 불안을 보인다. 만성적 긴장으로 인하여 불면, 소화불량, 두통, 식욕부진, 흉부 압박감이 동반되기 때문에 신체 질환으로 오인하기 쉽다.

④ 사회 공포증

가족 이외의 낯선 사람을 피하고 두려워하는 대인공포 증세로 사회 활동을 피하고 친구도 잘 사귀지 못한다. 심한 경우 집밖 외출도 피하고 심지어는 외부인과는 대화를 못하기도 한다.

⑤ 분리 불안 장애

과거 학교 공포증, 혹은 학교 거부증이라고 불리던 이 장애는 학교 가기를 싫어하고 거부하는 증세이다. 등교 거부사유를 말로 표현하지 않고 두통, 복통, 구토 등 신체 증상을 호소해 표현한다. 대개 학교 자체에 문제가 있기 보다는 부모와 떨어지는 것에 대한 두려움이 등교 거부의 원인이 된다.

(3) 아동스트레스 대처방안

어린이들은 자신의 감정을 언어로 표현하지 못하는 경우가 대부분이다. 따라서 부모들의 관심이 매우 중요하다. 충분한 수면과 적절한 영양섭취, 규칙적인 운동도 권장되며, 스트레스로 인해 심각한 불안 및 우울 증상이 동반된 경우에는 소아정신과 전문의와의 상담 및 진료를 통해 인지 행동치료 등 치료적 도움을 받아보는 게 좋다.

2) 청소년 스트레스

청소년기는 신체적, 심리적 측면의 급격한 변화로 갈등과 불안정에 의한 스트레스를 경험하는 시기이다. 우리나라 고등학생의 90%정도가 한 가지 이상의 적응곤란(가정, 학교, 대인관계 등)을 호소하고 있으며, 30% 정도는 다양한 심리적인 부적응(신경증, 우울증, 성격장애, 정신분열 등)으로 인한 극심한 스트레스를 받고 있다. 이러한 심리적인 부적응으로 인한 스트레스는 단순한 행동뿐만 아니라 심각한 수준의 청소년 비행으로 표출되기도 한다.

(1) 청소년 스트레스의 원인

청소년 자체의 정상 발달 과정 중에 생기는 내적 갈등이나 자기인식(identity) 형성의 갈등, 학업 및 진로 문제와 입시 경쟁 등이 스트레스로 작용한다.

또한 가족의 사망, 부모간의 갈등, 부모의 정신적·신체적 학대, 형제간의 차별 등의 가정문제와 가까운 친구의 죽음, 동성이나 이성친구 간 문제, 학내 폭력, 학습부진, 선생님과의 관계 등 학교와 관련된 문제, 뜻하지 않은 신체적 폭행이나 성폭행, 대형사고 등의 사고나 질병 등이 심리적으로 나타난다.

(2) 청소년 스트레스질환

① 외상 후 스트레스 장애

대부분의 사람들에게 일상적 스트레스의 양보다 엄청난 스트레스를 경험했을 때 나타나는 장애이다. 주요 증상으로는 위협적이었던 사고나 사건의 반복적 회상, 악몽에 시달림, 외상을 상기시키는 환경의 회피, 감정둔화 혹은 과민상태, 불면증, 자율신경계 항진으로 인해 호흡 맥박의 증가, 신체마비가 있다.

② 적응 장애

스트레스를 받은 지 3개월 이내에 일어나는 비적응적 반응으로 환자는 스트레스의 정도에 비해 지나 친 정도의 기능 장애를 나타내며, 주요 증상으로 불안과 우울증상, 파괴적, 공격적 행동의 증가, 무단결석, 약물 남용, 신체적 통증이나 기능 장애를 호소한다.

③ 신체형 장애

스트레스로 인한 정신적 갈등이 불안이나 우울 같은 정신 증상보다는 신체 증상으로 전환되어 나타날 때 이를 신체형 장애라 하며, 전환 장애, 신체화 장애, 건강 염려증, 신체 변형 장애, 심인성 통증 장애를 나타낸다.

이 외에도 불안 장애, 시험 불안, 과잉 불안 장애, 회피 장애, 사회 공포증, 이별 불안 장애, 강박 장애 등을 나타난다.

(3) 청소년스트레스 대처방안

또래 집단과의 대화요법을 통한 스트레스 해소방법이 있으며, 심할 경우 전문의와의 상담과 함께 정신, 약물 치료를 함께 병행한다.

3) 산모스트레스

스트레스가 미치는 영향은 개인에 따라 그 의미가 다르므로 임신과 출산자체만으로도 때로는 더 큰 스트레스가 될 수 있다. 특히 산모의 정신건강이 새로운 생명의 성장에 정신적, 육체적으로 미치는 영향은 매우 중요하다.

(1) 산모스트레스의 원인

여러 가지 호르몬 수치의 변화나 신체·정신·사회 경제적 변화, 출산에 따르는 흥분과 공포의 해소, 산후 불편감과 통증, 수면장애, 피로, 육아에 대한 불안감 등이 강한 스트레스로 작용한다.

(2) 산모스트레스 질환

① 산욕기 정신장애

정신적으로 건강하던 산모에게서 출산 후에 나타나는 장애를 말한다.

② 산후 우울증

출산 후 산모에게 생기는 감정의 변화로 약간의 기분 변화부터 병적인 상태에 이르기까지 근심, 침울함, 실패감, 무력감 및 무가치감을 나타내는 정서장애다. 출산 후 6주 이내에 발생하는 경우가 가장 흔하지만 사람에 따라서는 1~2년 이상 계속되기도 한다.

③ 산후 정신병

가장 심한 상태의 산모 스트레스 질환으로 천명에 하나 둘 꼴로 발생하며, 예고 없이 갑작스레 발병하는 경우가 흔하고 출산 후 1개월 이내에 발병한다. 불면, 급작스런 불안 초조, 급속한 기분 변동, 예측이 불가능한 심리 상태의 변동, 비현실적인 의심, 환각, 망상, 의식혼란 등이 흔하다. 자살 충동이 흔하며 영아살해 충동을 일으키기도 한다. 위험한 결과를 초래하므로 즉각적인 치료 개입이 필요하며 즉각적인 약물 치료를 요한다.

(3) 신모스트레스 대처방안

임신 출산으로 호르몬의 변화가 올 수 있는 산후 질환을 예방하고 원래의 상태로 빨리 회복하도록 증상에 따라 약물 또는 정신치료 등으로 스트레스나 불안, 우울증, 불면증, 두통, 편두통과 같은 정신, 신경장애를 관리한다.

4) 성인 · 직장인 스트레스

복잡한 현대사회는 모든 사람들에게 스트레스로 작용할 요인들이 너무나 많다. 대인관계에서 오는 스트레스부터 직장의 상하관계, 경제적 어려움, 자녀의 교육

문제 등은 현대인들에게 가장 큰 스트레스로 작용하여 성인의 대부분의 스트레스는 본인 내부의 요인 보다 외부요인에 의해 생기는 것이 많기 때문에 스트레스 개선이 쉽지 않다.

(1) 성인 · 직장인 스트레스의 원인

경기침체가 이어지면서 스트레스를 호소하는 직장인이 늘고 있다. 과거 직장인의 스트레스는 과도한 업무량이나 인간관계로 인한 스트레스가 많았으나, 최근 스트레스는 직업의 안정성이나 장래성에 대한 우려, 미래에 대한 불투명에서 오는 스트레스로 긴장감, 불안감, 우울증 등 정신적 압박감을 호소한다.

(2) 성인 · 직장인 스트레스질환

스트레스로 인한 증상을 크게 4가지로 나눌 수 있다.

① 신체적 증상

피로・두통・불면증・근육통이나 경직(특히 목, 어깨, 허리), 심계항진(맥박이 빠름), 흉부통증, 복부통증, 구토, 전율, 사지냉감, 안면홍조, 땀, 자주 감기에 걸리는 증상이 나타난다.

② 정신적 증상

집중력이나 기억력 감소, 우유부단, 마음이 텅빈 느낌, 혼동이 오고 유머감각이 없어진다.

③ 감정적 증상

불안, 신경과민, 우울증, 분노, 좌절감, 근심, 걱정, 불안, 성급함, 인내부족 등의 증상이 나타난다.

④ 행동적 증상

안절부절, 손톱 깨물기·발 떨기 등의 신경질적인 습관, 먹는 것, 마시는 것, 흡연, 울거나 욕설, 비난이나 물건을 던지거나 때리는 행동이 증가한다.

(3) 성인·직장인 스트레스의 대처방안

규칙적이고 건전한 생활 리듬을 유지하며, 자신에게 맞는 취미생활, 오락, 스포츠 등으로 심신의 스트레스를 해소한다. 적극적인 대인관계와 대화를 통해 정서적 안정을 취하는 것이 좋으며, 자신이 맡은 일에 주인의식을 갖고 즐겁게 충실하려는 노력과 습관을 갖는다. 필요한 경우에는 전문가와 상담하고 지도를 받는 것도 도움이 된다.

5) 노인스트레스

노년은 생활사건과 일상의 혼란뿐만 아니라 노화과정에 따른 심리적, 신체적변화도 큰 스트레스로 느끼고 있다. 하지만 노인스트레스의 경우 가족들조차도 스트레스나 스트레스정도에 대하 잘 알지 못하고 있어 숨겨진 질병이 되어 치명적이거나 더 큰 질환을 부르기도 한다.

(1) 노인스트레스의 원인

노년은 변화로 가득 찬 인생의 시기이다. 즉, 노년기의 건강상태의 변화, 사회적 고립, 경제적 빈곤, 만성질환 위험성, 가까운 사람의 죽음, 이전의 역할과 직위 상실 등은 정신사회적인 스트레스 요인이 된다.

또한 노화과정에 의한 변화도 노인에게 신체·심리적인 반응을 유발하며, 이러한 스트레스 반응은 신체적 질병과정에 매우 큰 영향을 미친다.

(2) 노인스트레스 질환

노인 스트레스는 복합적인 반응을 초래하는데 긴장, 신경 예민, 근심, 자율신경계 활동 등의 불안이 특징적이며, 가장 일반적으로 나타나는 증상은 우울과 불안이다. 궁극적으로는 신체적인 피로와 여러 신체기관에 장애를 일으켜 중추신경계군, 우울증상군, 불안증상군, 인식력장애군 등 각종 질환을 초래하며 두통이나 가슴통증, 당뇨, 중풍, 신경증, 심신증 등의 질병에 노출될 확률이 높다.

(3) 노인스트레스의 대처방안

퇴직 전처럼 규칙적인 생활과 간단한 취미활동을 통해 생활의 무기력함을 줄이고, 단체 활동이나 집단 간의 교류를 통해 대인관계를 활발하게 하는 것이 좋다.

노인 스트레스의 경우 이전의 역할과 직위 상실에 따른 자아상실 등이 많은 부분을 차지하기 때문에 퇴직 후 스스로 처리할 수 있는 소일거리를 갖는 것도 좋은 방법이며, 가족들의 깊은 관심과 많은 대화를 통해 소외감을 느끼지 않도록 하는 것 또한 중요하다.

3. 스트레스 관리

산업화에 따라 인간의 생활 방식이 복잡해지면서 스트레스에 대한 관심과 논의가 최근 들어 많이 증가하였다. 스트레스가 심리적인 건강뿐만 아니라 신체적인 건강에까지 영향을 끼친다는 사실에 대한 과학적인 증거가 입증되면서, 연구자와 일반인의 관심이 확산되는 추세이다. 스트레스는 인간이 살아가면서 항상 느끼는 정신적 갈등으로 태어나면서부터 죽음에 이르기까지 지속되는 삶의 일부라 할 수 있다. 스트레스는 20세기의 세균이라 할 수 있으며, 인간의 삶이 복잡해지면 복잡해질수록 그 요인이 더욱 다양해지고 그 강도도 강해지고 있다. 대학생활도 스트레스의 연속이다. 대학 생활은 중간고사, 기말고사, 보고서 작성, 취업 준비, 다양한 인간관계 형성 등을 통해 자신이 원하는 사회 분야로 진출하기 위해 부단히 노력해야 하는 생활의 연속인데, 이러한 과정이 스트레스를 준다. 스트레스는 전염되는 질병과 마찬가지로 전염성이 강하다. 친하게 지내는 친구가 스트레스로 인해 기분이 나빠지면, 주변의 사람들도 같이 스트레스를 느끼게 되는 일이 종종 있다.

1) 스트레스 공통점

스트레스는 느끼는 정도가 개인마다 차이가 있을 수 있으나, 일반적으로 다음의 공통점을 가지고 있다고 여겨진다.

- 첫째, 스트레스는 정도의 차이가 있지만 심리적이고 신체적인 반응이 동시에 일어난다. 신체적인 위협감으로 시작된 스트레스도 심리적 스트레스를 동반한다. 반면에 심리적인 요인으로 인한 스트레스도 신체적인 반응을 수반한다. 즉, 심리적 스트레스와 신체적 스트레스는 중복되는 경향이 있으며 많은 경우 상호 작용을 한다.
- 둘째, 스트레스에 대한 반응 양식이 개인마다 다르듯이 대처 방안에도 개인차가 있다. 동일한 상황에서 유사한 정도의 스트레스를 받는 사람들이 각기 다른 반응 또는 대처 방안을 보인다. 바꿔 말해, 스트레스를 대처하는 방법이 개인마다 나름대로 준비되어 있다. 이러한 대처 방법은 학습의 결과이다. 운동을 통해 또는 폭식 등을 통해 대처하는 방법조차도 행동주의 심리학자들의 견해에 따르면 학습의 결과이다. 즉, 이전에 한번 해결했던 방법이 개인에게 편안하게 느껴졌을 때 유사한 심리적 상황이 다시 발생하면 같은 방법으로 해결을 시도한다.
- 셋째, 스트레스를 느끼는 사람들은 스스로 스트레스를 만들어 내는 경향이 있다. 갑작스런 신체적인 상해나 주변 사람들의 사고 등으로 인한 스트레스를 제외하고, 사람은 스스로 스트레스를 받을 만한 상황을 만들어 낸다. 자신에 대한 기대감이 비현실적으로 큰 사람일수록 이러한 경향이 크게 나타난다.
- 넷째, 스트레스는 발생할 때마다 해결하지 않으면 누적된다. 우리는 학교생활 등의 일상생활을 통해 스트레스를 계속 받고 있다. 말하기 싫거나 보기

싫은 사람을 매일 마다 대해야 하는 경우, 그 사람과의 관계를 해결하지 않으면 불편함이 누적되어 심리적 압박감과 정서적 불안 상태로까지도 발전될 수 있다.[3)]

스트레스를 경험하는 모든 사람에서 질병이 생기는 것은 아니다. 또한 스트레스가 적은 삶이 건강을 보장해 주지는 못한다.

2) 스트레스 반응

스트레스는 개인차, 대응 및 주위의 환경과 영향에 따라 그 반응이 다르다.

(1) 개인차

스트레스를 경험하는 개인의 반응 스타일과 성격에 따라 그 결과는 달라진다. 배짱있는 성격(hardy personality) 즉, 자신 스스로가 환경을 조절할 수 있다는 믿음과 삶에 대한 열정이 있고 환경의 변화를 자신을 위한 기회로 받아들이는 경우에는 질병의 발생 가능성이 낮다.

(2) 대응

스트레스에 효과적으로 대처하는 전략을 가지고 있은 경우는 그 결과가 달라진다.

(3) 주위 환경의 영향

스트레스를 공감하고 염려해 주며 도움을 주는 사회적 지지 체계가 좋은 사람은 스트레스를 극복하기 쉽다.

대체로 스트레스를 잘 이겨내는지 아닌지에 대한 차이를 보면 다음의 〈표 6-2〉와 같다.

---

3) http://mentor.hallym.ac.kr/life/view.

〈표 6-2〉 스트레스반응과 성격유형

스트레스를 정복하는 유형	스트레스에 정복당하는 유형
* 문제해결에 낙천적이고 좌절에도 불구하고 사기가 높다. * 근본적 혹은 이상적인 해결책을 구하기 전에 라도, 해결해야만 될 즉각적 문제와 장애물에 초점을 맞추어 행동한다. 큰 문제를 해결 가능한 작은 문제로 나누어 본다. * 가능한 많은 전략과 전술 중에서 해결책을 선택하고 결코 배수진을 쓰지 않는다. 삼국지의 제갈공명 스타일이다. * 가능성이 있는 다양한 결과를 생각해 보고 대응책을 세운다. * 남의 제안에 개방적이고 융통성이 있다. 하지만 최종 결정권은 가진다. 내 자신의 문제이니 내가 나서겠다는 식이다. * 판단력이 흐려질 수 있으므로 극단적인 감정을 피하려 노력하여 매우 침착하다.	* 자신에 대한 기대가 과도하고, 경직된 시야를 가지고 있다. 판단의 기준에 융통성이 없고, 타협이나 남에게 도움을 구하는 것을 꺼린다. * 어떤 상황에서는 마땅히 어떻게 행동해야 한다는 식으로 견해가 좁고 절대적이어서 관용적일 여지가 없다. * 편견에 사로잡혀 있고, 그럴 듯한 견해에 충동적으로 따르거나 매우 피 암시성이 강하다. * 지나치게 부정을 하거나 합리화를 사용하고, 당면한 문제에 초점을 맞추지 못한다. 문제를 덮어두려고 하는 사람들이다. 손바닥으로 태양을 가리려 한다. * 알맞은 대안(차선책)을 찾지 못하기 때문에, 수동적이고 스스로 행동을 시작하지 못한다. 우유부단하다

*자료 : http://drchoi.pe.kr/STRES2.htm

4) 스트레스의 예방

- 원만한 가정, 직장, 학교생활을 유지하도록 노력하고 사교모임, 종교생활, 취미활동에 적극적으로 참여하여 자신을 위한 사회적 지지 체계를 강화한다.
- 자신이 환경을 다스린다는 신념과 배짱을 가진다.
- 시간 관리에 힘쓰고 현실적 목표를 설정하여 행동하고, 일의 우선순위를 설정하는 식으로 자신의 생활을 조직화한다.
- 규칙적 운동을 한다.
- 스트레스가 될 만한 사건을 미리 대비한다.

5) 스트레스 극복 방법

(1) 일상생활에서 스스로 할 수 있는 것

① 카페인 섭취 줄이기

많은 사람이 카페인(커피, 차, 초콜릿, 콜라)이 신체에 스트레스 반응을 일으킬 수 있는 강력한 자극제라는 사실을 간과하고 있다. 실제로 스트레스를 많이 받는 사람이 카페인의 섭취를 중단하면 신경이 덜 과민해지며 덜 불안하고 편한 수면을 취할 수 있다. 또한 속이 덜 쓰리고 근육통이 상당히 감소하는 것을 알 수 있다. 카페인을 줄이거나 끊고 난 후에 사람들이 극적으로 좋아지는 것을 느낀다. 그러나 한 가지 주의할 점은 서서히 줄여 나가야 한다는 점이다. 편두통 같은 금단 현상이 생길 수 있기 때문이다.

② 규칙적인 운동

스트레스 에너지를 발산시킬 수 있는 방법에는 운동이 있다. 사람들은 흔히 학교나 직장에서의 압박감, 상사의 명령, 교통 혼잡 등이 스트레스라고 생각한다. 그러나 이는 스트레스 반응을 일으키는 유발인자이며 스트레스란 위험시기에 그것을 방어하기 위해 각성이 증가되어 있는 고에너지 상태이다. 즉 스트레스 반응은 밖에 있는 것이 아니고 우리 몸 안에서 일어나므로 운동은 이러한 과도한 에너지를 분산시키는 가장 합리적인 방법이다. 신체적 운동은 스트레스가 몸에 쌓이는 것을 막아준다. 걷기나 달리기, 수영, 요가 등 자기에게 맞는 운동을 정기적으로 하는 것이 큰 도움이 된다. 또한 좋은 식습관과 숙면 역시 우리 마음을 건강하게 유지하게 한다. 우리의 마음과 몸은 서로 연결되어 있기 때문에 자기 몸을 건강하게 잘 돌보는 것이 스트레스를 잘 견디는데 도움이 되고 스트레스를 잘 조절하면 신체건강도 잘 유지할 수 있다. 규칙적인 운동은 스트레스에 대한 배출을 할 수 있게 하고 신체 조절이 가능하게 한다. 운동은 하루나 이틀 간격으로 계속해야 하는데 적어도 한 번에 30분씩 일 주일에 3번 이상 하는 것이 좋다.

③ 심호흡 · 근육이완 · 명상

스트레스에 대하여 우리의 몸은 자동적이고 즉각적인 반응을 보이지만, 우리의 몸은 또한 의지에 의해서 스트레스 반응의 효과를 반전시킬 수 있다. 이를 이완 반응이라고 하는데, 이완 반응은 맥을 느리게 하고, 혈압을 하강시키고, 호흡을 감소시키고 근육을 이완시킨다.

스트레스를 받게 되면 우리는 호흡을 얕게 하거나 자기도 모르게 멈추고 있게 되는데 그러면 우리 몸에 산소 공급도 줄고 근육긴장을 일으켜 두통을 일으키게 된다. 스트레스를 받는다고 느끼면 잠시 몇 분이라도 느긋하게 앉아서 깊고 천천히 숨을 들이쉬고 내쉬는 것을 반복한다. 하루 중 일정한 시간을 이렇게 긴장을 푸는 시간으로 쓰면서 눈을 감고 편안하고 안락한 장소에 있다고 느끼면서 심호흡을 해본다. 조용한 호수가나 벽난로 가에 앉아 있는 다든지 애완동물을 가볍게 쓰다듬는다든지 흔들의자에 앉아 휴식을 취할 수 있는 등의 이완 방법이 있다. 또한 명상이나 자기 최면 등을 통한 깊은 이완 상태는 수면보다 실제적으로 편안함을 제공한다. 운동이 불가능한 날에는 이완 방법으로 신체의 스트레스 정도를 낮출 수 있다. 운동은 스트레스 에너지를 분산시키고 이완 방법은 스트레스를 중화하여 진정하는 효과를 가져다준다. 하루에 한 번이나 두 번씩 적어도 20분 정도가 몸에 유익하다.

④ 수면

일반적으로, 수면은 스트레스 해소에 매우 중요하다. 만성 스트레스 환자에게는 대부분 스트레스로 인한 불면 증세와 피곤을 느끼는 악순환이 반복된다. 스트레스 환자의 경우 숙면은 피로 회복에 도움을 주어 보다 원활하게 일상생활에 적응할 수 있게 하는 원동력이 된다. 대부분 사람들은 자신의 필요 수면량(평균 7~8시간)을 잘 알고 있지만 의외로 많은 사람이 만성적으로 수면이 부족한 상태이다. 먼저 보통 때보다 30~60분 먼저 수면을 취하고 수일이나 수주 후 결과를 본 뒤 그래도 피곤하면 그보다 30분 더 빨리 자도록 한다. 너무나 많은 잠 역시 좋지 않다. 낮잠은 짧게 오전에 취하는 것이 좋다. 30분 이상의 낮잠은 몸을 오히려 나른하게 만들 수 있으며, 특히 불면증이 있으면 낮잠을 피해야 한다.

※ 효과적인 수면을 취하는 방법

- 얼마나 잠자야 될지 알아내라
- 수면을 자연 리듬에 맞추려면 일어나는 시간을 일정하게 하라
- 점심 먹고 노곤해질 땐 활동적인 일을 해라
- 커피나 술은 수면의 적
- 잠자리에서 딴 짓 하는 것 손해
- 운동이 수면제

⑤ 휴식 및 여가

일을 할 때, 일의 속도를 조절하는 것과 일과 휴식의 균형을 이루는 것이 중요하다. 일을 할 때 먼저 스트레스와 에너지 상태를 점검하고 이에 따라 자기 자신이 속도를 조절한다. 속도 조절에 있어서 중요한 열쇠는 주기적인 휴식이다. 나쁜 스트레스를 받을 때 가장 먼저 나타나는 증상이 피로인데, 사람들이 이를 무시하는 경향이 있다. 그러나 극도의 피로감을 느끼는 것은 반드시 피해야 한다. 잠을 자더라도 깊은 잠과 꿈을 꾸는 잠이 약90~120분 간격으로 이루어지는 것과 마찬가지로 하루를 통해 에너지와 집중력이 최고조에 달하기까지에는 저 에너지와 비능률 상태가 되는 주기가 있다. 따라서 2시간 일에 20분 정도의 휴식이 필요하다고 할 수 있다. 일과 여가의 균형에 있어서 여가 시간과 스트레스 수준은 반비례한다. 여가가 적으면 더 많은 스트레스를 받는다. 여가란 라틴어로 허가를 뜻한다. 충분한 여가를 갖지 못하는 사람은 자신에게 여가를 즐길 수 있는 시간을 허락하지 않는다는 의미이다. 여가란 가장 즐거운 스트레스 해소책의 하나이다.

⑥ 시간 관리

많은 경우 스트레스는 지나치게 많은 일을 하려고 하거나 시간 관리를 잘 못했을 때 오게 된다. 욕심을 부리지 말고 미리 자기에게 적절한 스케줄을 정하고 자기가 할 수 있는 한계를 아는 것이 제일 중요하다. 해야 할 일의 목록을 먼저 만든 다음 하나씩 해결해 나가는데 이때 중요도를 정해서 가장 중요한 것을 가장 먼저 하도록 한다.

⑦ 대화

스트레스를 받으면 긴장도가 올라가는데 긴장도를 낮춰주지 않으면 엉뚱한 곳에서 터질 수가 있다. 긴장도를 낮추는 방법 중 하나는 다른 사람에게 얘기를 하는 것이다. 가장 믿을 수 있는 가족이나 친구, 부모님, 교수님이나 동료가 될 수도 있다. 얘기를 하는 동안 긴장이 풀리면서 스스로 문제의 핵심을 이해하게 되기도 하고 다른 사람들의 새로운 견해를 듣게 되면 생각보다 문제가 쉽게 풀리기도 한다.

⑧ 금연 · 금주

스트레스를 받게 되면 술이나 담배를 더 하게 되는 경우가 많다. 술이나 담배는 스트레스의 원인을 해결해주지는 않는다. 일시적으로는 마음이 편안해진다고 느낄 수 있지만 문제를 잠시 가려둘 뿐이다. 괴로워서 술이나 담배를 오랫동안 사용하거나 의존하게 되면 이로 인해 오히려 더 많은 문제들이 발생하고, 악순환이 생기면 스스로도 빠져나올 수 없게 된다.[4)]

2) 사고의 변화

(1) 현실적 기대

일반적으로 스트레스는 비현실적인 기대로부터 생긴다. 사람은 태어날 때부터 긴장하고 있지는 않는다. 성장하면서 자기가 어떤 일에 기대했던 것과 일치하지 않을 때 당황하고 긴장한다. 실제로 주어진 상황의 문제 해결은 직면해서 하는 것보다 시간적 여유를 확보해서 대처하는 것이 능률적이다. 사람들에게 그들의 예상이나 기대가 비현실적이라는 것을 알려주는 것이 매우 큰 도움이 될 수 있다.

(2) 재구성하기

독창적이고 효율적인 스트레스 해소법 가운데 하나가 재구성이다. 재구성이란

4) 서울대학교 정신건강센터, http://wellbeing4u.snu.ac.kr/html/stress

어떤 일에 대해 더 좋은 방향으로 사물을 볼 수 있도록 방법을 변화시키는 기술이다. 재구성하기는 똑같은 상황을 해석하는 데 여러 방법이 있다는 것에서부터 시작한다. 보는 관점에 따라 대답만 다를 뿐 상황은 똑같다. 물이 반밖에 남지 않았다고 인지하는 것과 물이 아직도 반이나 남아있다고 인지하는 것에는 심리적으로 큰 차이가 있다. 즉, 재구성하기란 같은 사물을 보는 많은 방법 중에서 나은 것을 선택하는 것이다.

재구성은 외부의 사실을 변화시키는 것이 아니고 단순히 어떠한 일을 새로운 각도에서 보도록 도와주는 것이다. 경우에 따라 어떤 어려운 문제를 오히려 자기에게 주어진 좋은 기회로도 활용할 수 있다.

(3) 관념의 방식

많은 스트레스가 관념으로부터 생긴다. 우리가 사실상 진실이라고 믿고 있는 것은 수많은 전제와 가설을 바탕으로 한다. 우리들이 가지고 있는 관념의 대부분은 자기도 모르는 사이에 무의식적으로 형성되고 지켜지고 있다. 관념이 스트레스를 일으키는 경우는 두 가지가 있다. 첫째는 관념의 결과로 생긴 행동이다. 예를 들어, 즐기기 전에 일을 해야만 한다고 믿는다면 결과적으로 여가를 적게 갖게 된다. 관념이 스트레스를 일으키는 두 번째 경우는 다른 사람들의 관념과 갈등이 있을 때이다. 자기 아이가 옷을 갈아입지 않고 몇일 동안 같은 옷을 입고 다녀 그 아이를 나무라는 부모가 있었다. 그 부모에게 왜 참지 못하고 야단을 치냐고 물었더니, 사람은 매일 옷을 갈아입어야 한다고 자기 어머니가 가르치셨다고 대답하였다. 이는 진실이라고는 할 수 없고 단지 자기가 자라온 방법에 기본을 둔 의견일 뿐이다.

이러한 갈등의 문제는 옷이 아니라 단지 의견의 차이일 뿐이다. 사람은 자신의 믿음이 진실이 아니라는 것을 알게 되면 분노가 사그라지는 것을 느끼는 경향이 있다. 즉, 마음을 여는 연습을 하면 할수록 스트레스가 감소될 수 있다.

(4) 감정의 표출

흥분이 된 상태에서 자신의 문제를 남에게 이야기하고 나면 좀 나아지는 것을 느낄 수 있다. 상대방이 이야기하거나 울거나 자백할 때, 믿고 명확히 들어준다면 상대방의 불안감이 상당히 줄어든다. 듣는 사람은 말을 많이 해서는 안 되며 정중하게 듣고 관심을 보여주어야 한다. 감정을 표출하게 하고 보조를 잘 해주는 것이 매우 도움이 된다. 감정 표출의 또 하나의 방법은 화가 났을 때 화를 나게 한 사람에게 편지를 쓰는 것이다. 물론 이 편지는 보내서는 안 되며 한 번 쓴 다음에는 읽지 않고 없애버려야 한다. 그 편지를 다시 읽게 되면 다시 혼란스러워지고 분노의 불길이 되살아나는 것이 되기 때문이다. 글을 씀으로서 자기의 감정을 표출할 수 있어서 당면한 스트레스를 벗어날 수 있다.

(5) 유머

유머는 훌륭한 스트레스 억제제이며 개인적인 훈련에 의해 습득할 수 있는 능력이다. 어떤 사람에게는 재미있는 이야기가 다른 사람에게는 상처를 줄 수도 있다. 만약 도움이 될 수 있을 것 같은 우스운 얘기가 생각났다면, 이 얘기가 상대방의 긴장을 풀어줄 것 같거나 상처를 주지 않을 것이라고 느낀다면 그것을 이야기하는 것이 좋다. 유머는 여유 있는 마음으로부터 시작되며, 유머를 통해 긴장이 이완되고 불안 상태를 벗어 날 수 있다.

(6) 건전한 자존심 높여주기

건전한 자존심 수준은 스트레스를 감소시키는 데 결정적이다. 자존심을 향상시켜야 한다면, 언제나 따라다니면서 부정적인 영향을 미칠 수 있는 독백을 제거하고, 성공했던 경험을 되새겨 보는 시간을 마련해 보도록 하라.

(7) 내적 통제감 갖기

내적 통제감이란 자신의 삶이 외부 요인에 의해 결정되는 것이 아니라 스스로의 힘으로 일구어질 수 있다는 믿음을 말한다. 자존심을 높이게 되면 내적 통제감이 늘어나는데, 높은 통제감은 신체적 건강과 정신 상태에 유익한 효과를 미칠 수 있다.

3) 스트레스에 대한 자극강도 줄이기

- 현실적이고 구체적인 목표를 설정한다. 원대한 목표를 달성하기 위해 우선 현재 할 수 있는 일들을 구체적으로 계획하여 한 단계씩 진행한다.
- 인생과 삶에 대해서 좀 더 낙관적 견해를 갖도록 노력한다. 낙천성은 스트레스의 나쁜 영향을 경감시켜 준다. 항상 긍정적인 마음으로 자신과 남의 좋은 점들을 발견하도록 애쓰며 그 점을 칭찬한다.

4) 반드시 지녀야 할 마음자세

- 아무리 조그만 것이라도 좋은 일이 있으면 감사하는 마음을 가진다.
- 항상 웃는 얼굴을 가져라.
- 주변에 넓고 깊은 사회 지지망을 가져라. 정서적 지지망 중에 대표적인 것은 가정으로 가족과의 따뜻한 애정, 다양한 계층의 사람들과의 교류는 삶을 살찌게 하고 쌓인 스트레스를 해소하는 좋은 기회가 된다.
- 대화를 즐겨라.

  마음을 연 대화야말로 쌓인 스트레스를 해소하는 가장 좋은 방법이다. 정신과적으로는 이를 '환기(ventilation)'라고도 하는데, 비단 자신에게 쌓인 불만을 털어놓을 때만 스트레스 해소의 효과가 있을 뿐 아니라, 서로 일치되고 이해하고 공감하는 대화야말로 평소에 쌓인 스트레스를 없애주는 가장 좋은 청량제가 된다.

  특히 부부간의 대화가 중요하다. 누구보다도 가장 쉽게 자신의 마음을 이해할 수 있는 사람은 배우자로 부부는 결혼 초부터 서로 대화하는 방법을 익혀야 한다. 나이가 들수록 주위의 사람들은 멀어져가고 부부간의 원활한 의사소통이 스트레스를 예방하고 해소할 수 있는 가장 손쉬운 방법이다.

- 즐거운 마음으로 일을 해야 한다.
  물론 자신에게 적합하지 않은 임무나 적당히 거절해도 좋은 일들은 피하는 것이 좋으나 이 바쁘고 복잡한 사회생활을 하다보면 그것이 그리 용이하지 않다. 이럴 때는 짜증을 내고 화를 내가며 일하는 것보다는 이왕에 처리해 내야 할 일들이라면 긍정적인 자세로 적극적으로 일을 처리해 나가야 한다. 사실 일하는 것만큼, 또 어떤 일을 완수해 냈을 때만큼 마음의 충족감을 얻을 수 있는 경우도 많지 않다.[5)]

5) 스트레스 관리 지침

- 부정적인 스트레스 반응을 예방하는 방법은 업무 세계에서 자신에게 적절한 분야를 찾는 것이다.
- 생활에서 스트레스를 정직하게 인정한다.
- 당신 업무와 가치사이의 적합성을 살펴본다. 당신이 중요하다고 여기는 활동에 시간과 에너지를 쓰고 있는가? 예를 들어 당신이 가족과 친구에 가치를 둔다면, 그들과 함께 있을 수 있는 선택을 하겠는가? 반대로 당신이 일에서의 생활이 개인적 혹은 가족생활보다 더 재미있다고 생각한다면 그것도 정직하게 직면해야 한다. 일반적으로 사람들은 실제로 하기 원하는 것과 진심으로 가치를 두는 것을 위해 시간을 낸다. 스트레스 관리는 가치 있게 여기는 것을 명확히 하는 것이다.
- 개인적 그리고 직업적 생활 모두에서 긍정적인 부분을 인식하고 즐기는 시간을 갖는다. 당신의 업무에서 부족한 것과 부정적인 부분에 집착하지 않는다. 유머 감각을 키운다. 일을 열심히 하고 최선을 다해서 하지만 너무 지나치게 떠맡지는 않는다.
- 일과는 매우 다른 활동에 참여할 수 있는 외부 관심과 취미를 개발한다. 무언가 다른 일을 하는 것은 작은 휴가와 같다. 일상생활의 단순한 일로부터 얻을 수 있는 진정한 즐거움을 과소평가하지 않는다.

---

5) http://www.kfta.or.kr/board/pds/view.

- 운동, 양질의 영양섭취, 적절한 수면을 통해 스트레스의 해로운 영향으로부터 자신을 보호할 수 있다. 알코올, 니코틴, 카페인 등 다른 약물사용을 줄이거나 끊는다. 정기검진을 받고 고혈압, 비만, 우울 등을 치료 가능한 상태로 유지하게 위해 필요한 조치를 취한다. 복잡하고 분화된 건강관리 체계에서 자신의 건강에 책임을 지는 것이 필수적이다.
- 일하는 동안에 여러 차례의 휴식을 취한다. 간단하지만 즐거운 휴식을 취한다. 예를 들어 점심시간에 산책하는 것, 계절의 변화를 알아차리는 것, 유머책을 읽는 것, 놀고 있는 아이를 바라보는 것 등이다. 서류 작업 동안 간단한 신체적 운동도 휴식을 가져온다. 혹은 계단을 몇 개 오른다.
- 시간 관리를 배운다. 결과적으로 시간관리는 스트레스 관리이다. 적절히 시간을 관리할 때, 보다 많은 것을 성취하고 효과적일 수 있다. 이것은 업무에 대한 만족감에도 기여한다.
- 통제할 수 없다는 느낌은 스트레스의 주요 원인이다. 당신이 업무에서 통제력을 잃게 된다면, 자신이 하는 일을 즐기는 것처럼 보이는 경험 있는 사회복지사에게 자문을 구한다. "당신이라면 무엇을 하겠는가?" 변화를 시도하지 않으면 문제는 더욱 나빠질 것이다. 우선순위를 정하는 것이 첫 단계이고, 다음은 우선순위에 따라 시간과 에너지를 투자한다.
- 당신의 좌절을 공유할 수 있는 동료 혹은 친구로 지지 집단을 마련한다. 함께 시간을 보낼 즐거운 방법(외식, 영화보기, 산책하기, 여행 등)을 찾는다.
- 업무와 관련된 대부분의 과업에서, 완전함을 요구하지 않음을 인식한다. 당신과 다른 사람 모두는 실수를 했고 앞으로도 계속할 것임을 인정한다. 이전의 성취를 생각하는 것은 실수 혹은 패배로부터의 회복을 돕는다.
- 장거리 선수와 같이 지치지 않고 지속할 수 있는 속도로 페이스를 조절한다. 대부분의 사람의 경우, 많은 일을 못하는 것보다 몇 가지 일을 잘하는 것이 더 낫다. 적어도 매일 한 가지의 중요한 일을 달성하기 위해 업무 활동을 배치한다. 이것이 놀랄 만한 만족감을 가져다 줄 것이다.
- 개인적 문제가 있을 때 믿을 만한 친구 혹은 전문가로부터 도움을 구한다. 도움을 구하지 않은 기간이 길어질수록, 생활의 점점 많은 부분이 부정적인

영향을 받게 될 것이다.

- 특별한 의미를 갖는 생각 혹은 격언, 정신을 고양시키거나 달래 주는 것에 귀를 기울인다. 예를 들면 다음과 같다. "갑작스러운 불행에서 너를 보호할 영적인 힘을 키워라. 그러나 불길한 상상으로 자신을 괴롭히지 말라. 많은 공포는 피곤과 외로움으로부터 나온다. 몸에 좋은 훈련 이상으로, 자신에게 부드러워져라."
- 스트레스 관리기법을 배우고 필요한 변화를 만들기 시작한다. 너무나 빨리 많은 변화를 만들려고 하지 않는다. 작은 단계들이 올바른 방향으로 증가될 것이다. 클라이언트에게 사용하는 기법을 자신에게 적용한다. 예를 들어, 스트레스가 많은 사람들 사이의 과업에 직면할 때 불안감을 줄이고 자신감을 키우기 위해 행동 시연 혹은 역할 연습기법을 사용한다.
- 두려움을 다루는 기법으로 두려움을 매우 과장하도록 한다. 예를 들어, 당황하는 것을 두려워한다면, 홍당무가 되고 땀을 몹시 흘리고 팔목에서 시계가 진동할 정도로 몹시 떨고 있는 자신을 마음속에 그려본다. 우스울 정도까지 자신의 두려움을 과장하는 것은 웃음을 자아내고 두려움을 관조하게 돕는다.
- 대부분의 업무환경에 공통된 스트레스 원인, 즉 열악한 작업조건, 비합리적 마감시간, 과중한 업무량, 방해 등에 문제해결과 조직변화 기법을 적용한다. 심각한 문제는 주의 깊은 분석과 개입을 요구한다. 개입하지 않으면, 스트레스의 원인이 사라지지 않는다. 무엇이든 해야 한다

이러한 특징들이 우리가 경험하는 스트레스를 야기하지만 보통 사람들은 그러한 영향을 인식하지 못한다. 매일 해야만 하는 결정의 수를 줄임으로써 속도를 늦추고 생활을 단순화시키는 방법을 찾는다. 예를 들어, 옷장과 음식을 간단하게 하면 무엇을 입고 무엇을 먹을 것인가에 대한 결정이 줄어들 것이다. 불필요한 소지품, 주의를 요하고 시간과 돈을 소비하지만 기쁨과 여유는 거의 제공하지 않는 활동을 포기한다. 생활에서 '일'을 가족 및 친구와의 의미 있는 관계로 대체한다.[6]

6) http://web.search.daum.net/wsa/search

〈표 6-3〉 스트레스 진단 점검표

◎ 다음은 YMCA 시민 자구 운동 본부에서 활용되고 있는 자가 진단표이다. 현재 자신이 느끼고 있는 스트레스 상태가 어느 정도 인지 점검해 보기 위해 해당항목에 체크하시오.

문항	스트레스 상태	체크(V)
1	즐겁고 재미있는 일이 있어도 마음으로는 즐길 수 없으며 웃지 않는 일이 있다.	
2	커피, 담배, 술 등이 늘어나고 있다.	
3	사소한 일, 쓸 데 없는 것에 마음이 끌려 어쩔 줄 모른다.	
4	매사에 집중할 수 없는 경우가 있다.	
5	아찔할 때가 있다.	
6	타인의 행복을 부럽게 느끼는 경우가 있다.	
7	기다리는 것을 참지 못할 때가 있다.	
8	욱하거나 신경질을 낸다	
9	잠이 얕고 도중에 잠이 깰 때가 있다.	
10	때때로 머리가 아플 때가 있다.	
11	잠들기가 어렵다.	
12	식욕이 이상할 정도로 떨어진다.	
13	자신감을 가질 수 없고, 이전과 같은 자신감이 사라져 가고 있다.	
14	등, 목덜미, 어깨가 쑤시거나 아프거나 할 때가 있다.	
15	쉽게 피곤하고 늘 피곤한 느낌을 갖고 있다.	
16	타인의 대화가 자신에 관한 일이 아닌가 하고 마음이 쓰인다.	
17	사소한 일에도 식은땀이 나고 가슴이 두근거릴 때가 있다.	
18	뭔가 자신에게 나쁜 일이 일어나지 않을까 하고 불안해지는 경우가 있다.	
19	타인에게 의지하고 싶은 마음이 강해진다.	
20	나는 이제 틀렸다고 생각하는 일이 있다.	
총계(체크 표시한 문항 수)		

※ 체크 표시를 한 항목이 0~6개 일 때 : "심신 상태 양호"
체크 표시를 한 항목이 7~15개 일 때 : "그대로 방치하면 스트레스가 쌓여 몸의 상태를 무너뜨릴 우려가 있다"
체크 표시를 한 항목이 16~20개 일 때 : "스트레스가 상당히 누적되어 건강을 해치 고 있는" 상태이며, 전문가와 상담하여 도움을 받는 것이 좋다.

※ 스트레스를 극복하기 위해, 어떤 긍정적인 활동을 하는 지 말해보자. 이러한 활동을 하기 전과 하는 동안에 어떤 기분이 들었는지 말해보자.

* 자료 : http://mentor.hallym.ac.kr/life/view.

Chap. 7

폭염 안전관리

1. 폭염의 이해
2. 폭염대비 행동 요령
3. 폭염에 의한 온열 질환과 대처요령

제7장 폭염 안전관리

1. 폭염의 이해

폭염(extreme heat)의 일반적인 정의는 일정 온도 이상의 기온이 수 일 동안 지속되는 것을 말한다. 그러나 폭염에 대한 정의는 나라마다, 지역에 따라 더운 날씨의 영향이 다르게 나타날 수 있기 때문 각 지역별, 민족의 특성에 따라 그 개념과 특성이 다르게 정의된다.

1) 외국의 폭염 정의

(1) 미국

연방 기상청(National Weather Service)과 재난방재청(FEMA)에서 그 정의가 상의하며 각 지역별로 폭염경보를 발령하는 기준이 다르다.

- 미국 기상청(National Weather Service)에서는 폭염(Heat Wave)의 정의를 기온이 90.0°F(32.3℃)를 초과하는 일이 연속하여 3일 이상 지속되는 현상으로 정의[1)]
- FEMA(Federal Emergency Management Agency) : 평년 기온보다 특정 지역이 10°F 높은 기간이 수주 지속되는 경우 폭염(Extreme Heat)로 정의
- 텍사스 주 달라스 지역의 경우 100.0°F(37.83℃)를 넘는 날이 3일 이상 나타나는 경우 폭염으로 정의

1) Heat -related illness and death-United States, 1994-1995. MMWR Morb Mortal Wkly Rep. 1995:44(25): 465-8

(2) 캐나다의 경우

- 매우 더운 날씨가 계속되고 이로 인한 사망률이 높아질 확률이 90%에 이르는 경우 alert를 발령. 이 경우 heat alert과 extreme heat 으로 구분하여 사용

(3) 프랑스의 경우

- 30℃ 이상인 날이 4일 이상 계속되고 최고기온이 36℃에 다다를 경우를 폭염으로 정의하고 경보를 발령
- 3단계 경보 체계를 기준으로 각 상황을 판정

(4) 스페인의 경우

- 스페인 남부 안다루시아Andalucia 지방의 경우 최고기온이 41℃가 넘는 경우 휴대전화 문자를 통한 경보를 발령 -> 스페인의 경우 여름철 기온이 높은 관계로 다른 유럽에 비하여 높은 폭염 기준을 보유하고 있음

2) 우리나라의 폭염 정의

폭염의 한자는 햇볕쪼일 폭(暴), 불탈 염(炎)으로 매우 더운 날씨를 말하는데, 특정 온도를 기준으로 기상청에서는 폭염 주의보와 폭염 경보를 발령하고 있다.

우리나라는 장마가 끝난 후 북태평양 기단의 가장자리에 드는 시기에 고온 다습한 날씨가 며칠 혹은 몇 주 동안 계속되는 경우가 종종 발생하는데, 주로 이때 폭염이 발생한다.

일반적으로 일 최고기온이 33℃이상일 때를 폭염이라고 하며, 국내에서는 일 최고기온이 33℃이상이 2일 이상 지속될 때는 주의보, 35℃이상이 2일 이상 지속될 때는 경보를 발령하고 있다. 이외에도 고온 다습한 환경을 고려하기 위해 열지수 정보를 사용하기도 한다.

우리나라의 경우 기상청에서 발표하는 최고기온인 열파지수가 100이상인 날이 3일 이상 지속되는 경우를 폭염이라고 정의할 수 있다.

기온과 습도로 표현하면 기온이 30도 이상이며 상대습도가 75%인 경우 열파지수가 95 정도로 예측 가능

- 기상청에서는 여름철 고온현상을 최고기온을 예보하여 폭염, 불볕더위 등으로 예보
- 실제 생활기상의 경우 선진국에서의 경우와 같이 extreme heat의 정의보다는 열대야(밤의 최저기온이 25℃를 웃도는 경우)를 주요 더위의 기준으로 활용하고 있음
- 그러나 기상청은 웹페이지를 통하여 선진국과 유사한 기준인 폭염을 열파(Heat Wave)라는 측정 기준으로 정의하고 이 수치를 발표하고 있음
  열파란 "비정상적이고 불쾌한 느낌을 주는 덥고 습한 날씨가 지속되는 기간"을 말함.
- 최근 여름의 기간이 길어지고 온난화, 열섬 현상의 원인으로 최고기온이 30℃를 넘어 40℃를 기록하는 날이 증가되고 있는 현상을 보이고 있음[2)]
  폭염으로 인해 매년 평균('11~'16년) 1,059명의 온열질환자와 11명이 사망하고, 가축 2,103천여마리와 어류 5,675천여마리가 폐사하는 피해가 발생하였다. 폭염은 물 부족, 전력사용 급증 등으로 인한 1~3차 산업에 직접적인 피해는 물론 불쾌지수 상승으로 사회적 문제 야기 등 많은 피해를 유발한다.

이와 같은 경우에는 햇볕을 쬐는 것만으로도 인체에 해가 될 수 있으므로 야외 활동을 자제하는 것이 좋으며 충분한 수분을 섭취하는 것이 중요하다.

3) 폭염의 원인과 특징

기후변화의 가장 대표적인 특징은 기온상승이다.

기후변화로 인한 여름철 평균기온의 상승은 폭염일수의 빈도와 강도를 증가시킨다. 폭염의 주요 원인은 지구 온난화, 엘니뇨현상, 티벳고원의 적설량 감소, 열섬 현상 등이다. 온실가스 배출을 감소시키려는 노력에도 불구하고 기온상승은

2) 행정안전부 국민재난안전포털, http://www.safekorea.go.kr/idsiSFK/593/menuMap.do?w2xPath=/idsiSFK/wq/sfk/cs/csc/bbs_conf.xml&bbs_no=9&viewtype=read&bbs_ordr=664

계속되어 21세기 말까지는 평균 기온이 1.8~6.4℃ 정도 증가할 것으로 예상되고 있다.

폭염으로 인해 건강에 많은 위협이 되고 있다. 특히, 65세 이상 노인이나 5세 이하의 어린이, 고혈압·심장병·당뇨병·정신질환 등 만성질환자, 알코올에 중독된 사람, 저소득층, 독거노인 등 사회적·경제적으로 열악한 사람들은 폭염으로 인한 건강피해를 많이 받을 수 있다

4) 건강에 미치는 영향 및 관련 질환

(1) 폭염에 대한 인체반응

인체는 37℃의 일정한 체온을 유지하고 있다. 인체의 온도가 이 범위를 넘으면 다양한 체온조절기전에 의해 항상성을 유지할 수 있다. 체온은 열 생산과 열손실의 균형에 의해 조절되며, 대사과정에 의한 생화학적 열 생산, 피부와 호흡기를 통한 수분증발에 의한 열손실, 전도와 대류에 의한 열 이동 및 열복사 등에 의해 조절한다. 체온은 시상하부에 위치한 체온조절중추를 통해 조절된다. 또한, 피부와 심부조직은 한랭 및 온열 수용체를 가지고 있어 체온조절의 보조적인 역할을 한다. 폭염에 노출되면 체내의 열 생산 기전은 모두 억제되고 피부혈관의 확장이나 발한, 호흡촉진 등을 통한 열 발산이 증가한다. 폭염에 노출되었을 때는 다음의 세 가지 기전에 의해서 체온조절이 이루어진다.

① 심혈관계 조절(cardiovascular regulation)

폭염 속에서 매우 중요한 체온조절 기능이다.

폭염 하에서 피부혈관 확대가 일어나 피부온도를 높여서, 복사에 의한 체열방출을 크게 한다.

심장에서는 피부표면의 혈액량을 증가시키기 위해 맥박이 빨라지고 심박출량을 증가시킨다.

② 화학적 조절(chemical regulation)

폭염 속에서는 기초대사에 의한 체열발생이 감소하는데 식욕부진이 오고 섭취량이 감소한다.

③ 물리적 조절(physical regulation)

폭염 속에서 발한에 의한 증발열을 통해 체열방출을 하는데, 1cc의 땀은 0.58 kcal의 증발열을 체외로 방출시킬 수 있다. 특히 환경온도가 34℃ 이상이 되면 모든 체열방출은 증발에만 의존한다. 따라서 온열질환 특히 열사병의 발생에는 증발의 역할이 매우 중요하다.

(2) 폭염에 위험한 개인별 특성

사람은 열에 다르게 반응하기 때문에 온열질환에 걸릴 기회를 증가시킬 수 있는 공통적인 위험 요소를 아는 것이 중요하다.

- 적응 부족 : 인체를 폭염환경에 적합하게 조절하는 것이 적응이다. 폭염에서 규칙으로 활동하는 사람은 그렇지 않은 사람보다 온열질환 위험이 낮다.
- 허약한 육체 : 육체적으로 건강한 사람은 일반적으로 열 스트레스를 더 잘 극복하며 온열 질환을 겪을 가능성이 적다. 걷기, 달리기, 자전거 타기 및 수영과 같은 규칙적 유산소 운동은 육체적 건강 수준을 높일 수 있다.
- 비만 : 지나친 지방은 단열을 증가시키고 열손실을 줄인다. 체중이 과다한 사람은 활동 중에 더 많은 열을 생산할 수도 있다.
- 연령 증가 : 나이가 든 사람(40세 이상)은 일반적으로 폭염을 극복하는 능력이 낮다. 나이 든 성인은 심장기능의 효율이 떨어져 발한이 늦게 시작하고 속도가 느리다.
- 기존 질환 및 치료 : 일부 기존 질환 및 치료는 열 스트레스를 극복하는 개인의 능력을 감소시킬 수 있다. 예를 들면, 저염 식단은 과잉 열을 효과적으로 제거하는 인체의 능력을 약화시킨다. 심장질환은 폭염에 의해 악화될 수 있다. 온열 질환의 위험을 증가시킬 수 있는 기존질환에는 당뇨병, 낭포성

섬유증 및 갑상선 기능 항진증이 포함된다.

- 단기적 장애 및 가벼운 질병 : 설사나 구토는 과다한 수분 손실을 초래하며, 폭염을 극복하는 능력을 감소시킬 수 있다. 몸이 불편한 근로자는 다시 건강이 좋아질 때까지 폭염에서 작업하지 말아야 한다. 수면부족도 온열 질환의 위험을 증가시킬 수 있다.
- 만성 피부 질환 : 발진, 피부염, 치료된 화상 흔적 및 피부에 넓게 퍼진 피부 질환은 땀을 흘리는 인체의 능력을 제한할 수 있다. 피부 문제 또한 열에 노출될 때 악화될 수 있다.
- 약물사용 : 폭염 속에서 작업할 때 문제를 일으킬 수 있는 일부 약물은 다음과 같다.
  - 항콜린성 약물
  - 항히스타민제
  - 항정신성 페노티아진(신경안정제)
  - 베타 차단제
  - 칼슘 통로 차단제
  - 환계 항우울제
  - 이뇨제
  - 리튬
  - 모노아민 산화효소 억제제

  위 목록은 전체 목록이 아니며, 폭염 속에서 활동하는 사람은 약물 부작용을 주치의와 상의해야 한다.
- 알코올과 위법 약물 : 알코올 섭취는 수분 손실을 증가시키며 심지어 적응된 근로자의 탈수를 초래할 수 있다. 일부 위법 약물은 내부 체열은 증가시키고 열손실 능력을 감소시킨다.
- 과거의 열사병 : 이전에 열사병을 겪은 근로자는 재발 위험이 높다. 온열질환은 온열인자 등의 환경적 인자 뿐 아니라 사람의 복장, 수분공급 여부, 고온순화도 및 활동량 등 여러 요인에 의해 발생한다.

2. 폭염대비 행동 요령

1) 사전준비

- 여름철에는 항상 기상상황에 주목한다.
  - 여름철에는 TV, 라디오, 인터넷 등을 통해 무더위와 관련한 기상상황을 수시로 확인한다.
- 열사병 등 온열질환의 증상과 가까운 병원 연락처 등을 사전에 파악한다.
  - 집에서 가까운 병원연락처를 알아두고, 본인과 가족의 열사병 등 증상을 확인한다.
  - 어린이, 노약자, 심뇌혈관질환자 등 취약계층은 더위에 약하므로 건강관리에 더욱 유의해야 합니다.
  - 더위로 인한 질병(땀띠, 열경련, 열사병, 울열증, 화상)에 대한 증상과 대처방법을 사전에 알아둡니다.
- 폭염예보에 맞추어 무더위에 필요한 용품이나 준비사항을 확인한다.
  - 에어컨, 선풍기 등을 사용할 수 있도록 사전에 정비한다.
  - 집안 창문에 직사광선을 차단할 수 있도록 커튼이나 천, 필름 등을 설치한다.
  - 외출 시를 대비하여 창이 긴 모자, 햇빛 가리개, 썬크림 등 차단제를 준비한다.
  - 정전에 대비하여 손전등, 비상 식음료, 부채, 휴대용 라디오 등을 미리 확인해 둔다.
  - 단수에 대비하여 생수를 준비하고, 생활용수는 욕조에 미리 받아 둔다.
  - 오래된 주택은 변압기를 사전에 점검하여 과부하에 대비한다.
  - 장거리 운행계획이 있다면 도로, 철도의 궤도 변형 등으로 교통사고 등이 발생할 수 있으므로 신중히 판단한다.
- 무더위 안전상식을 알아 둔다
  - 높은 기온, 열대야 등 발생 시 고농도 오존이 발생할 수 있으므로 주의한다.
  - 냉방기기를 사용하는 경우에는 실내 · 외 온도차를 5℃ 내외로 유지하여 냉방병을 예방하도록 한다.(건강 실내 냉방온도는 26℃~28℃가 적당)

- 무더위에 카페인이 들어간 음료나 주류는 삼가고, 생수나 이온음료를 마시는 것이 좋다.
- 여름철 오후2시에서 오후5시 사이에는 가정 더운 시간으로 실외 작업은 되도록 피한다.
- 여름철에는 음식이 쉽게 상할 수 있으므로 외부에 오랫동안 방치된 것은 먹지 않는다.

2) 폭염발생 시

(1) 일반 가정

- 야외활동을 최대한 자제하고, 외출이 꼭 필요한 경우에는 창이 넓은 모자와 가벼운 옷차림을 하고 물병을 반드시 휴대한다.
- 물을 많이 마시고, 카페인이 들어간 음료나 주류는 마시지 않도록 한다.
- 냉방이 되지 않는 실내는 햇볕을 가리고 맞바람이 불도록 환기를 한다.
- 창문이 닫힌 자동차 안에는 노약자나 어린이를 홀로 남겨두지 않도록 한다.
- 거동이 불편한 노인, 신체허약자, 환자 등을 남겨두고 장시간 외출할 경우에는 친인척, 이웃 등에 보호를 부탁한다.
- 현기증, 메스꺼움, 두통, 근육경련 등의 증세가 보이는 경우에는 시원한 곳으로 이동하여 휴식을 취하고 시원한 음료를 천천히 마십니다.
- 외부에 외출 중인 경우나 자택에 냉방기가 설치되어 있지 않은 경우 가장 더운 시간에는 인근 무더위쉼터로 이동하여 더위를 피합니다. 무더위 쉼터는 각 시청, 구청 홈페이지에서 확인할 수 있으며 평소에 위치를 확인해 둔다.

(2) 직장

- 휴식시간은 장시간 한 번에 쉬기보다는 짧게라도 자주 가지는 것이 좋다.
- 야외행사, 스포츠경기 등 각종 외부행사를 자제한다.
- 점심시간 등을 이용하여 10~15분 정도의 낮잠으로 개인건강을 유지한다.

- 직장인들은 편한 복장으로 출근하여 체온을 낮추도록 노력한다.
- 냉방이 되지 않는 실내에서는 햇볕이 실내에 들어오지 않도록 하고, 환기가 잘 되도록 선풍기를 켜고 창문이나 출입문을 열어둔다.
- 건설현장 등 실외 작업장에서는 폭염안전수칙(물, 그늘, 휴식)을 항상 준수하고, 특히, 취약시간(2~5시)에는 '무더위 휴식시간제'를 적극 시행 한다.

(3) 학교

- 초·중·고등학교에서 에어컨 등 냉방장치 운영이 곤란한 경우에는 단축수업, 휴교 등 학사일정 조정을 검토하고, 식중독 사고가 발생하지 않도록 주의한다.
- 냉방이 되지 않는 실내에서는 햇볕이 실내에 들어오지 않도록 하고, 환기가 잘 되도록 선풍기를 켜고 창문이나 출입문을 열어둔다.
- 운동장에서 체육활동 및 소풍 등 각종 야외활동을 자제한다.

(4) 축사·양식장

- 축사 창문을 개방하고 지속적인 환기를 실시하며, 적정 사육밀도를 유지한다.
- 비닐하우스, 축사 천장 등에 물 분무 장치를 설치하여 복사열을 낮춘다.
- 양식어류에 대해 꾸준히 관찰하고, 얼음을 넣는 등 수온 상승을 억제한다.
- 가축·어류 폐사 시 신속하게 방역기관에 신고하고 조치에 따른다.[3]

3. 폭염에 의한 온열 질환과 대처요령

폭염에 의한 건강문제는 햇볕에 의한 피부화상, 열사병, 열탈진, 열경련, 열피로 등이 발생할 수 있다.

---

3) 행정안전부 국민재난안전포털, http://www.safekorea.go.kr/idsiSFK/593/menuMap.do?w2xPath=/idsiSFK/wq/sfk/cs/csc/bbs_conf.xml&bbs_no=9&viewtype=read&bbs_ordr=664

폭염에 대한 인체의 순응은 5~6일이 지나면 가능하나 완전한 순응은 5~6년이 걸린다. 그러나 높은 기온에 장시간 노출되면 체온조절이 잘 되지 않으면서 건강장애가 일어난다. 무더위는 식욕 저하와 혈관 팽창으로 인한 혈액순환 속도를 빠르게 하며, 땀을 많이 흘리게 한다.

장시간 폭염에 노출되었을 때 생리적 영향과 반응을 살펴보면, 세포 손상으로 효소의 변성 또는 비활성화, 세포막 파괴로 단백질 합성장애, 열 스트레스로 인한 심장부담 증가 등이 있다. 열사병, 열탈진, 열경련, 열피로 등에 걸리게 되며 심하면 사망에 이른다. 온열 질환으로 인한 사망은 최고 기온이 나타난 1~2일 후에 가장 많이 발생하고, 열지수로 인한 사망은 최고 열지수 2~4일 후에 가장 많이 발생한다. 기온의 경우 평균값의 변화만이 아니라 건강 피해를 일으킬 수 있을 정도로 기온이 높은 날의 횟수가 중요하다.

1) 땀띠

- 땀을 많이 흘려 피부가 자극을 받으면 붉은색이나 무색의 좁쌀같은 발진이 생기는 것을 말한다. 긁으면 땀구멍이 막혀서 피부상태가 나빠지고 화상이나 습진으로 악화될 수 있다.
- 일단 환자를 시원한 곳으로 옮기고, 땀에 젖은 옷을 마른 옷으로 갈아입히고 상처부위를 잘 닦아 주어야 한다. 환자가 가려움증을 호소할 경우에는 의사의 진료에 따라 항히스타민을 처방할 수 있다.

2) 열사병(heat stroke)

- 열사병은 고온·다습한 환경에 노출되거나 바람이 통하지 않는 뜨거운 방에 오래 있을 때 체온조절기능의 이상으로 갑자기 발생하는 체온조절장해를 말하며 갑자기 의식상실에 빠지는 경우가 많지만, 전구 증상으로서 현기증, 두통, 경련 등을 일으키며 땀이 나지 않아 뜨거운 마른 피부가 되어 체온이 41℃ 이상 상승하기도 한다.

- 사망률이 매우 높아 치료를 하지 않는 경우는 100% 사망하고, 치료를 하더라도 심부체온이 43℃ 이상인 경우는 약 80%, 43℃ 이하인 경우는 약 40% 정도의 치명률을 보인다. 특히, 혼수상태가 지속되면 예후가 매우 불량한 것으로 알려져 있다.
- 주요 증상은 중추신경 장해이며 현기증, 오심, 구토, 두통, 발한 정지에 의한 피부건조, 허탈, 혼수상태, 헛소리 등 여러 가지 증상을 보인다.
- 즉시 119에 신고하고, 환자를 그늘로 옮겨 겉옷을 벗기고, 미지근한 물로 몸을 적셔 체온이 내려가도록 한 후 의사·의료기관 등의 지시에 따른다.
- 응급조치로 기도확보, 호흡확인, 순환확보가 되었다면, 정맥 내 주입선을 확보한 후 찬 생리식염수를 공급하여 심부체온을 39℃까지 떨어뜨려야 한다. 39℃ 이하로 체온을 하강시키는 경우 저체온증 우려도 있으므로 주의해야 한다. 환자가 발생한 경우, 지체 없이 입원시키는 것이 중요하며 구급차를 기다리는 동안 환자를 서늘한 장소로 옮긴 후 환자의 옷을 벗기고 선풍기 등을 이용하여 공기의 흐름을 원활하게 해준다. 체온을 떨어뜨리면서 발작이 생기는 경우는 디아제팜(diazepam), 떨림은 페노티아진(phenothiazine) 등으로 조절할 수 있다.

3) 열경련(heat cramps)

- 폭염 하에서 심한 육체 활동을 함으로써 수의근에 통증이 있는 경련을 일으키는 질환을 말하며 땀을 많이 흘렸을 때 우리 몸에 꼭 필요한 수분과 염분이 부족해서 생기는 것으로 주로 근육 중심으로 경련이 일어나는 증상이다. 심하면 현기증과 구토를 유발한다.
- 일반적으로 근육경련이 30초 정도 일어나지만 심할 때에는 2~3분 동안 지속되기도 한다.
- 경련은 어느 근육에나 일어나지만 다리 및 복부 근육과 같이 활동을 할 때 가장 많이 사용하여 피로한 근육에 주로 일어난다. 피부는 습하고 차가운 것이 특징이며 체온은 정상이거나 약간 상승한다.

- 의사의 진료에 따라 조치한다. 휴식이 가장 좋은 치료법이며 환자를 시원한 곳에 눕히고 생리식염수를 정맥주사하거나 먹인다. 경련이 일어난 근육은 마사지로 풀어준다. 고온 순화 여부는 주요한 발생요인 중 하나이다. 예방을 위해서 땀을 많이 흘린 후에는 반드시 수분과 염분을 함께 보충해주는 것이 중요하다.

4) 열실신(heat syncope)

- 폭염 속에서 피부의 혈관확장으로 인해 정맥혈이 말초혈관에 저류되고 저혈압, 뇌의 산소 부족으로 실신하거나 현기증이 나며 피로감을 느끼게 하는 증상을 말한다.
- 심한 육체 활동을 한 후 2시간 이내에 나타날 수 있다. 피부는 차고 습하며 맥박은 약하다.
- 일반적으로 수축기 혈압이 100 mmHg 이하를 보이게 된다. 시원한 환경에서 휴식을 취하고 수액을 보충하는 것이 중요하다.

5) 울열증

- 태양열 아래 오랜 시간 노출되었을 경우 체온은 매우 높지만 땀이 나지 않는 상태가 되고 두통과 구토증세를 동반하며 심할 경우 의식을 잃기도 할 수 있다.
- 그늘로 옮겨 겉옷을 벗기고 미지근한 물로 옷을 적셔 물이 증발하며 체온을 낮출 수 있다. 의식이 있을 경우 물을 주고, 체온이 돌아오면 옷이나 담요로 몸을 따뜻하게 하여 냉기를 없애준다

6) 화상

- 태양열로 인해서 피부가 그을리거나 수포까지 발생할 수 있다. 신체의 3분의

2이상 화상을 입으면 생명이 위험할 수 있다.

- 그늘로 환자를 이동시켜 햇빛에 노출되지 않게 하고 피부에 수포가 생긴 경우에는 거즈를 이용 덮어 주되 세균 감염 위험이 있으므로 수포를 터뜨려서는 안 된다.[4]

4) [네이버 지식백과] 기후변화에 의한 폭염 (국가건강정보포털 의학정보)

Chap. 8 시설물 안전(보안)관리

제8장 시설물 안전(보안)관리 (Facilities Security)

1. 시설물 안전(보안)관리(Facilities Security) 의의

시설물 보안이란 구조물 자체 보호는 물론 내부에 잠재되어 있는 유, 무형의 정보가치와 정상적인 관리의 운영 보호이다. 즉 시설물 보안관리란 대상시설물에 대한 타인의 불법침입이나 재물의 탈취, 불법행위에 대하여 대처하고 위난으로부터 신변과 재산의 안전도모 및 내부인에 의한 범죄행위 방지, 그리고 시설물의 화재예방과 시설관리, 출입인원에 대한 통제 및 안내서비스 등과 같은 일련의 업무를 의미한다. 경비업법 제2조의 '시설경비'와 같은 의미로 보고, 경비를 필요로 하는 시설 및 장소(이하 "경비대상시설"이라 한다)에서의 도난·화재 그 밖의 혼잡 등으로 인한 위험발생을 방지하는 업무[1]를 말하며 대상 시설의 보안 대책으로 경비계획 수립, 자연·인공·동물방벽, 전기전자방벽 등의 방벽을 이용, 설치하거나 제한지역, 통제구역 등의 보호구역을 설치, 순찰 등의 방법이 있다.

1) 시설물 안전(보안)관리의 목표

① 방범
② 화재예방
③ 자연재해 예방 및 대처
④ 내외방문자의 편의 도모
⑤ 대상조직의 규칙 이행

---

1) 경비업법 제2조

2) 기본원칙

① 시설경비계획에 의한 경비
② 경비위해요소의 사전확인 및 숙지
③ 적절한 방호시설물의 이용
④ 신속한 경보 전달
⑤ 내방객 응대 및 안내 시 친절한 행동과 화법

3) 시설 안전관리 시 고려사항

① 시설물의 특성 및 구조(예: 건축양식, 건물설립년도, 건축재료, 지상 및 지하 등)
② 시설물의 용도 및 내부 귀중품
③ 시설물 내부 구성원의 업무 형태
④ 시설물 출입 인원의 특성
⑤ 시설물 주위환경
⑥ 주변 경찰관서, 소방서, 병원 등의 위치[2)]

4) 효율적 시설보안관리

(1) 종심적·유기적 관리

보호대상 목표까지 장애물과의 유기적 연계성 접촉소지 제거

(2) 과신금물

대책이 최고라는 자신감은 위험초래 상황·환경 변화에 적응할 수 있는 시설보안대책 수립, 적용

2) 김계원·서진석, 「경비지도사 민간경비론」, 도서출판 새롬, 2001, pp.118~119.

(3) 침입자 입장에서 예상되는 위험성 고려

보호대책에 투입될 시간, 노력, 비용은 산업스파이 또는 비관련자로부터 침해 당할 위험 등에 따라 결정

(4) 도피시간 최대한 지연 유도

범행현장 발각 가능성과 저지력을 높일 수 있도록 보호방벽 수립

5) 보안방벽 유형

- 자연방벽 : 하천, 절벽 등 지리적 방벽
- 인공방벽 : 울타리 시건장치, 보관용기 등 인위적 방벽
- 동물방벽 : 후각, 공격, 민첩성 동물적 특성을 이용한 방벽
- 전기전자방벽 : 고압전기, 전자인식 등을 이용한 방벽[3)]

6) 시설보안관리 착안사항

(1) 효율적 시설보안관리

특정한 공간관리를 위해 보호구역을 분류하여 설정한다.

- 제한지역 : 울타리 등 외곽 장애물 설치, 일반인의 출입감시 요구지역(사내시설, 연구소 전지역)
- 제한구역 : 안내가 요구되는 지역 (제조기술부서, 전산관리실)
- 통제구역 : 극히 중요한 핵심시설 (비밀보관소, 연구·실험실)

(2) 보호구역 보안

- 업체 생산, 기능시설에 적합한 방책 선택

3) http://spy-zone.co.kr/industrysecurity/area-admin/facilities-sec(검색 : 2012.08.21)

- 안전보장을 위해 강제적, 인위적 보안장치 강구
- 실질적인 관리가능여부 수시 판단
- 중앙 보안통제체제 운영
- 보호구역에 대한 직원들의 인식제고 유도

(3) 출입통제

- 외부 출입자 최대한 억제, 안내요원 동행
- 출입대상별로 방문증 패용
- 출입자 명부 구비(전자식 통제제도와 병행)
- 차량 출입 시 탑승자, 적재물 확인 등 검문, 검색
- 외국인 기업방문 시 방문증 제공
- 방문목적 외 행위 방지(이탈, 녹취, 개별행위)
- 방문코스 사전지정
- 통제구역은 별도 허가받은 자에 한해 지정 운영[4)]

7) 경비계획 수립 기본원칙

시설물의 효과적인 경비와 보안 관리를 위해선 전체적인 경비시스템을 위한 단계적이고 주의 깊은 경비계획((Planning)이 선행되어야 한다. 경비계획은 시간적으로는 단기적 상황에서 장기적 측면까지 고려해야 하고, 내용적으로는 단순요소와 세밀한 요소까지 염두에 두어야 하며 범위에서는 경비부서적인 면에서부터 조직 전반적인 상황까지 다루어야 한다.

경비계획은 경비부서의 조직관리 · 실행과정 · 평가과정과의 관계 속에서 역동적이고 유기적으로 작용되고 있다. 따라서 경비계획이 철저하게 이루어진 후 그 계획에 따라 경비 및 보안관리가 실행되면 매우 효과적이 될 것이며, 마지막 평가단계에서는 이전 단계의 미흡한 점을 피드백(feed back)하여 다시 재검토가 이루어져야 할 것이다.

---

4) http://spy-zone.co.kr/industrysecurity/area-admin/facilities-notice(검색 : 2012.08.21)

이러한 경비계획(Planning), 경비조직관리(Executive), 경비평가(Estimate), 경비계획(Feed back) 과정은 다음과 같은 측면에서 경비효율화를 가져다준다.

① 목적을 명확하게 해 준다.

② 정보와 관련하여 조직화 한다.

③ 대안을 개발하게 해 준다.

④ 관련 프로그램에 대한 긍정적 부정적 정보를 초기에 제공해 준다.

⑤ 방향 및 경비, 범죄예방의 목적을 제공 해 준다.

⑥ 위험이 최소화 될 수 있게 해 준다.[5)]

또한 경비계획 수립 시 고려해야 할 기본적인 원칙들은 다음과 같은 것이 있다.

경계구역과 건물 출입구 수는 안전규칙 범위 내에서 최소한으로 유지되어야 한다.

유리창이 지면으로부터 일전한 높이 이내에 설치되어 있는 경우(약 4m이내)에는 특히 강화유리, 센서 등 안전장치를 설치해야 한다.

건물 외부 틈으로 접근 및 탈출가능 한 지점 및 경계구역은 안전하게 관리하거나 통제되어야 한다(천장, 공기환풍기, 하수도관, 맨홀 등)

잠금장치는 정교하고 충격이나 파손에 강해야 하며 열쇠분실에 대비한 적절한 조치를 취할 수 있어야 한다.

효과적인 경비를 위해서는 안전경비조명이 설치되어야 하고 물건을 선적하거나 수령하는 지역은 분리되어야 한다.

비상시에만 사용하는 외부출입구등에도 경보장치가 설치되어야 하고, 외부로 통하는 출입구의 통제가 가능해야 한다.

항구, 부두지역 등은 운전자가 바로 창고지역으로 차량을 움직이지 못하도록 하고 경비원에게 물건의 선적이나 하차를 확인할 수 있도록 설계되어야 한다.

경비 및 보안 관리실은 건물에서 통행이 많은 곳에 설치하고, 직원의 출입구는 주차장으로부터 떨어진 곳에 위치해야 한다.

경비원 대기실은 시설물 출입구와 비상구에 인접하도록 하고 격리되어 있는 출입구에 대해서는 경보장치 등을 설치하여 보완하도록 한다.[6)]

5) 이윤근 · 배철효, 「민간경비론」, 엑스퍼트, 2005, pp.157~158.

2. 시설안전관리원의 임무와 역할

1) 기본임무

① 시설물에 출입하는 사람 및 차량의 안내, 통제
② 시설물 내의 주차장 정리
③ 시설물의 방범 상 취약지역의 순회, 점검
④ 내부구성원 범죄에 대한 대처
⑤ 시설물 내의 화재예방 조치
⑥ 주변 경찰, 소방서 및 책임자에 대한 경보 전달

2) 기본자세

① 경비업무의 사회적 사명과 정확한 역할 인식
② 담당 경비업무의 내용, 절차 및 관련 법규의 숙지, 준수
③ 책임감과 기밀유지
④ 직무상의 지식 및 기능 연마
⑤ 단정한 복장과 몸가짐
⑥ 호신장구의 적정 휴대
⑦ 예의바른 행동과 화법
⑧ 적절한 건강관리

3) 기본적 숙지사항

① 신고요령
② 응급처치법
③ 대피유도요령
④ 현장보전요령

6) 이윤근 · 배철효, 전게서, pp.153~154.

⑤ 경봉 · 가스총 사용법

⑥ 소화기 사용법 등[7)]

4) 시설물보안의 기본 구역 개념

① 시설물경비는 외곽경비, 경계구역 내부경비, 내부경비 등의 3구역 개념을 적용하여 근무를 실시한다. 외곽경비구역은 울타리와 울타리 밖 가시거리(통상 소총 유효사거리 적용)이며, 경계구역, 내부경비는 울타리 내부지역을 의미한다.

② 외곽경비는 경비대상 시설물에 대한 외부로부터의 침입 및 위해행위 의도를 가진 자의 접근을 통제, 차단하여 내부의 시설, 인원 및 자산을 보호하는 것이다.

③ 경계구역 내부경비는 울타리로부터 핵심시설 사이에서 발생할 수 있는 각종 위해행위를 방지 경비이다.

④ 내부경비는 핵심지역 경비로서 건물자체에 대한 인원과 물자 등의 자산을 보호하는 경비활동을 말하며 인원, 차량의 출입통제, 출입문, 창문 등의 개구부에 대한 보호조치를 말한다.[8)]

5) 포스트(Post)별 보안근무형태

(1) 경비근무자 일반적 수칙

근무지역이 근무상황에 따라 조금씩 상이하겠지만 경비근무자의 임무수행 시 지켜야 할 일반적인 수칙은 다음과 같다.

① 경비근무자는 부여받은 책임구역 내에서 고객의 생명과 신체, 재산을 보호한다.

② 경비근무자는 경비근무 상 상관의 지시사항을 지시받아 근무한다.

---

7) 김계원 · 서진석, 전게서, pp.118-119.

8) 사단법인 한국경비협회, 「특수경비원 신임교육 교재」, 한국역비협회, 2012, P.328.

③ 경비근무자는 위기상황 발생 시 즉각 조치하며, 즉시 상황실(중앙통제실)에 보고하고, 인접근무자에게 알려야 한다.
④ 경비근무자는 근무 시 휴대하는 경비보조장비(경봉, 분사기 등)를 어떠한 경우라도 타인에게 빌려주거나 방치해서는 아니 된다.
⑤ 경비근무자는 근무 도중 지정된 책임구역을 이탈해서는 안 되며, 불필요한 말과 행동을 해서는 안 된다(잡지탐독, 오락행위, 사행성놀이, 음주행위 등).
⑥ 경비근무자는 근무 중에 발생한 상황에 대해서는 후번 근무자에게 인계한다.

(2) 경비종합상황실(중앙통제실) 근무 수칙

① 경비업무의 핵심부서로 경비와 관련된 제반 상황을 접수, 전파 및 조치한다.
② 경비관리자의 명령에 복종하고 지시된 업무를 수행한다.
③ 비상사태발생 시 대응요령을 지시하고 통제한다.
④ 물품의 반·출입에 관한 통제 및 반출입증을 발급 및 확인한다.
⑤ 기계경비시스템 및 각종 가지시스템을 감시, 관리하고 대처한다.
⑥ 경비 및 보안관리 활동을 수립하고 시행한다.
⑦ 각종 일지 및 기록을 작성, 보관 및 관리하고 각종 열쇠를 관리한다.
⑧ 통신장애 발생 시 대처 및 지원한다.

(3) 출입구

① 경비구역 내에 출입하는 모든 차량과 사람에 대해 통제한다.
② 모든 물품의 반입과 반출을 통제한다.
③ 경비근무의 모든 상황을 종합상황실에 보고하고 지시에 따른다.
④ 우발상황 발생 시에는 인접근무자에게 상황을 전파하고, 신속하고 적절하게 대처한다.

(4) Lobby

① 시설 내, 외부의 내방객 및 전화내방객을 응대하고 안내임무를 수행한다.

② 용건 없이 출입한 자와 거동수상자를 색출해서 보고하고 통제한다.
③ 지정된 곳의 열쇠를 관리하고 출입문의 개폐 및 안전관리임무를 수행한다.

(5) 외곽(초소)

① 경비대상시설물의 이상 유무를 확인, 점검한다.
② 모든 상황을 종합상황실에 보고하고 지시에 따른다.
③ 우발상황 발생 시에는 인접근무자에게 상황을 전파하고, 신속하고 적절하게 대처한다.
④ 경비 대상시설 외곽지역에 대한 순화 및 순찰을 한다.
⑤ 경비 대상시설 및 지역에 불법유인물 부착되었을 땐 확인하고 처리한다.

(6) 시설외곽 경계 시 감시요령

① 주간경계근무(감시)요령

- Post 전방 가까운 곳에서 먼 곳으로 전체를 감시한다.
- 특징있는 지형지물이나 비정상적인 색체와 윤곽 등을 확인한다.
- 경계 및 감시지역이 넓을 경우 참고점 및 기준점을 이용, 분할하여 감시한다.
- 50m씩 끊어서 중첩되게 감시한다.
- 의심이 가는 곳은 잠시 멈추어서 세밀히 감시한다.

② 야간경계근무(감시)요령

- 인간의 감각을 총동원해야 하며 특히 청각을 최대한 활용하여 감시한다.
- 한곳에만 집중하지 말고 마음대로 상상하거ㅏ 주관적인 판단을 하지 않는다.
- 주간에 미리 경계구역의 특징이나 지형 등을 숙지해 둔다.[9]

---

9) 사단법인 한국경비협회, 상게서, P.328~330.

6) 출입인원 및 차량통제

(1) 의의 및 지역구분

경비근무자에 의한 출입인원 및 차량통제는 불필요한 출입을 통제하고, 이을 통해 각종 위험발생을 방지하여 경비구역 내의 인원, 시설 및 재산 등의 안전을 보장하고 손실을 감소시키는 경비 활동이다. 출입관리지역은 제한지역, 제한구역, 통제구역으로 구분한다.

① 제한지역

- 외부인이 출입할 경우 경비원 등의 일반감시가 요구되는 지역이며. 통상적으로 울타리 내부지역에 해당한다.

② 제한구역

- 외부인이 출입할 경우 관련부서 또는 경비원 등에 의해서 안내가 요구되는 지역으로 시설내부가 이에 해당된다.

③ 통제구역

- 출입인가가 되지 않은 비인가자의 출입이 금지되는 곳으로 보안상 특히 중요한 곳이며. 비밀보관소, 종합상황실, 연구실 등으로 출입자의 명단 등이 비치되어 있다.

(2) 출입인원 통제

① 임직원 출입관리

출입인원을 통제하면서 통상적으로 잘못을 범하기 쉬운 인원이 임직원이다. 임직원의 출입통제는 출입증 패용 여부를 확인해야 하며, 이때 출입증의 본인여부, 유효기간, 위조여부 등을 확인하고 외출 및 조퇴 시에는 확인증을 제시받아야 한다. 또한 외출 시 부정 반출 여부를 반드시 확인하여야 한다.

② 내방객 출입관리

내방객이 방문할 경우신분증을 확인하여 기록하고 필요시에 소지품 확인도 병행한다. 또한 방문부서, 방문목적, 사전약속여부 등을 확인한 후 방문대상자에게 통보 및 수락여부를 확인하고, 출입증을 교부하여 패용하게 하며 방문부서 또는 방문 장소로 안내를 하여 불필요장소 및 기타 장소에 출입하는 일이 없도록 한다. 또한 방문자를 잠시 대기시킬 때에는 면화실로 안내를 하며 외판원, 신분확인이 곤란한 자 등 불필요한 출입자는 출입을 거부한다.

③ 면회객 관리

면회객이 왔을 때에는 면화목적을 접수받으면서 신분증을 확인하여 기록하고, 면화대상자에게 즉시 연락하고 면회실로 친절하게 안내한 후 면회실 주변의 편의시렁에 대해서도 설명해줌으로써 최대한 불편을 느끼지 않도록 해 준다.

④ 공사업체 출입관리

공사장 출입통제는 매우 신중을 기해야 한다. 관련 담당부서에서 공사업체 및 출입자 명단을 접수받고 출입자 준수사항에 대해 서약서를 제출한 인원만 출입을 허용한다. 출입 허가사를 세외한 일체의 인원은 출입을 동세하며 확인하노록 한다. 출입은공사담당부서 책임자에게 인계하여 단체인솔이 될 수 있도록 하고 지정된 출입구 및 공사구역 이외 장소에서는 일체 출입을 통제해야 한다.

(3) 출입차량통제

① 출입차량 안내 절차

경비대상 시설로 차량이 진입하면 경적 및 수신호로차량을 지정장소에 정지시킨 후 신속히 접근해 예의를 갖추고 출입목적과 부서, 신분증 확인 후 출입여부를 결정한다. 출입이 결정되면 출입증을 교부해 주고 주차장을 안내 해 주며 불법반·출입물 여부를 반드시 확인하고 출입과정 상 필요한 준수사항을 설명한다.

② 임직원 차량

사전에 등록 된 스티커와 탑승자의 신원을 확인해야 하며 업무용 차량은 탑승자와 행선지, 물품탑재 여부를 확인한다.

③ 내방객 차량

출입차량 안내절차에 의해 안내하며 출입일지에 기록하고 출입수속을 하면서 장시간 지체 혹은 지연에 유의해야 한다.

④ 납품차량

납품부서를 확인하고 납품증명서를 확인하여 날인한다(필요에 따라 임직원 동행). 이때 차량 소통에 지장을 받지 않도록 유도한다.

⑤ 공사차량

출입승인 여부와 반·출입물품을 확인하고 날인하며 위험물, 안전검사 필요 물품은 안전통제담당자에게 연락하여 승인을 받고 출입시킨다.

⑥ 긴급차량

출입에 최 우선권을 부여하고(일반차량 잠시 통제), 긴급환자의 경우상황에 따라 신원과 상태를 간단히 파악한 후 신속히 통과시킨다.

⑦ 침입차량 및 위장차량

경비대상 시설 내에 출입허용을 일체 금지시키며 신원을 확인하고 인접근무자에게 상황을 전파하여야 한다.[10]

---

10) 사단법인 한국경비협회, 상게서, P.332~333.

3. 순찰업무

순찰(巡察)은 경비 및 보안요원이 지정구역 내를 돌면서 대상 시설의 도난, 화재 등의 위험발생을 경계·방지하고 피해가 발생한 경우 그것을 최소화하는 활동이다. 순찰업무는 잘 훈련된 정신적·육체적인 능력을 발휘하고, 인간이 지닌 오관(오관은 인간이 지닌 감각 기능)을 최대한 잘 살려서 사소한 것을 놓치지 않고 샅샅이 살펴 활동을 해야 한다(시간-거리, 조명, 물체파악, 어둠 등).

- 청각 : 말소리, 발소리, 움직임, 기타 소리 등에 의하여 거리·방향·위치를 파악.
- 후각 : 불에 타는 냄새, 파악 등의 냄새
- 미각 : 식량, 빵, 쌀과 같은 음식 부스러기를 확인함으로써 침입, 잠복여부 확인
- 촉각 : 풍향, 온도, 습도 또는 손이나 발로 눌러 은폐·엄폐된 것을 확인.[11]

1) 순찰업무 단계

순찰업무를 효과적으로 실시하기 위해서 보안대상시설의 실태를 파악하고 시설의 다른 직원들과 우호적인 관계를 유지한다. 순찰업무수행 시 세심한 주의력과 경계심을 가지고 근무에 임한다.

순찰업무는 사전순비 → 순찰출발 전 → 순찰실시 → 순찰종료후의 4단계로 착안하여 진행한다.

(1) 사전준비단계

대상 시설의 구조 및 중점 장소, 점검사항, 순찰 경로·요령 등을 확인하고, 각종 도구 및 설비(경보장치, 피난시설, 소화설비 등)의 위치나 취급방법 등을 숙지한다. 아울러 과거에 발생한 사고 경향과 종별을 미리 연구하고, 순찰시 착안사항에 대해 충분히 이해하고 습득한다.

---

11) 강민완·전용태· 김효준, 전게서, pp.455~456.

(2) 순찰근무 출발 전 단계

순찰경로를 재확인하여 전회 근무자로부터 인계사항을 이해한다. 열쇠, 회중전등, 용구 등의 장비를 점검하고 잔업계, 작업계 등의 장부를 확인하여 파악해 둔다.

(3) 순찰실시 단계

순찰계획에서 정한대로 실시하며 같은 경호보안 팀과 항상 신호 등을 통한 연락체계를 유지한다. 순찰 중 이상 유무 확인 시 즉시 보고한다. 순찰은 특히 침입 가능한 위치를 자세히 확인한다. 순찰중 이전과 변화된 것이 있는가를 확인한다. 순찰 중 자신의 발소리나 문을 개폐할 때의 소리에도 주의하여 냄새나 인기척 등을 살피어 위해예방에 주의한다. 어떠한 상황조치 시나 취급사항에는 그때마다 반드시 메모한다.

(4) 순찰종료

순찰이 끝나면 순찰시 취급한 조치사항이나 특이사항, 순찰 중 발견된 점을 기록·보고하여 문제점을 지적한 동시에 해결하고, 기록하여 근무책임자에게 보고하고 다음 근무요원에게 확실히 인계한다. 순찰결과의 기록을 통하여 통계 처리하여 종합적 결과를 보고하고 피드백 하여 향후 자료로 활용한다.

뒤처리가 미흡한 점이나 장소를 조기에 발견하여 처리한다. 부실한 뒤처리를 미뤄두면 사고가 발생하기 마련이다. 따라서 미흡한 점을 수시로 처리하고 이를 기록·관리하여 통합적 대책을 수립한다.[12)]

2) 순찰의 유형

순찰(巡察, Tours)의 기본 형태는 그 방법과 내용에 따라 다양하게 나누어 볼 수 있다.

12) 강민완·전용태·김효준, 전게서, pp.461~462.

❑ **순찰시간대 기준**

- 근무 기준표에 따라 미리 정해진 시각에 정기적으로 하는 정시순찰
- 수시로 하는 임시(수시)순찰

❑ **순찰경로 기준**

- 정선순찰
- 난선순찰,

❑ **순찰인원 기준**

- 단독순찰
- 복수순찰

❑ **순찰수단(방법) 기준**

- 도보순찰
- 자동차 · 자전거 등을 사용하는 차량순찰

❑ **순찰지역이 내 · 외부인지를 기준으로**

- 순찰경로가 경비대상시설 내부로 한정되어 있는 실내순찰
- 외부인 실외로 한정되어 있는 외주순찰

❑ 기타 세밀순찰, 통상순찰, 조조순찰, 최종순찰, 잔류자 확인순찰 등의 다양한 형태로 불리는 순찰이 있다.

순찰은 다양하고 복합적인 방법으로 운용할 수 있다. ㉮정기순찰 패턴은 미리 지정된 경로를 정해진 순서에 따라 점검 지역을 순회하는 정선순찰이다. 이는 순찰의 시작시간이 다양하더라도 순찰의 정형화와 경직화로 예측하기 쉽게 해 준다. ㉯더블체크 패턴은 직원이 종종 온 길을 거슬러 가거나 이미 점검한 지역을 다시 점검하는 것이다. ㉰불규칙 패턴의 난선(亂線)순찰은 순서나 빈도수에 상관없이 직원이 임의판단으로 자유롭게 선택해 점검하는 순찰이다. 예측하기 힘들다는 점에서 가장 선호하는 순찰방법이다. 취약지점은 반드시 순찰하되 이리저리 불규칙 순찰하는 것이 좋다.

(1) 정선순찰(定線巡察)

계획에 의해 미리 정해놓은 노선을 따라 규칙적으로 순찰하는 방법으로 순찰노선이 일정하고 경비 및 순찰요원의 이동이 규칙적이므로 근무감독 및 연락 면에서는 편리하지만 순찰 중인 현재의 지점이 추정되고 다음 순찰시간의 추측이 가능하므로 범죄행위자들이 이를 예측하고 이용할 수 있다는 단점이 있다.

(2) 난선순찰(亂線巡察)

순찰노선을 사전에 정해놓지 않고 순찰자의 판단에 필요한 지점을 불규칙적으로 순찰로 범죄자의 예측을 교란시킬 수 있고, 종횡 무진한 순찰을 통하여 범죄예방을 증대시킬 수 있으나 순찰근무자의 위치추적이 곤란하고, 근무자의 태만과 소홀을 조장할 우려가 있다.

(3) 요점순찰(要點巡察)

경비대상 구역 내의 경비수요, 순찰인원, 지역상황을 고려하여 설정한 주요 지점에서 다른 지점에 이르기 까지 일정한 노선 없이 적절한 통로를 자율적으로 순찰하는 것이다. 정선순찰과 난선순찰의 장점을 살리고 단점도 보안되도록 절충한 방식이다.[13)]

3) 순찰 시 유의사항

- 순찰근무자는 순찰 전에 용모, 복장을 단정히 하고 경적, 가스총, 후래쉬, 완장 등 필요한 장구를 휴대.
- 거동수상자 등을 발견한 경우는 큰소리로 묻거나 정당한 업무와 시설주의 관리권 행사 범위 내에서의 질문 등으로 범죄심리 사전 제압.
- 옥상에는 관계자 이외의 자 출입통제 및 시건 조치하고 야간순찰 시에는 시

13) 경찰대학, 경찰방범론, 1998, P.309. 강민완 · 전용태 · 김효준, 전게서, pp.456~457.

건 여부와 관계자 외 다른 사람이 없는지 중점 확인.

- 순찰 대상시설 주변 또는 부자연한 장소에 장시간 주차하고 있는 차량 등을 중점감시, 관찰과 옥상, 놀이터 등에 대한 부단한 순찰로 감시 사각지대 해소.
- 이상한 물건 또는 비명소리 등에 유의하고 도시가스배관, 빗물배수통, 베란다 난간 등을 이용한 침입흔적이 있는지 세밀히 관찰, 점검하며 순찰실시.
- 의심나는 곳은 반드시 반복해서 관찰 및 확인.
- 순찰 시 반드시 지하주차장 등 경유, 10~30대 거동수상자 발견 시 질문하거나 외부차량 주차 시 차량검색으로 범죄기도 차단.
- 지하주차장 내 조명의 밝기 (70룩스 이상), CCTV 등 방범시설 상태 등 수시 점검 · 보안
- 전임순찰자로부터 특이사항, 관심사항 확인, 순찰장비 인수
- 잔업, 작업신고 등의 자료를 통해 작업현황 파악 및 현장 숙지
- 내 · 외부 순찰 중점 확인사항 숙지
- 주간순찰 시 노출순찰(위력순찰)을 통해 범죄예방 및 신뢰증진
- 야간순찰 시 제반 안전대책 강구
- 순찰목적을 달성하도록 사전 치밀한 준비
- 이상 징후를 감지했을 경우 집중력과 인내력을 갖고 끝까지 추적하여 그 원인을 찾아낸다(냄새, 소리 등)
- 전등, 달빛 등에 유의하고 수상한 사람을 발견하거나 인기척이 있을 경우 몸을 은폐하여 확인
- 보통이나 코너 등의 지역을 갈 때에는 몇 초간 걸음을 멈추고 청각을 활용하여 안전여부를 먼저 확인 후 이동하며 임무수행.
- 처음 순찰 시 상황을 파악하고 차후 순찰 시에는 변동사항을 확인.
- 밀폐된 시설물을 확인할 때에는 통신장애를 대비하여 종합상황실에 사전에 연락

4) 순찰 시 필수 확인사항

(1) 내부순찰 시 필수 확인사항

- 출입문, 창문, 셔터 등의 파송여부를 확인
- 중요시설 및 장비와 물품의 이상여부 확인
- 귀중품 보관 장소의 시건장치 확인
- 경비대상 시설의 기계 및 각종 시스템작동상태 확인
- 각 계단, 통로, 화장실 등과 같이 엄폐, 은폐가 가능한 장소 확인 철저
- 흡연자가 담배꽁초 등을 유기할 수 있는 장소 철저히 확인
- 냉난방 기구의 안전한 사용과 사용 후 전원 Off상태 확인
- 주방, 화장실, 로비, 기타 등지에서 화기 이용설비의 스위치와 전원유무 확인
- 소화기, 경보설비, 방화설비, 피난설비 등의 안전기구 확인

(2) 외부순찰 시 필수 확인사항

- 외부침입이 쉬운 건물, 인접가옥, 전신주, 담장, 수모 등의 확인
- 침입에 이용 될 우려가 있는 물건이나 장비 제거(사다리, 받침대 등)
- 침입 가능한 출입문, 창문, 셔터 등의 시건장치 확인
- 건설현장, 공사장 내부, 자제 야적장 등의 범인의 은닉우려장소 점검 및 확인
- 담장 또는 철조망 등의 경계부분 파손여부 확인
- 용건이 없는 자, 노숙자, 부랑자 등의 출입 통제
- 쓰레기장, 소각장, 휴지통 등 가연물이 있는 장소 확인
- 소화설비, 피난설비 등의 점검
- 옥외 감지시스템 및 조명상태 확인[14]

---

14) 사단법인 한국경비협회, 전게서, P.333~334.

5) 범죄기도자 발견 착안점

다음과 같은 거동이 수상한 자에 대하여는 특히 유의해서 동태를 감시, 관찰하여 범죄기도를 사전에 예방하여야 한다.

- 대상시설 부근의 노상에서 엔진을 시동한 채로 주차하고 있는 자.
- 건물주변을 배회하거나, 무엇인가 침착성이 결여되고 행동이 부자연스러운 자.
- 볼 일없이 또는 용무가 끝났는데도 단지 내에 계속 머물고 있거나 주차중인 자동차 내에서 자고 있는 자.
- 복면, 마스크, 선글라스 등 특이한 물건을 휴대하고 있는 자.
- 목검 · 도검 · 엽총 및 열쇠 · 드라이버 · 장도리 · 밧줄 · 가방 등 범죄에 사용될 우려 있는 물품을 소지하고 있는 자.
- 스위치와 엔진이 직결되어 있거나 각 창문 또는 시건장치가 파괴된 차를 운전하고 있는 자. 핏자국 또는 차안이 현저히 더럽혀져 있는 차를 운전하고 있는 자.

6) 경찰과 협력체제 유지

(1) 긴급연락망 구성

- 범죄 신고는 112신고 전화를 이용하는 것이 가장 효과적이고 신속한 체계이다.
- 범인 침입 시 공포 · 경악 · 당황 등으로 112신고를 할 수 없는 긴급한 상황에 대비, 관리사무실과 경찰서 · 파출소간 컴퓨터 범죄신고 시스템 등 긴급연락망 구성.

(2) 사건 발생 시의 조치

- **경찰관서에 신고.**

강 · 절도 등 범죄가 발생하였거나 범죄와 관련된 단서를 발견한 경우는 타경비원과 합동으로 공동대치함과 동시에 비상연락망 또는 112 신고 전화(국번없이 112)로 신속하게 경찰관서에 신고.

- **112신고요령**

-언제, 어디서, 누가, 무엇을, 어떻게.
-범인(인원수, 휴대품, 연령, 신장, 복장, 두발상태 등 신체적 특징)
-도주방향 및 이용수단(도보, 오토바이, 차량, 특징)
-신고자의 주소, 성명, 전화번호 등.

(3) 현장보존

- 현장 보존이라 함은 범죄후의 범죄현장 그대로를 보존하여 증거 및 유류품의 "분실", "감실", "변질" 등을 방지하고 경찰관의 체증 활동에 협력.
- 범죄현장은 범인이 있었던 곳으로서 범인의 지문, 피, 침, 모발, 분뇨, 정액, 땀과 같이 범인신체의 일부가 남아 있을 수도 있고 범인이 소지하였던 흉기나 도구, 라이터, 성냥, 명함, 사진, 주민등록증 같은 것이 남아 있을 수 있다. 따라서 잘 보존된 범죄현장은 수사관의 범인추적·검거에 중요한 단서를 제공한다.[15)]

15) http://cafe104.daum.net/_c21_/bbs_search_read (검색 : 2012.8.22)

Chap. 9

호신장비와 안전관리

1. 호신(護身)의 개념
2. 호신의 기본 원칙
3. 호신장비의 개념
4. 호신장비와 호신기술의 장·단점
5. 호신장비 특징과 안전관리
6. 무기 및 호신장비 관련 법규

제9장 호신장비와 안전관리

1. 호신(護身)의 개념

호신장비의 개념을 알아보기 전에 먼저 호신의 뜻을 보면 호신(護身)이라면 일반적으로 '상대로부터 자신을 지킨다.' 혹은 '상대를 제압한다'는 의미로 해석된다.

호신(護身)이란 사전적 의미로 "외부의 위험으로부터 자기의 몸을 지키는 일"로 정의된다. 즉 자신의 생명을 위협하는 사람만이 아니라, 자동차사고, 혹은 가정에서의 안전사고, 더 넓게는 사람과 사람의 인간관계, 사람과 자연의 인과관계에까지 모든 것으로부터 자신과의 마찰을 사전 예방한다는 의미이다. 때문에 기술적인 측면에서의 접근뿐이 아니라, 사람을 대하는 방법, 자연을 대하는 마음가짐, 위험에 대한 지식과 그것을 사전에 예방하는 방법까지의 모든 부분을 총망라한 개념이다.

이와 같이 호신의 개념을 크게 '자연사고로부터의 호신"과 폭력사고(성폭력)로부터의 호신'등의 두 가지 개념으로 나누어 볼 수 있다. 자연사고는 안전수칙을 불이행하여 생기는 사건 및 사고를 통틀어 말하는 것으로 안전수칙을 지킴으로써 호신상황에 노출되는 것을 최소화할 수 있을 것이다. 하지만, 폭력사고는 나의 의지와는 상관없이 타인에 의해 발생할 수 있는 사고이기 때문에 언제 어떤 일이 발생할지 모른다. 따라서 적절한 대응책이 필요하다.

〈표 9-1〉 호신상황

구분	자연적 위협	인위적 위협
종류	우발적사고 개인 부주의	타인에 의한 사고 육체적, 정신적, 심리적 압박 물리적 강제력 폭력사고(성폭력) 등
의도성	×	○
가해자	×	○

그러나 본 장에서는 호신의 협의의 개념이라 할 수 있는 '상대로부터 자신을 지킨다.'는 의미로 접근하여 일상생활의 여러 가지 절박한 위험 속에서 사용할 수 있는 유용한 여러 가지 호신장비에 대해 기술하고자 한다.

2. 호신의 기본 원칙

호신(護身)에는 여러 가지 다양한 상황이 있다. 그러나 자신을 안전하게 지키기 위한 원칙에는 여러 가지가 있지만 여기서는 다음과 같이 간단한 몇 가지 원칙만 정리하고자 한다.

첫째, 위험한 상황에 가까이 가지 않는다.

둘째, 오감을 최대한 활용하여 위험을 빨리 감지하도록 한다.

셋째, 급박한 위험상황이 발생하였을 땐 빨리 피한다.

넷째, 피할 수 없는 경우에는 주변의 물건을 이용하거나, 도움을 요청한다.

다섯째, 주변의 물건을 이용할 수 없을 경우에는 상대의 공격을 호신을 대처하고 틈을 타서 피해야 하며, 절대 포기하지 않는다.

여섯째, 매일 오감훈련을 하며, 호신술을 연마하고, 강한 정신과 마음의 여유를 가지도록 한다. 그러나 호신술 사용의 전제조건으로는 허세나 고집을 버리고, 상황을 복잡하게 만들지 않는 것이 더 중요하다. 또한 호신술이란 맨손으로 대처하는 것이라고 일반적으로 알고 있지만 그러나 흉기를 갖고 있는 상대에게 맨손으로 대적하는 것은 자살행위와 같다고 할 수 있다.

어디까지나 피할 장소가 없거나 달릴 수 없는 상황, 어린이를 동반하고 있는 상황 등 피하는 것이 불가능한 상황 하에서, 더구나 주변의 물건들을 취할 수가 없는 경우에는 맨손으로 대적할 수밖에 없을 것이다.

물론 만약의 위험한 상황에서 벗어나기 위해 취하는 호신술이든 호신장비를 이용하든 공통의 움직임이 많기 때문에 어느 쪽의 연습이든 꾸준히 해야만 한다.[1)]

3. 호신장비의 개념

호신장비란 호신(護身)을 위한 제품이라 할 수 있다. 국어사전을 찾아보면 '몸을 보호하는 데 씀' 또는 '쓰이는 것'이라고 설명되어 있다.

즉 일반적으로 자신의 생명과 신체가 위험 상태에 놓여 있을 때, 자신 스스로를 보호하는데 사용하는 도구를 말하는 것으로 이론적으로는 신변에 있는 것은 무엇이나 호신용 도구로 사용 할 수 있는 것이다.

외국, 특히 미국 같은 선진국의 경호원들은 현행법상 합법적인 절차에 의해 호신용 실탄무기를 소지할 수 있도록 되어 있어 신속하고 완벽한 경호를 유지할 수 있지만 그러나 우리나라에서는 경호원이 권총과 같은 무기를 특수한 경우를 제외하고는 소지할 수 없도록 되어 있어서 경호임무에 어려움이 많다. 그러나 현행법상 정부기관의 민생치안 담당기관이 아닌 사설경호원(보디가드)이 공공기관에서 휴대 할 수 있는 호신장비는 가스봉·가스총을 허가를 득하여 휴대 할 수 있다. 그러나 공공 기관에서 인정하지 않는 총·칼·각목·야구방망이 등을 호신용구로 휴대하는 것은 위법으로 허용 되지 않는다. 단, 2001년 개정된 경비업법에 의하여 특수경비원에 대하여 극히 제한적, 부분적으로 총기를 휴대할 수 있도록 법이 허용하고 있다.

현재 일반적인 호신장비로는 호루라기, 가스분사기(가스총), 스프레이, 삼단봉,

---

1) 정준식 외, 「경호호신술」 도서출판 진영사, 2010, pp.20~21.

전기충격기, 캐칭넷(그물 총) 등 다양한 제품이 있고 기술로는 호신술 등이 있다. 호신장비를 통한 자기방어의 방법으로는 크게 4가지로 다음과 같이 나눠 볼 수 있다.

1) 물리적 힘을 가하여 방어(적극적 방어) : 전기충격기, 삼단봉
2) 주변의 도움을 요청(수동적 방어) :호루라기, 경보기
3) 신체 일부분을 제압(제압 방어) : 가스분사기, 스프레이, 캐칭넷
4) 기타 방어 : 호신술

그 밖에 쌍절곤과 쌍절봉, 바늘, 송곳 등 극한 상황인 만큼 우리 주위의 생활용품이나 물건 등 헤아릴 수 없는 많은 종류가 있을 수 있을 것이다. 형태로는 대부분이 가방이나 허리에 착용하고 다니는 형태이고 호루라기와 같은 작은 소품이나 열쇠고리 형태들도 있으며, 해외사례로는 옷이나 반지형태도 있다.

〈표 9-2〉 호신장비별 방어유형

적극적 방어	⇨	전기충격기, 삼단봉, 나이프
수동적 방어	⇨	호루라기, 경보기
제압 방어	⇨	가스분사기, 스프레이, 캐칭넷
기타 방어	⇨	호신술

4. 호신장비와 호신기술의 장 · 단점

〈표 9-3〉 호신장비와 호신기술의 장 · 단점

제품구분	장 점	단 점
전자충격기	•자극한 부분에 마비와 같은 통증을 느끼게 되어 행동에 제약을 줌 •휴대가 간편	•상대방의 몸에 자극해야하기 때문에 거리에 따른 제약 (가해자에게 가까이 가야함) •상대방으로부터 공격의 위험성 •허가에 따른 충격세기에 차이가 있음 (허가 필요한 제품은 충격세기가 큼) •계절에 따른 제약이 있다(두꺼운 옷)
삼단봉	•호신술을 익힌 사람에게 보다 적극적인 방어도구가 된다.	•자칫하면 상대방에게 빼앗길 위험 •휴대가 불편 •사용이 미숙한 경우 더 위험
호루라기 경보기	•사용 방법이 쉽다. •휴대가 용이하다. •가격이 저렴하다.	•소극적인 호신방법 •위급 시 당황하여 불지 못하는 경우 •인적이 드문 장소에서는 역효과
호신용 스프레이	•빠른 휘발성과 즉효성, 확산성 •상대를 일시적으로 손상을 주지 이후에는 그 이전 상태로 돌아감	•상대방의 눈에 뿌려야하기 때문에 발사 사정거리가 가까워야 함 •분사구 위치와 방향을 확인하여 사용(미확인 시 사용자에게 피해)
가스분사기	•일시적 쇼크를 준다. •상대의 기신제압 가능 •범죄 예방효과(범죄 억제력)	•상대방에게 빼앗길 가능성 •소지허가 및 신체검사가 필요 •휴대가 불편 •보안성이 적음
캐칭넷	•원거리에서도 사용이 가능 •사용이 쉽다	•휴대가 불편 •가격이 비싸다
호신술	•휴대도구가 필요 없음 •상대를 제압 할 수 있다.	•배우는데 시간이 걸린다. •방어를 하지 못하는 경우가 발생 (상대의 힘이 더 센 경우).

5. 호신장비 특징과 안전관리

1) 가스분사기

(1) 특징

가스분사기는 "사람의 활동을 일시적으로 곤란하게 하는 최루 또는 질식 등의 작용제를 내장된 압축가스의 힘으로 분사하는 기기"[2]를 의미한다. 일반적으로 가스분사기라고 불리고, 특히 총포형 분사기는 가스총이라고 불린다. 형태상으로는 총포형 분사기, 막대형 분사기, 만년필형 분사기, 기타 휴대형 분사기 등으로 분류하고 있으며, 다만 살균용, 살충용 및 산업용분사기는 제외하고 있다.[3] 약제의 종류에 따라 분말분사기와 액체분사기로 나눈다. 액체분사기 중 약제가 총알에 들어 있고, 화약이 들어 있어 발사 시 총소리가 나는 것을 일반적으로 리볼버(revolver)형이라고 부른다. 가스총(gas rifle)이 압축(액화) 이산화탄소를 사용하는 압축 가스총을 뜻하는 경우도 있다. 형태상으로는 총포형 분사기, 막대형 분사기, 만년필형 분사기, 기타 휴대형 분사기가 있으며, 약제의 종류에 따라 분말분사기와 액체분사기로 나눈다.

일반적으로 사용되는 분말, 액체식에 인체에 무해한 매운 식물성 원료인 머스타드후뢰바(일명 : 겨자액)라는 성분에 알코올을 희석하여 만든 액체로 제조사별로 알코올에 희석 차이는 다르며 20분 내외에 인체 호흡기 작용하여 눈물, 따가움, 메스꺼움 등의 증상을 동반한다.[4]

분사기의 약제는 인체에 무해한 분말 또는 천연액체로 하고 약제통에 화약을 사용해서는 안 되며, 최대분사거리는 7m 이내여야 한다. 다만, 막대형분사기의 최대분사거리는 10m 이내여야 한다.[5]

2) '총포 · 도검 · 화약류 단속법' 제2조
3) '총포 · 도검 · 화약류 단속법' 제6조2
4) 위키백과, http://ko.wikipedia.org/wiki/%EB%B6%84%EC%82%AC%EA%B8%B0 (검색:2012.01.30)
5) '총포 · 도검 · 화약류 등 단속법 시행규칙' 제2조의2제2항

(2) 분사기와 가스총의 구분

분사기를 흔히 가스총으로 불리고 있지만 '총포 · 도검 · 화약류 단속법'에서 발하는 '총포'라 함은 권총 · 소총 · 기관총 · 포 · 엽총, 금속성 탄알이나 가스등을 쏠 수 있는 장약총포, 공기총(압축가스를 이용하는 것을 포함한다. 이하 같다) 및 총포신 · 기관부 등 그 부품(이하 "부품"이라 한다)으로서 대통령령이 정하는 것을 말한다.[6]

따라서 분사기는 사람의 활동을 일시적으로 곤란하게 하는 최루 또는 질식 등의 작용제를 내장된 압축가스의 힘으로 분사하는 기기이며, 가스총은 내장 된 압축가스의 힘에 의해 금속탄환이 발사되는 총의 일부(엽총과 사격총)이다. 따라서 분사기와 가스총을 분명히 알고 사용이나 용어에 있어서도 혼용하지 말아야 할 것이다.[7]

(3) 종류

① 리볼버형 분사기

실제 총기와 구분이 모호하며 가스발사총과 구분이 어렵고 분사기 자체의 정체성이 없다는 이유로 더 이상에 제조가 되지 않아 이미 제조한 제품만 판매 가능.

- 5,6연발에 리볼버권총 형태를 유지하여 겉으로 보이는 실총형태로 가스발사총이나 권총으로 오인하게끔 하여 상대제압 효과발휘
- 화약식이며 총알 모양에 가스탄이라 신속한 탄의 교체나 조용한 가운데서 발사 시 화약소리를 동반하여 상대를 놀라게 하거나 주위에 알릴 수 있다.
- 실탄 모양의 가스탄이라 약재의 양은 적은 편이다.
- 약재 누출이 되는지 냄새를 맡아보고 꼭 시험발사 후 구입한다.
- 불발률이 높다면 실제상황에서 도리어 상대에게 빌미를 주어 제압당하기 쉽다.
- 발사 후 매운 느낌이 오래 지속되는 제품을 구입하며 탄에 유효기간이 6개월에서 1년 정도이나 6개월이 최상 조건이므로 탄의 제조 날짜를 확인한다.

---

6) '총포 · 도검 · 화약류 단속법' 재2조1

7) 한국경비협회, 「일반경비」, 2010. p.254.

② 막대형(피스톨형) 분사기

- 한꺼번에 들어 있는 약재를 전량 소모하여 분사 가능
- 총소리 같은 화약소음이 없어 누구나 쉽게 사용
- 겉으로 보여 지는 위압감은 리볼버형에 비해 적은 편이다.
- 바람의 영향을 많이 받는 편이다.
- 나누어서 약제 발사가 어렵다. 나누어 발사 시 공기가 유입되어 사용 불가.
- 구입 시 당연히 시험발사가 필수이며 약제에 누출이 되는지 냄새를 맡아보고 발 사 후 독성이 심한지 확인하며 탄의 교체가 쉬운지 확인한다.

〈표 9-4〉 가스분사기

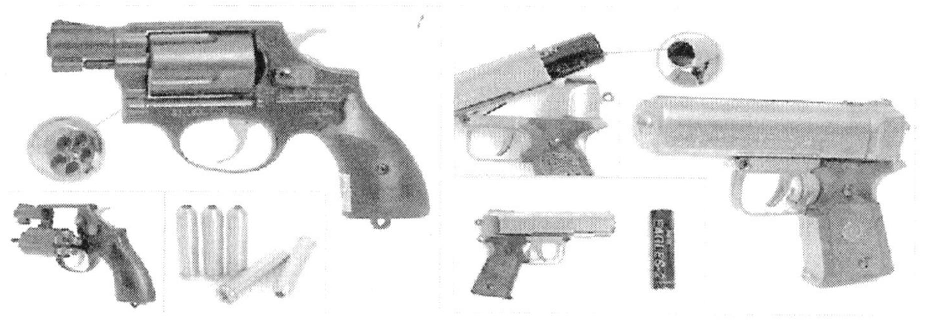

① 리볼버식　　② 분사식

① 리볼버식 : 탄창이 회전식으로 되어 있는 권총.
기존 분사방식과는 다르게 약재탄 한 발 한 발마다 화약을 이용
(약재는 화약 + CO2를 적용)

② 분사식(액체) : 가스분사기로 리볼버식보다 크기가 작아 여성이 휴대하기 좋다.

(4) 분사기 사용원칙

적법한 절차로 분사기 소지 및 사용허가를 얻어 경비업무 등 적법한 업무를 수행하는 중 출현한 현행범인을 제압하기 위해 분사기를 사용할 때에는 최소한 다음과 같은 원칙을 지켜야 한다.

① 경비업무 목적으로 사용하여야 한다.

경비원이 경비업법에 의해 정해진 업무를 수행하기 위해 소지하는 분사기는 경비용이다. 만약 목전에서 위험이 발생하고 있거나 발생하였을 때 이를 제지할 목적으로 부득이하여 분사기를 사용하였다면 이는 경비업무 목적에 부합된다고 할 수 있다. 그러나 주주총회 등과 같이 이권다툼이 예상되는 곳에 배치된 경비원이 회의참석자들에게 위협 혹은 불안감을 주는 등, 위력을 과시하거나 남용 등의 물리력을 행사하기 위해 사용한다면 경비업무 목적에 부합된다고 볼 수 없는 것이다.

② 최소한도 내에서 방어목적으로 사용해야 한다.

분사기를 소지하는 근본 목적은 상대를 위협하거나 공격을 위한 것이 아니라 방어를 위해 소지하는 것이다. 따라서 무분별하게 분사기를 사용하는 일이 없도록 해야 한다. 경비원이 순찰 도중 거동이 수상한 자가 발견되었다고 해서 상대가 어떤 행위도 없었는데 신분확인 절차도 없이 분사기를 사용해서는 안 된다. 따라서 기습적인 공격을 가해 올 때 방어를 위해서 꼭 필요한 최소한도 내에서 사용하여야 한다.

③ 분사기 사용은 반드시 정당방위나, 현행범인 체포 등 적법한 범위 내에서만 사용하여야 한다.[8)]

(5) 분사기 사용요령

경비원이 경비업무를 수행하는 과정에서 현행범인의 체포 등의 이유로 분사기를 사용할 경우에는 자신이 소지하고 있는 분사기를 신속하고 과감하게 사용하여 이를 체포해야 한다. 즉, 자신의 휴대장비를 적절히 사용하기 위해서는 평소에 분사기 사용법을 잘 숙지해서 유사시 즉각 사용할 있는 능력을 구비해야 한다. 따라서 지속적인 반복 숙달연습과 사용설명서 숙지 및 관리를 통해서 가장 효과적으로 분사기를 사용할 수 있는 능력을 갖추어야 한다.

8) 한국경비협회, 「일반경비」, 2010. p.260.

① 분사기 휴대

분사기를 휴대할 때에는 반드시 소지허가증과 함께 가지고 있어야 하며, 휴대요령은 여러 가지가 있으나 일반적으로 경비원이 경비업무를 수행할 때에는 허리휴대와 어깨휴대가 있다.

• 허리 휴대법

가장 보편적인 휴대요령이며, 갑작스런 범인의 출현 등 위급상황이 발생 할 때 즉각적인 대응이 가능해 일반적인 경비업무 시 휴대하는 방법이다.

• 어깨 휴대법

호송경비나 신변보호 등 비노출 경비업무를 수행할 경우 주로 사용하며 부사기 소지 여부를 노출시키지 않는 장점이 있다.[9]

② 액체분사기 사용요령(리볼버형)

- 안전장치를 몸 바깥으로 완전히 밀어 실린더를 개방, 약제를 장전한다.
- 안전장치를 해제한다(OFF에서On으로 위치)
- 목표물을 향해 신속하고 정확하게 조준한다.
- 방아쇠를 당겨 과감하게 조준한다.
- 제압여부를 확인하고 다음 약제 바사여부를 신속하게 판단한다.

❑ 주의사항

- 바람의 영향을 크게 받지는 않지만 가급적이면 바람을 등지고 사용한다.
- 실린더가 왼쪽방향으로 회전하므로 최초분사약제는 1시방향의 약제이다.
- 권총과 유사하고 총성이 있으므로 반드시 분사기라고 분명하게 경고한다.
- 리볼버형 분사기의 안전장치는 자신의 몸 쪽으로 완전히 당기면 안전, 몸 밖으로 밀면 분사기 위치가 된다.(단 제품에 따라 차이가 있으므로 반드시 사용법을 숙지한다)

---

9) 한국경비협회, 「일반경비」, 2010. p.261.

③ 분말분사기 사용 요령(막대형의 경우)

- 약제를 장전하거나 분리할 때는 약제통을 회전시킨다.
- 안전장치를 해제한다(OFF에서On으로 위치)
- 목표물을 향해 신속하고 정확하게 조준한다.
- 방아쇠를 당겨 과감하게 분사한다.

□ 주의사항

- 분말분사기는 바람의 영향을 크게 받으므로 반드시 바람을 등져야 한다.
- 분사한 분말에 의해 경비원 자신이 피해를 입지 않도록 각별히 주의해야 한다.
- 분말분사기의 안전장치 작동은 통상 상, 하로 작동이 된다(단 제품에 따라 차이가 있으므로 반드시 사용법을 숙지한다)

④ 조준요령

- 신속히 분사기를 꺼낸다.
- 일어선 자세에서 분사기를 분사할 경우 두 다리는 안정적인 자세를 취한다.
- 한손 또는 두 손으로 분사기를 파지한 후 목표물을 향한다.
- 파지한 손은 자신의 신체로부터 가급적 멀리 이격한다.(약제로부터의 피해 최소화)
- 조준을 할 때 너무 높거나 낮으면 정확한 조준을 할 수가 없다.
- 가늠자와 가늠쇠를 범인 안면부와 일치시키며 조준점은 범인의 인중이다.[10)]

⑤ 사후조치

- **신속히 역습에 대비한다.**

  역습에 대비하는 방법으로 첫째, 범인에게 분사기가 명중되었는지를 확인하고 제2발을 발사할 준비를 하며 둘째, 명중되었을 경우 범인을 제압하는데 이때 주변사람의 도움을 받을 수 있을 때는 즉시 도움을 요청한다.

---

10) 한국경비협회, 「일반경비」, 2010. pp.261~263.

- **제압한 범인은 즉시 경찰에 인계한다.**

  경찰에 인계할 때에는 직접 인계하는 방법도 있지만 112에 연락하는 방법이 가장 신속하고 정확한 방법이며, 반드시 현장을 보존해서 경찰수사에 혼선을 주거나 자신이 피의자로 오인을 받는 일이 없도록 하며 피해물품이나 증거물을 확보하는 것도 중요하다.

- **인명구조를 한다.**

  사건현장에 부상자가 발생했을 경우주변을 잘 둘러보고, 즉시 119 등에 연락하여 구조를 요청하고 응급조치를 하여야 한다.

- **충약 및 분사기 손질을 한다.**

  한번 사용한 분사기의 약제통은 충약을 하고 비눗물 등으로 분사기를 깨끗이 손질하여 상황이 발생했을 때 즉각 사용할 수 있도록 대비를 한다.[11)]

2) 전자충격기(Electroshock weapon)

전자충격기는 순간적으로 전압을 승압시켜 사람의 활동을 일시적으로 곤란하게 하거나 인명에 위해를 사하는 전류를 방류할 수 있는 기기[12)]로서 상대방을 일시적으로 제압하는 호신장비이다. 전기충격기라고도 불리며, 기절시키는 총이라는 의미로 스턴 건(Stun gun)이라고 부르기도 한다. 종류는 총포형 전자충격기, 막대형 전자충격기, 기타 휴대형 전자충격기가 있다.

막대형은 삼단으로 접을 수 있어 휴대가 편리한 형태도 있고, 접을 수 없는 형태도 있다. 또한 끝 부분에만 전기가 흐르는 종류가 있고, 봉 전체에 전기가 흐르는 종류가 있다. 흔히 핸디형이라고 불리는 종류는 손바닥 크기의 기기 끝 부분에만 전기가 흐르는 형태이다.

11) 한국경비협회, 「일반경비」, 2010. p.264.
12) '총포 · 도검 · 화약류 단속법' 제2조

〈표 9-5〉 전자충격기

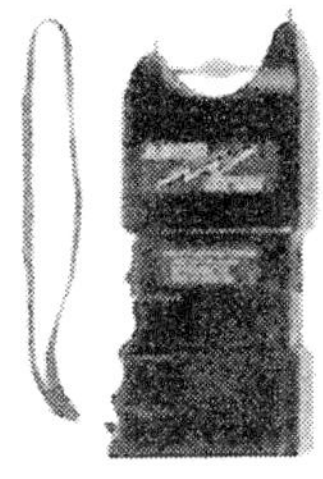 ① 핸디형	 ② 막대형	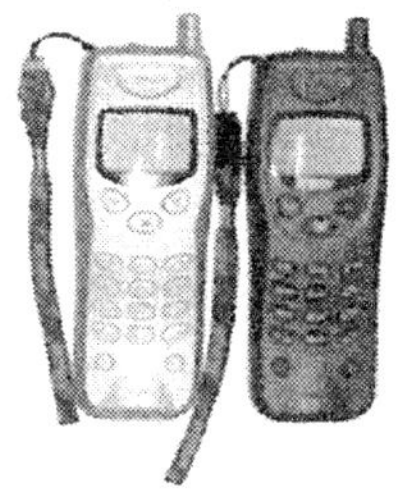 ③ 휴대폰 형
① 핸디형 - 일반적으로 사용하는 형태 ② 막대형 - 경비업체나 주류를 취급하는 자영업자들이 선호하는 제품 ③ 휴대폰형 - 구형 핸드폰과 흡사한 제품		

최근 한국에도 도입이 늘고 있는 M26 단발형 테이저, 최근 일반화되고 있는 것으로는 신축식 나이트 스틱(nightstick)이나, 휴대 전화로 위장한 모델도 존재한다. 막대형은 주로 점포 등의 방범용으로서 비치해 두는 경우가 많으며, 또한 최루 스프레이와 조합한 복합적인 모델도 존재한다.

〈표 9-6〉 상업용 제품들

	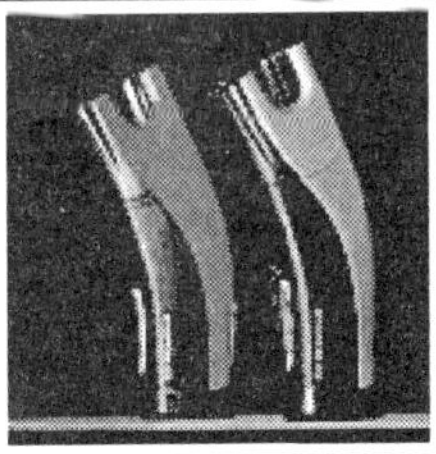		
다목적 권총형 고압 충격기, Raysun X-1	옷을 뚫고 고압을 방전하는 휴대용 테이저	립스틱모양의 은닉이 가능한 무기	테이저 X26
*출처: 위키백과, http://ko.wikipedia.org/wiki/%EC%A0%84%EC%9E%90%EC%B6%A9%EA%B2%A9%EA%B8%B0(검색:2012.01.30)			

(1) 특징

- 전압은 일반적인 것들은 5만 - 50만 볼트이며, 전압은 매우 높은 반면, 전류는 수 mA로 매우 적기 때문에, 살상 능력은 없다. 고전압 모델(110만 볼트도 있다)과 초소형 저전압 모델이 존재한다. 8만 볼트 이상일 경우, 두꺼운 옷 위에에서도 효과가 있으며, 15만 볼트 이상이면 가죽 잠바와 두터운 모피 코트 위에서도 효과가 있다고 한다.
- 전원은 대부분 9볼트 알카라인 건전지를 사용하고 있다. 이것은 충전기가 필요없는, 즉 배터리가 소진되었을 때, 즉시 구입이 가능하고 교환할 수 있는 장점이 있다.
- 핸드폰과 똑같은 외관의 전자충격기는 여성이 휴대 시에 혐오감을 없앨 수 있고, 범인이 핸드폰으로 오인하고 접근 시 방심한 틈을 이용하여 신속하게 사용할 수 있다.
- 1단계는 경보사이렌이 울리고, 2단계는 수천볼트의 전기충격이 가해지는데, 높은 주파수의 경보음은 위협받고 있을 때 주위로부터 도움을 요청할 수 있다.
- 고강도 플라스틱으로 제조하여 가벼우며 견고성이 뛰어납니다.
- 안전스위치를 채택하여 안전사고에 대비.

(2) 주의사항

- 물(水)과의 접촉은 피하여야 한다.
- 건전지 삽입 시에는 사용설명서 및 건전지 삽입구에 표시되어 있는 전극의 방향으로 정확하게 삽입한다.(합선에 의한 고장 방지)
- 반드시 알카라인(듀라셀, 에너자이저) 건전지를 사용.
- 딱딱한 물체와 직접적인 충격을 가하는 것을 삼가.
- 개조 및 분해하지 않는다.
- 노약자나 어린이에게 사용을 금한다.
- 어린이의 손에 닿지 않는 곳에 보관.
- 시중에 흔히 허가를 받지 않고 살 수 있는 전기충격기라고 광고하는 것들이

있는 데 실제 성능은 맞으면 약간 따끔한 정도다. 이런 제품은 절대 사지 말도록 하고, 만약 샀더라도 사용하지 말아야 한다. 사용할 시 범죄자를 자극하여 더 위험한 상황에 처할 수 있다.

- 대한민국은 날 길이 15cm가 넘는 칼, 15cm가 안 되더라도 날이 자동으로 나오는 칼, 석궁도 경찰에서 허가를 받아야지만 구입 및 소지가 가능한 나라고, 전자충격기나 분사기도 약간이라도 위험하면 모두 경찰 허가가 필요하다. 따라서 경찰의 소지허가가 필요한 제품이라는 얘기는 최소한의 품질은 보증되어있다고 할 수 있고, 소지허가가 필요없는 전자충격기는 장난감 수준이라고 생각해도 무방하다.[13]

※ 국내 법규상 전기충격기는 60,000V를 초과할 수 없다. 치한퇴치에 사용하는 전기충격기의 성능은 17,000V이다. (17,000V 정도의 전기충격기는 경찰청장의 허가 없이 소지가능하고 그 이상일 경우는 관할경찰서장의 허가를 받아야 한다.)

3) 스프레이식 분사기(호신용 스프레이)

호신용스프레이로는 식물성분과 화학성분 두 종류가 있는데 화학성분의 스프레이는 폭동 진압용으로 쓰이고 일반적으로는 식물성분의 스프레이를 사용한다.

〈표 9-7〉 호신용 스프레이

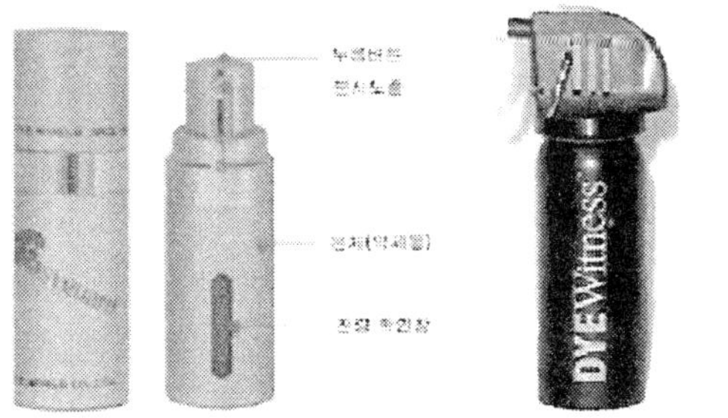 ① 스프레이 ② DYE Witness	① 스프레이 : 분사거리 - 1m~3m ② DYE Witness : 후추성분의 스프레이로 녹색의 액체가 들어있어 스프레이가 분사된 부분이 녹색으로 일주일동안 지워지지 않게 된다.

13) 위키백과, http://ko.wikipedia.org/wiki/%EC%A0%84%EC%9E%90%EC%B6%A9%EA%B2%A9%EA%B8%B0 (검색:2012.01.30)

흔히 립스틱 모양으로 소지가 편하고 소지허가도 받지 않는다. 압축가스가 없으므로 상대에 가까이 붙어야 하며 1m도 안 되는 유효사거리라 위험성이 있다.

4) 삼단봉

호신용 삼단봉은 접혀 있으면 약20cm이지만 펴면 60cm가 되는 접을 수 있는 긴 철재 막대 형태의 강철봉이다. 한 대 맞으면 뼈가 상할 수 있을 정도로 충격을 주는 안전 장구로 위험한 상황에서 안전을 위협하는 사람과 맞닥뜨렸을 때 상용된다. 재질은 알루미늄과 강철이 있는데 알루미늄은 가볍고 휴대가 용이하고, 강철은 좀 무겁지만 타격 효과가 커 좋다.

〈표 9-8〉 삼단봉

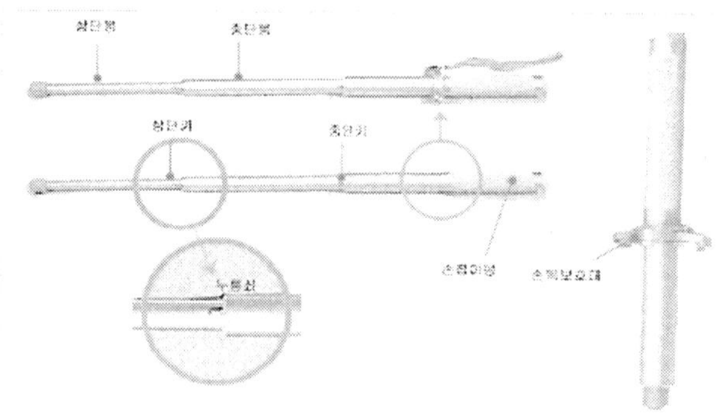	○ 길이 :최대 340㎜± 최소 200㎜± ○ 접혀 있으면 약 20㎝ 이지만 펴면 60㎝가 되는 막대 형태로 평소에는 접어서 허리, 다리에 휴대

5) 수동적 방어 제품

(1) 호루라기

〈표 9-9〉 호루라기

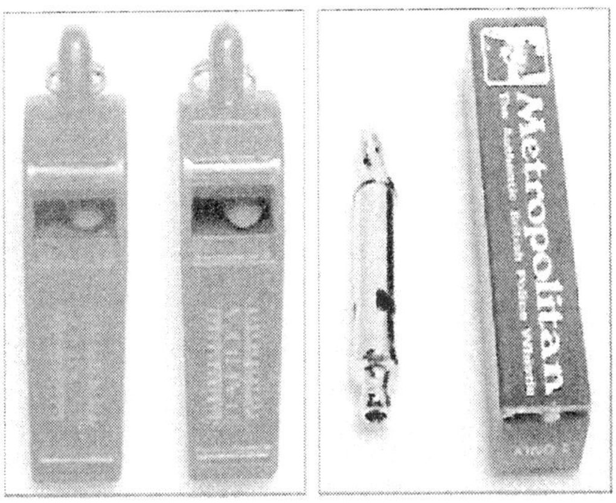	◆ 좌측제품은 안에 pea가 있는 형태로 우리가 흔히 일반적으로 알고 있던 호루라기 형태로 위급상황 시 불어주면 된다. (길이 : 5cm) ◆ 우측제품은 안에 pea가 없는 형태로 두 개의 관을 통해 서로 다른 소리가 난다. (길이 : 6.8cm) * pea : 호루라기 안에 들어있는 작은 코르크가 된 알을 말하며 제품에 따라 있는 것과 없는 것이 있다.

(2) 호신경보기

경보기는 호루라기와 비슷한데 자동으로 경보음을 울리거나 줄 또는 버튼을 눌러 경보의 기능을 하는 것이다. 입으로 부는 호루라기 제품을 대체하여 나온 제품이다.

〈표 9-10〉 호신경보기

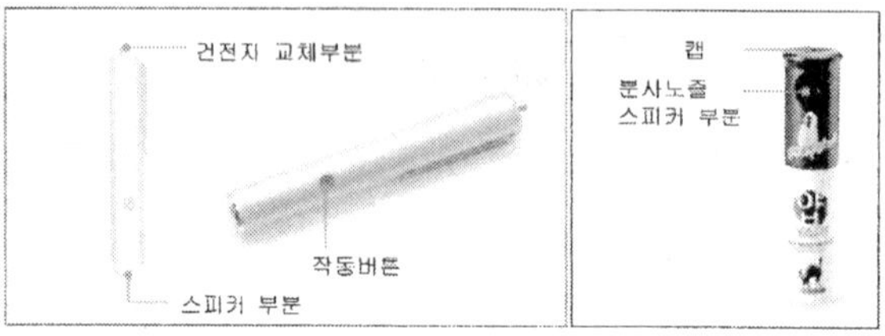	◆ 좌 - 위급상황 시 손으로 버튼만 누르면 120db의 강력하고 날카로운 굉음이 나온다. 〈길이:10㎝, 무게:25g, 소리:120db이상(10㎝거리이내)〉 ◆ 우 - 위급상황에 캡을 눌러 경보음을 발생(130db)

6) 두 가지 이상의 기능을 접목한 제품

(1) 전자충격기 · 후레쉬 · 경보기 · 호신봉 · 기능 접목 제품

국내 전자 충격기 중 가장 긴 제품으로 평소에는 1단으로 휴대하고 사용 시에는 3단봉으로 사용한다. 무게가 좀 나가고 크기도 좀 커서 휴대보다는 경비원과 같은 직업적으로 방어를 필요로 하는 사람들이 주로 사용한다.

〈표 9-11〉 전자충격기

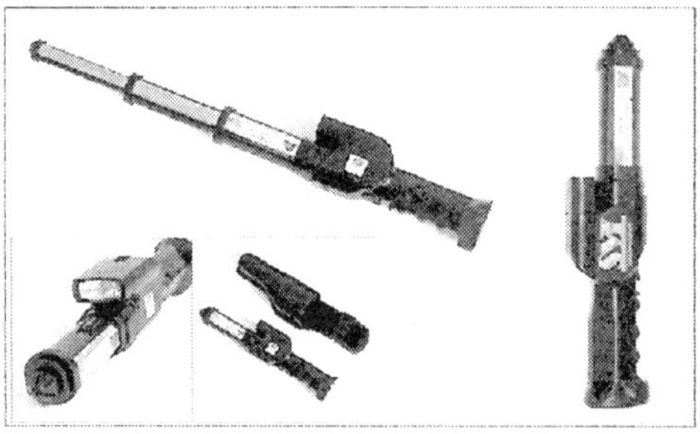	○ 길이 •1단일 때 - 325㎜ •폈을 때 - 545㎜ ○ 무게 : 460g

(2) 가스총 · 삼단봉 기능 접목 제품

스트라이커(striker)는 가스총과 3단봉을 결합한 일체형으로 손잡이 부분에 가스탄이 들어가고 버튼을 누르면 가스가 나온다. 평소에는 1단으로 작은 사이즈이지만 사용 시 3단으로 길어진다.

〈표 9-12〉 스트라이커

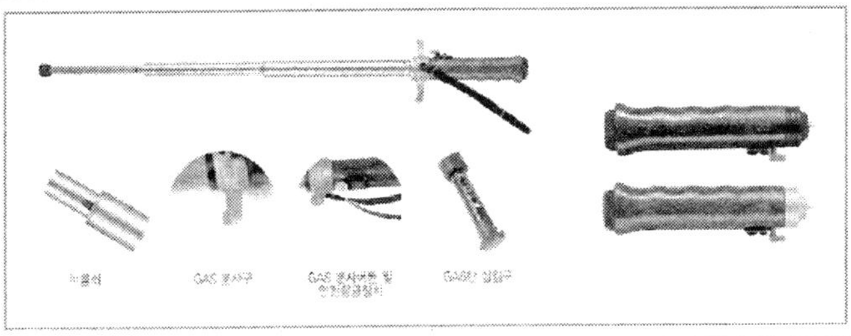

○ 여성용 - 무게 : 300g, 길이 : 165㎜,
○ 남성용 - 무게 620g, 길이 : 595㎜
○ 분사거리 : 3 ~ 5m

7) 해외 용품 사례

(1) 옷 형태의 전기충격기

그림과 같이 여성용 재킷의 형태로 평소에는 소매 단을 올려서 사용하고 위급상황엔 소매 깃에 있는 버튼을 조작하여 전원을 켜서 사용한다. 전원을 켜면 버튼 옆 LED가 빨간색으로 표시되고 양쪽 소매 안에 있는 조작버튼을 누르면 전류가 흘러서 접촉 시 가해자에게 충격을 주는 제품이다. (9V의 배터리를 사용한다.)

〈표 9-13〉 NO-CONTACT JACKET

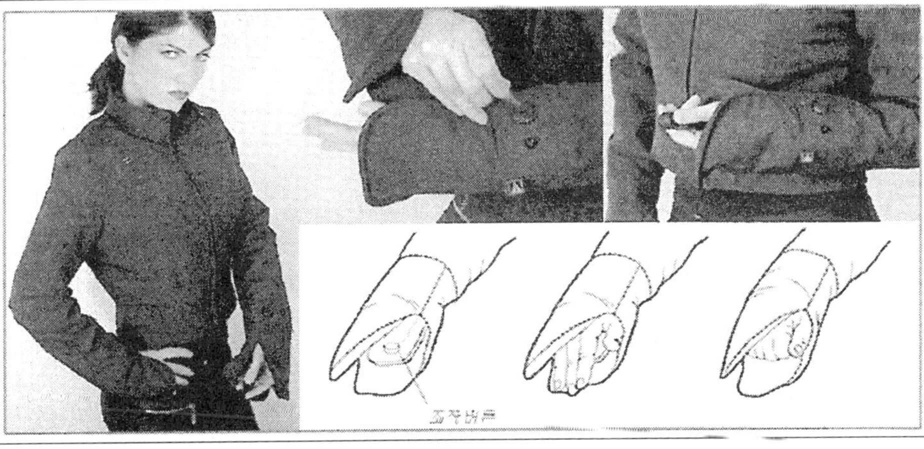

(2) 반지형태

반지형태로 금·은도금 제품 두 종류이다. 반지 속에 초강력 후추 스프레이가 들어있어 위급한 상황이 닥쳤을 때 반지 측면에 있는 조그만 버튼을 엄지손가락으로 누르면 후추 스프레이가 분사된다. 약제는 리필 가능하다. 효과는 스프레이를 맞는 순간 눈의 모세혈관이 타는 느낌을 받게 된다. 또한 심한 기침과 숨막힘, 재채기, 눈, 코, 목, 피부가 타는 느낌을 주게 되고 구토증상을 일으킨다. 이런 증세는 약45분간 지속된다.

〈표 9-14〉 Stunning Ring

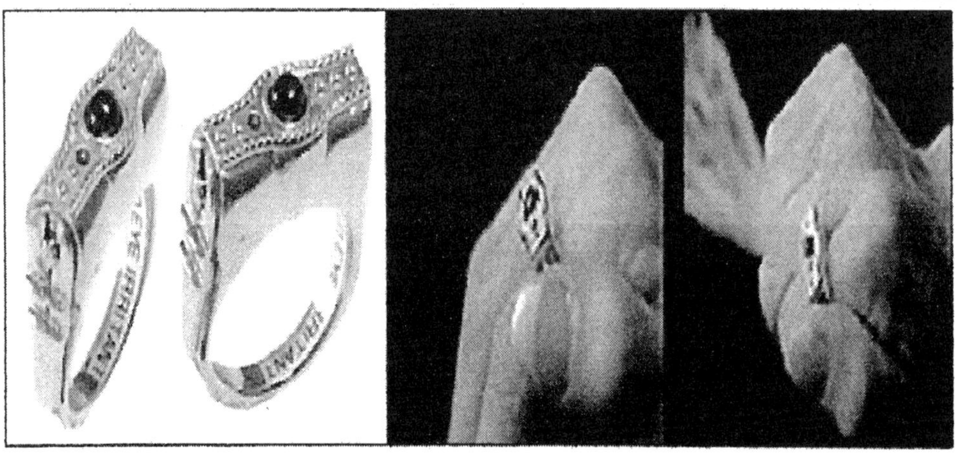

• 금과 은도금 제품	• 위급 시 측면 버튼을 누른다.	• 버튼을 누르면 스프레이가 분사된다.

6. 무기 및 호신장비 관련 법규

무기나 경호, 호신장비는 사용 중 상대방에게 심각한 피해 및 상해를 줄 수 있다. 우리나라의 경우 민간인에 대한 총기의 소지나 사용이 금지되어 있으며, 소지가 법적으로 허가 된 사람이라도 장비의 휴대나 사용이 제한적일 수 있으므로 법이 정하는 범위 내에서 선택되고 사용되어야 한다.

1) 형법 및 형사소송법

(1) 정당방위(正當防衛)

정당방위란 '자기 또는 타인의 법익에 대한 현재의 부당한 침해를 방위하기 위한 행위는 상당한 이유가 있는 때에는 벌하지 아니한다'(형법 제21조)고 명시되어 있는데 형법상 정당방위란 자신이나 남에게 가해지는 현재의 급박하고 부당한 침해를 막기 위해 어쩔 수 없이 취한 가해 행위로 자기보호의 원칙 및 법질서 수호의 원칙으로 정당화한다.

정당방위는 개인의 법익에 대한 보호뿐만 아니라 법질서의 유지를 위해서도 법이 인정하고 있는 위법성조각사유 중 가장 인정되는 것으로서 긴급피난의 경우와는 달리 반드시 다른 피난방법이 없을 것을 요하지 않으며 침해한 법익이 방위된 법익을 가치관계에서 초과하지 않을 것을 요구하지도 않는다.

형법은 이러한 행위가 상당한 이유가 있는 때에는 벌하지 않기로 하였다(형법 21조). 정당방위의 요건은 다음과 같다.

① 현재의 부당한 침해

현재의 침해라 함은 당장에 절박해 있든가 또는 아직 계속인 침해를 말하며, 장래에 이르러 비로소 나타날 침해라든가 또는 이미 끝나 버린 침해는 포함되지 않는나. 그리고 이러한 침해는 부당한 것이라야 한다. 왜냐하면 부당한 침해라야만 피해자는 그것을 인수(忍受)할 의무를 가지지 않기 때문이다. 따라서 합법적인 공무집행행위 기타 정당한 이유가 있는 침해에 대하여는 정당방위는 허용되지 않는다. 그리고 여기의 부당한 침해는 형법상의 범죄행위에만 국한되는 것은 아니며, 민법상 · 행정법상의 모든 불법이 포함될 수 있고, 그리고 형사미성년자나 심신상실자의 침해도 여기에 해당될 수 있다(통설). 침해는 타인의 권리에 대한 공격을 말한다. 반드시 인간에 의한 것이라야 하며, 동물이나 자연현상에 의한 침해는 이것을 부당하다고 인정할 수 없으므로 그것에 대한 정당방위는 성립될 수 없고, 경우에 따라서 긴급피난(형법 제22조)이 가능할 뿐이다. 그러나 주인에 의하여 사주(使嗾)된 동물의 침해에 대하여는 정당방위가 가능할 것이다.

② 자기 또는 타인의 법익을 방위하기 위하여 상당한 이유

여기의 타인은 친족에만 국한되지는 않는다. 어떠한 법익도 보호되어야 하는 것처럼 누구의 법익도 방위될 수 있다. 이러한 법익 속에는 형법상 보호되는 법익뿐만이 아니라 기타의 모든 법익이 포함된다. 생명·신체·자유·명예·정조·소유권·점유권 등은 그 대표적인 예가 된다. 그리고 정당방위는 이러한 법익에 대한 '침해를 방위하기 위한 행위'라야 한다. 따라서 방위자에게는 방위의사가 있어야 한다(통설·판례). 왜냐하면 그저 불법을 행할 목적으로 감행된 것을 정당한 방위라고 인정할 수는 없기 때문이다. 방위행위는 침해자에 대하여 행하여져야 하며, 제3자에 대한 것일 경우에는 경우에 따라 긴급피난이 될 수 있을 뿐이다.

③ 방위행위하기 위한 상당한 이유

사회통념(社會通念)에 비추어 상당하다고 인정되어야 하므로, 작은 법익을 방위하기 위하여 지나치게 큰 법익에 대한 반격을 가하였을 경우에는 정당방위라고 인정되지 않는다. 따라서 방위행위가 그 정도를 초과하였을 경우에는(초과방위) 그것을 정당한 방위라고 인정할 수는 없고, 다만 정황(情況)에 따라 그 형을 감경 또는 면제할 수 있을 뿐이다(형법 제21조 2항). 다만 그 초과방위가 야간 기타 불안스러운 상태하에서 공포 ·경악 ·흥분 또는 당황으로 인한 때에는 벌하지 않기로 하였다(형법 제21조 3항).

정당방위는 민법에서도 문제가 되고 있다. 즉, 타인의 불법행위에 대하여 자기 또는 제3자의 법익을 방위하기 위하여 부득이 그 타인에게 손해를 가한 행위는 정당방위가 되어 그 손해를 배상할 책임이 없다고 민법은 규정하고 있다(민법 제761조 1항 본문). 그러나 이때의 피해자는 불법 행위자에 대하여 손해의 배상을 청구할 수 있다(민법 제761조 1항 단서).

방위행위가 지나쳐 그 상당성의 정도를 벗어난 과잉방위(過剩防衛)나 객관적으로 정당방위의 요건이 구비되지 않았는데도 불구하고 착오로 정당방위의 요건이 구비된 것으로 오인하고 방위를 한 오상방위(誤防衛想) 등은 위법성이 조각되지 않아 처벌된다.

그러나 정당방위가 자기사법을 의미하는 것은 아니며, 따라서 법질서를 방어할

이익이 없는 경우에는 정당방위가 제한될 수 있다. 그러나 이러한 정당방위의 제한의 근거가 사회, 윤리적 가치에 있다는 것은 형법의 도덕화를 통한 처벌범위의 확대를 의미하게 되므로 타당하다고 할 수 없다. 따라서 법익보호를 위한 정당방위에 대하여 법질서수호의 원칙에 따른 제한이 가능하지만, 이는 결코 사회윤리적 제한으로 파악해서는 안 될 것이다.[14)]

❑ 과잉방위(過剩防衛)

일반사회통념상 정당방위라고 인정되는 수준, 즉 상당성을 넘은 방위행위를 말한다. 상당성이 있는지의 여부 판단은 객관적으로 이루어진다. 따라서 상당성 초과에 대한 인식의 유무는 과잉방위의 성립과는 관계가 없다.

과잉방위는 정당방위로서의 위법성은 조각(阻却)되지 않으나, 정황에 따라 그 책임이 감경 또는 면제될 수 있다(형법 제21조 2항). 그러나 야간, 기타 불안스러운 상황에서 공포 · 경악 · 흥분 또는 당황 등 특별한 정황으로 인해 정도를 초과한 방위행위를 한 경우에는 형벌이 면제된다. 이것은 위법행위이기는 하지만, 이런 경우에는 적법행위의 기대가능성(期待可能性)이 없기 때문이다.

이러한 특별한 정황이 존재하지 않는 일반적인 정황이 있는 경우에는 상황에 따라 그 형을 감경 · 면제할 수 있다. 과잉방위는 위법한 행위이므로 이에 대한 정당방위도 허용된다.[15)]

❑ 오상방위(誤想防衛)

오상방위란 정당방위의 요건이 되는 사실, 즉 자기나 타인의 법익에 대한 현재의 부당한 침해가 없는데도 그것이 있다고 잘못 생각하여 행한 방위행위로 착각방위(錯覺防衛)라고도 한다.

예컨대 밤길을 걷다가 뒤에서 급한 일로 뛰어오는 사람을 자기를 죽이려고 뛰어오는 줄 잘못 알고, 정당방위라 생각하여 사살한 경우와 같다.

형법은 오상방위에 관하여 아무런 규정을 두고 있지 않다. 오상방위는 정당방위가 아니므로 위법성이 조각(阻却)되지 아니함은 물론이지만, 이 경우에는 위법

14) 네이버백과사전, http://100.naver.com/100.nhn?docid=135882(검색:2012.01.30)
15) 네이버백과사전, http://100.naver.com/100.nhn?docid=17452(검색:2012.01.30)

인 사실을 인식하지 못한 것이므로 '사실의 착오'로서 단순히 과실범으로 취급하여야 한다는 학설과, '법률의 착오(금지의 착오)'로서 고의가 조각되지 않는다는 학설이 대립되어 있다.[16)]

(2) 정당행위(正當行爲)

정당행위는 크게 법령에 의한 행위, 업무로 인한 행위, 기타 사회상규(社會常規)에 위배되지 않는 행위로 나눌 수 있다(형법 제20조).

① 법령에 의한 행위

이는 법령의 근거에 의해 권리 또는 의무로서 행해지는 행위를 말한다. 법령에 의한 행위는 이로 인해 타인의 법익을 침해하여 구성요건에 해당하는 때도 정당행위로서 그 위법성이 조각된다. 또한 위법성은 법질서 전체와의 관계에서 내려지는 가치판단이므로 이 경우 법령이란 형법 이외의 개별적인 법령도 포함된다. 그러나 법령에 의한 행위일지라도 사회상규에 비추어 권리의 남용이라고 볼 수 있는 때는 위법성이 조각되지 않는다. 법령에 의한 행위의 대표적인 사례로는 공무원의 직무집행행위(예를 들면 형사소송법 제206조와 제216조에 의한 강제처분 등), 친권자 및 교사의 징계행위(민법 제915조, 교육법 제76조, 소년원법 제15조 등), 현행범인의 체포(형사소송법 제212조), 노동쟁의행위(헌법 제33조 및 노동쟁의조정법 제3조) 등을 들 수 있다. 이밖에도 모자보건법에 의한 임신중절수술(제14조), 승마투표권의 발행(한국마사회법 제6조) 등과 같이 개별적인 법률에 의해 행위의 위법성이 조각되는 경우도 있다.

② 업무로 인한 행위

업무란 사람이 사회생활상의 지위에 의하여 계속·반복의 의사로서 행하는 사무를 의미하는데 그 업무는 사회통념에 비추어보아 정당한 것이어야 한다. 업무로 인한 행위의 대표적인 사례는 의사의 치료행위지만 변호사의 변론이나 성직

---

16) 네이버백과사전, http://100.naver.com/100.nhn?docid=115414(검색:2012.01.30)

자의 종교상의 행위도 여기에 포함된다. 그밖에 운동경기에 의한 법익의 침해나 안락사의 문제도 업무에 의한 행위로 파악하는 입장이 있다. 그러나 운동경기에 의한 법익침해는 경기규칙의 범위를 벗어나지 않는 한 '허용된 위험'의 경우로서 구성요건을 조각하는 것이라고 해석해야 하며, 또한 안락사도 그 자체로서는 정당한 업무로 볼 수 없고 단지 일정한 요건을 구비하는 경우 사회상규에 의해 정당화되는 것으로 해석하는 것이 타당할 것이다.

③ 기타 사회상규에 위배되지 않는 행위

사회상규에 위배되지 않는 행위란 비록 구성요건에 해당한다고 해도 그것이 지극히 정상적인 생활형태의 하나로서 역사적으로 생성된 생활 질서를 벗어난 경우로 볼 수 없는 행위를 말한다. 사회상규에 반하지 않는 정당행위로 인정되기 위해서는 행위의 동기나 목적의 정당성, 행위의 수단이나 방법의 상당성, 보호이익과 침해이익과의 법익균형성, 긴급성, 보충성 등의 요건을 충족해야 한다. 판례에 나타난 사례들은 행위동기를 용인할 만하고 그 행위로 인한 법익침해가 경미한 경우가 대부분이다. 예컨대 상대방의 도발이나 폭행 및 강제집행 등을 피하기 위한 소극적인 저항이나, 법령상 징계권이 없는 자의 징계행위가 객관적으로 징계의 범위를 벗어나지 않고 주관적으로도 교육의 목적에 반하지 않는 경우 등이 이에 해당한다.[17]

(3) 긴급피난(緊急避難)

긴급피난이란 자기 또는 타인의 법익에 대한 현재의 위난(危難)을 피하기 위해 행한 상당히 이유있는 행위(형법 제22조 1항, 민법 제761조 2항)이다.

긴급상태에서 자기나 타인의 법익을 보호하기 위한 행위로서, 처벌되지 않는다는 점에서는 정당방위와 같지만 법적 성격은 서로 다르다. 정당방위는 위법한 침해에 대한 반격이라는 점에서 위법하지 않은 침해에 대한 피난을 허용하는 긴급피난과 구별된다.

---

17) 다음 백과사전, http://100.daum.net/encyclopedia/view.do?docid=b19j1041b(검색: 2012.02.04)

긴급피난이 성립하기 위해서는 첫째, 자기 또는 타인의 법익에 대한 현재의 위난상태가 있어야 한다. 여기의 법익에는 생명·신체·자유·명예·재산 등의 개인적 법익뿐만 아니라 국가·사회적 법익도 포함된다. 현재의 위난이란 법익에 대한 침해가 즉시 또는 곧 발생할 것으로 예상되는 경우를 말한다. 긴급피난자의 책임있는 행위로 인하여 긴급피난상태를 자초한 경우(소위 자초위난)에도 긴급피난은 가능하다(반대입장 있음). 둘째, 피난행위가 있어야 한다. 피난행위는 현재의 위난을 피하기 위한 행위로서 주관적으로 피난의사를 가지고 하여야 한다. 셋째, 피난행위로서 사회 상규(常規)상 당연하다고 인정되는 상당한 이유가 있어야 한다. 이는 긴급피난의 필요성·보충성·균형성·적합성의 원리에 의해 결정된다. 상당성이 없는 피난행위를 과잉피난이라고 한다. 이 경우 위법성은 인정되나 정황에 따라 형을 감경(減輕), 또는 면제할 수 있다(형법 제21조 2항, 제22조 3항). 그러나 야간, 기타 불안스러운 상태에서의 공포·경악·흥분·당황으로 인한 때에는 처벌하지 않는다(형법 제22조 3항). 긴급피난의 상황이라도 위난을 피하지 못할 책임이 있는 자에게는 긴급피난이 허용되지 않는다(형법 제22조 2항). 이들은 직무상 또는 업무상 위난을 피할 수 없는 특별한 의무가 있는 자들로 군인·경찰관·의사·소방관 등이다.[18]

(4) 현행범인 체포

현행범인이란 '범죄의 실행중이거나 실행 직후인 자(형사소송법 제211조 1항)'를 말하며 형사소송법상 현행범인은 고유한 의미의 현행범인과 준현행범으로 나누어 규정되어 있다. 고유한 의미의 현행범인이란 범죄를 실행하고 있는 중이거나 실행을 막 끝낸 자를 말하며, 준현행범인이란 고유한 의미의 현행범인은 아니지만 현행범으로 간주되는 자로서 범인으로 호창(呼唱)되어 추적되고 있거나, 장물이나 범죄에 사용되었다고 인정함에 충분한 흉기 또는 기타의 물건을 소지하고 있거나, 신체 또는 의복류에 현저한 증적(證跡)이 있거나, 누구임을 물음에 대해 도망치려 하는 자가 이에 해당한다.

18) 브리태니카백과사전, http://100.daum.net/encyclopedia/view.do?docid=b03g1320a(검색: 2012.02.04)

현행범의 체포는 긴급성이 인정되기 때문에, 헌법은 체포·압수·수색·구속시에는 법관이 발부한 영장을 제시해야 하지만 현행범인 경우에는 사후에 영장을 청구할 수 있다고 규정하고 있다(제12조 3항). 이에 따라서 형사소송법은 "현행범인은 누구든지 영장 없이 체포할 수 있다"(제212조)라고 명시하고 있다. 현행범으로 체포할 수 있는 요건으로서는 체포당시에 특정한 범죄의 범인임이 명백해야 하고, 영장주의의 예외로 인해 침해되는 법익과 체포의 필요성 사이에 비례성이 존재해야 한다. 형사소송법상 5만원 이하의 벌금 또는 구류나 과료에 해당하는 죄의 현행범에 대해서는 범인의 주거가 분명하지 않은 때에 한해 현행범으로 체포할 수 있다고 한 규정(제214조)이 이러한 비례성의 원칙을 잘 나타내주고 있다. 검사 또는 사법경찰관이 아닌 자가 현행범을 체포한 때에는 즉시 검사 또는 사법경찰관에게 인도해야 하며(제213조), 사법경찰관이 현행범의 인도를 받은 때에는 체포자의 성명, 주거, 체포의 사유를 물어야 하고 필요한 때에는 체포자에 대하여 경찰관서에 동행할 것을 요구할 수 있다(제213조 2항).

현행범으로 영장 없이 체포한 경우에도 반드시 사후영장을 발부받아야 한다. 구속영장은 지방법원 판사가 있는 시 또는 군에서는 48시간, 기타의 시 또는 군에서는 72시간 안에 발부받아야 하고 사후영장을 발부받지 못하면 즉시 석방해야 하며, 석방된 사람을 구속영장 없이 동일한 범죄사실을 이유로 다시 구속할 수 없다(제207조, 제213조의 2).[19)]

2) 총포·도검·화약류 등 단속법

- 분사기 소지허가를 받은 사람은 허가 받은 용도에 사용하기 위한 경우와 그 밖의 정당한 사유가 있는 경우 외에는 해당 분사기를 소지하거나 운반해서는 안 된다고 규정하고 있으며(총포·도검·화약류 등 단속법 제17조1항), 분사기의 소지허가를 받은 사람은 허가 받은 용도나 그 밖의 정당한 사유가 있는 경우 외에는 분사기를 사용해서는 아니 된다고 명시하고 있다.(동법 제17조2항) 만약 이를 위반할 경우벌칙조항에 의해 2년이하의 징역 또는 500만원 이하의 벌금벌금형으로 벌하도록 되어 있다.(동법 제73조)

19) 브리태니카백과사전, http://100.daum.net/encyclopedia/view.do?docid=b25h0990a(검색: 2012.02.04)

- **결격사유**

제13조(총포 · 도검 · 화약류 · 분사기 · 전자충격기 · 석궁소지자의 결격사유 등)

다음 각호의 1에 해당하는 사람은 총포 · 도검 · 화약류 · 분사기 · 전자충격기 · 석궁의 소지허가를 받을 수 없다.

① 20세 미만인 사람. 다만, 대한체육회장이나 특별시 · 광역시 또는 도의 체육회장이 추천한 선수 또는 후보자가 사격경기용 총을 소지하고자 하는 경우에는 그러하지 아니하다.

② 심신상실자, 마약 · 대마 · 향정신성의약품 또는 알콜의 중독자 그 밖의 이에 준하는 정신장애자

③ 금고 이상의 실형의 선고를 받고 그 집행이 종료(집행이 종료된 것으로 보는 경우를 포함한다)되거나 집행이 면제된 날부터 3년이 지나지 아니한 사람

④ 이 법의 규정을 위반하여 벌금형의 선고를 받고 3년이 지나지 아니한 사람

⑤ 특정강력범죄의처벌에관한특례법 제2조제1항 각호의 1의 규정에 의한 특정강력범죄를 범하여 징역 이상의 형의 집행유예선고를 받고 그 유예기간이 끝난 날부터 2년이 지나지 아니한 사람

⑥ 이 법의 규정을 위반하여 금고 이상의 형의 집행유예선고를 받고 그 집행유예의 기간이 끝난 날로부터 1년이 지나지 아니한 사람

⑦ 제45조 또는 제46조제1항의 규정에 의한 허가취소처분을 받고 1년이 지나지 아니한 사람[20]

3) 경비업법

- 경비업자가 경비원으로 하여금 분사기를 휴대하여 직무를 수행하게 하는 경우에는 '총포 · 도검 · 화약류 등 단속법'에 의하여 미리 분사기의 소지허가를 받아야 한다(경비업법 시행규칙 제21조).고 규정되어 있으므로 경비원이 경비업무 시 분사기를 소지하는 것은 정당한 업무수행에 사용이 가능하다고 해석할 수 있으며 근무 중에 한하여 휴대를 하도록 하는 것은 경비용으로서 근무지를 벗어나거나 직무수행 목적 이외에 사용을 금지한다고 볼 수 있다.

20) 총포 · 도검 · 화약류 등 단속법 제17조

- 경비업자는 경비대상시설의 소유자 또는 관리자(이하 "시설주"라 한다)의 관리권의 범위 안에서 경비업무를 수행하여야 하며, 다른 사람의 자유와 권리를 침해하거나 그의 정당한 활동에 간섭하여서는 아니 된다(경비업법 제7조1항)고 규정함으로서 경비업자의 일반적 한계를 규정하였다.
- 경비원의 의무로 경비원은 직무를 수행함에 있어 타인에게 위력을 과시하거나 물리력을 행사하는 등 경비업무의 범위를 벗어난 행위를 하여서는 아니된다. 또한 누구든지 경비원으로 하여금 경비업무의 범위를 벗어난 행위를 하게 하여서는 아니 된다고 규정하였다.(경비업법 제15조2항)

- **특수경비원의 무기사용: 제14조3~9항 (특수경비원의 직무 및 무기사용 등)**

① 지방경찰청장은 국가중요시설에 대한 경비업무의 수행을 위하여 필요하다고 인정하는 때에는 시설주의 신청에 의하여 무기를 구입한다.

② 시설주는 무기 구입대금을 지불하고, 구입한 무기를 국가에 기부채납 하여야 한다.

③ 지방경찰청장은 국가중요시설에 대한 경비업무의 수행을 위하여 필요하다고 인정하는 때에는 관할 경찰관서장으로 하여금 시설주의 신청에 의하여 시설주로부터 국가에 기부 채납된 무기를 대여하게 하고, 시설주는 이를 특수경비원으로 하여금 휴대하게 할 수 있다. 이 경우 특수경비원은 정당한 사유 없이 무기를 소지하고 배치된 경비구역을 벗어나서는 아니 된다.

④ 시설주가 제3항의 규정에 의하여 대여 받은 무기에 대하여 시설주 및 관할 경찰 관서장은 무기의 관리책임을 지고, 관할 경찰관서장은 시설주 및 특수경비원의 무기 관리상황을 대통령령이 정하는 바에 따라 지도감독 하여야 한다.

⑤ 관할 경찰관서장은 무기의 적정한 관리를 위하여 제3항의 규정에 의하여 무기를 대여 받은 시설주에 대하여 필요한 명령을 발할 수 있다.

⑥ 시설주로부터 무기의 관리를 위하여 지정 받은 책임자(이하 관리책임자라 한다)는 다음 각 호에 의하여 이를 관리하여야 한다.

- 무기출납부 및 무기장비운영카드를 비치, 기록하여야 한다.
- 무기는 관리책임자가 직접 지급, 회수하여야 한다.

⑦ 특수경비원은 국가중요시설의 경비를 위하여 무기를 사용하지 아니하고는 다른 수단이 없다고 인정되는 때에는 필요한 한도 안에서 무기를 사용할 수 있다.

⑧ 무기사용 허용

무기 또는 폭발물을 소지하고 국가중요시설에 침입한 자각 특수경비원으로부터 3 회 이상 투기(投棄) 또는 투항(投降)을 요구 받고도 이에 불응하면서 계속하는 경우 이를 억제하기 위하여 무기를 사용하지 아니하고는 다른 수단이 없다고 인정되는 때

국가중요시설에 침입한 무장간첩이 특수경비원으로부터 투항(投降)을 요구 받고도 이에 불응한 때

※ 특수경비원의 무기휴대, 무기종류, 그 사용기준 및 안전검사의 기준 그 밖의 필요한 사항은 대통령령으로 정한다.

- **특수경비원의 무기휴대: 시행령 제20조(특수경비원 무기휴대의 절차 등)**

① 시설주는 특수경비원이 휴대할 무기를 대여 받고자 하는 때에는 무기대여 신청서를 관할경찰서장 및 공항경찰대장 등 국가중요시설의 경비책임자를 거쳐 지방 경찰청장에게 제출하여야 한다.

② 시설주는 관할경찰관서장으로부터 대여 받은 무기를 특수경비원에게 휴대하게 하는 경우에는 관할경찰관서장의 사전승인을 얻어야 한다.

③ 사전승인을 함에 있어서 관할경찰관서장은 국가중요시설에 총기 및 폭발물의 소지자나 무장간첩 침입의 우려 여부 등을 고려하는 등 특수경비원에게 무기를 지급하여야 할 필요성이 있는지의 여부에 관하여 판단하여야 한다.

④ 시설주는 무기지급의 필요성이 해소되었다고 인정되는 때에는 특수경비원으로부터 즉시 무기를 회수하여야 한다.

⑤ 특수경비원이 휴대할 수 있는 무기종류는 권총 및 소총으로 한다.

⑥ 경찰장비의 사용기준 등에 관한 규정에 의한 안전검사의 기준에 관하여 이를 준용한다.

⑦ 시설주, 관리책임자와 특수경비원은 행정자치부령이 정하는 무기관리수칙을 준수하여야 한다.

- **특수경비원의 무기감독: 시행령 제21조(무기관리에 대한 지도 · 감독)**

  관할경찰관서장은 법 제14조제5항의 규정에 의하여 시설주 및 특수경비원의 무기관리상황을 매월 1회 이상 점검하여야 한다.

- **특수경비원의 무기관리: 시행규칙 제17조(무기대여신청서) 제18조(무기의 관리수칙 등)**

① 무기의 관리를 위한 책임자를 지정하고 관할경찰관서장에게 이를 통보할 것.
② 무기고 및 탄약고는 단층에 설치, 환기.방습.방화 및 총가 등의 시설을 할 것.
③ 탄약고는 무기고와 사무실 등 많은 사람을 수용하거나 많은 사람이 오고 가는 시설과 떨어진 곳에 설치할 것.
④ 무기고 및 탄약고에는 이중 시건 장치를 하여야 하며, 열쇠는 관리책임자가 보관하되, 근무시간 이후에는 열쇠를 당직책임자에게 인계하여 보관시킬 것.
⑤ 관할경찰관서장이 정하는 바에 의하여 무기의 관리실태를 매월 파악하여 다음 달 3일까지 관할경찰관서장에게 통보할 것.
⑥ 대여 받은 무기를 빼앗기거나 대여 받은 무기가 분실.도난 또는 훼손되는 등의 사고가 발생한 때에는 관할경찰관서장에게 사유를 지체 없이 통보할 것
⑦ 대여 받은 무기를 빼앗기거나 대여 받은 무기가 분실.도난 또는 훼손된 때에는 경찰청장 이 정하는 바에 의하여 그 전액을 배상할 것. 단, 전시 · 사변, 천재 · 지변 그 밖의 불기항력의 사유가 있다고 지방경찰청장이 인정한 때에는 그러하지 아니하다.
⑧ 시설주는 자체계획을 수립하여 보관하고 있는 무기를 매주 1회 이상 손질한다.
⑨ 시설주나 관리책임자는 고의 및 과실로 무기(부속품 포함)를 빼앗기거나 무기가 분실 · 도난 또는 훼손 되도록 한 특수경비원에 대하여 특수경비업자에게 교체 또는 징계 등의 조치를 요청할 수 있다. 이 경우 특수경비업자는 특별한 사유가 없는 한 이에 응하여야 한다.
⑩ 무기를 대여 받은 시설주 또는 관리책임자가 특수경비원에게 무기를 출납하고자 하는 때에는 다음 각 호의 관리수칙에 따라 무기를 관리하여야 한다.

⑪ 탄약의 출납은 소총에 있어서는 1정당 15발 이내, 권총에 있어서는 1정당 7발 이내로 하되, 생산된 날짜가 오래된 탄약을 우선적으로 출납할 것.
⑫ 무기를 지급받은 특수경비원은 무기를 매주 1회 이상 손질해야 한다.
⑬ 수리가 필요한 무기가 있는 때에는 그 목록과 무기장비운영카드를 첨부하여 관할경찰관서장에게 수리를 요청할 것.

❑ 특수경비원의 무기 관리수칙

① 무기를 지급 받거나 반납할 때 또는 무기의 인계인수를 하는 때에는 반드시 “앞에 총”의 자세에서 “검사 총”을 할 것
② 무기를 지급받은 때에는 별도의 지시가 없는 한 탄약은 무기로부터 분리하여 휴대 하여야 하며, 소총은 “우로 어깨걸어 총”의 자세를 유지하고, 권총은 “권총집에 넣어 총”의 자세를 유지할 것
③ 지급 받은 무기를 다른 사람에게 보관·휴대 또는 손질 시키지 아니할 것
④ 무기를 손질 또는 조작하는 때에는 총구를 반드시 공중으로 향하게 할 것
⑤ 무기를 반납하는 때에는 손질을 철저히 한 후 반납하도록 할 것
⑥ 근무시간 이후에는 무기를 시설주에게 반납하거나 교대근무자에게 인계할 것

❑ 특수경비원의 무기지급 금지 및 즉시 회수대상

① 형사사건으로 인하여 조사를 받고 있는 사람
② 사의를 표명한 사람
③ 정신질환자
④ 그 밖에 무기를 지급하기에 부적합 하다고 인정되는 사람
⑤ 시설주는 무기를 수송하는 때에는 출발하기 전에 관할경찰서장에게 그 사실을 통보하여야 하며, 통보를 받은 관할경찰서장은 1인 이상의 무장경찰관을 무기를 수송하는 자동차 등에 함께 타도록 하여야 한다.

❑ 특수경비원의 의무로서 다음과 같은 규정

① 특수경비원은 직무를 수행함에 있어 시설주·관할 경찰관서장 및 소속 상사

의 직무상 명령에 복종하여야 한다.

② 특수경비원은 소속 상사의 허가 또는 정당한 사유없이 경비구역을 벗어나서는 아니 된다.

③ 특수경비원은 파업 · 태업 그 밖에 경비업무의 정상적인 운영을 저해하는 일체의 쟁의행위를 하여서는 아니 된다.

④ 특수경비원이 무기를 휴대하고 경비업무를 수행하는 때에는 다음 각 호의 1에 정하는 무기의 안전사용수칙을 지켜야 한다.

1. 특수경비원은 사람을 향하여 권총 또는 소총을 발사하고자 하는 때에는 미리 구두 또는 공포탄에 의한 사격으로 상대방에게 경고하여야 한다. 다만, 다음 각목의 1에 해당하는 경우로서 부득이한 때에는 경고하지 아니할 수 있다.
   - 특수경비원을 급습하거나 타인의 생명 · 신체에 대한 중대한 위험을 야기하는 범행이 목전에 실행되고 있는 등 상황이 급박하여 경고할 시간적 여유가 없는 경우
   - 인질 · 간첩 또는 테러사건에 있어서 은밀히 작전을 수행하는 경우
2. 특수경비원은 무기를 사용하는 경우에 있어서 범죄와 무관한 다중의 생명 · 신체에 위해를 가할 우려가 있는 때에는 이를 사용하여서는 아니 된다. 다만, 무기를 사용하지 아니하고는 타인 또는 특수경비원의 생명 · 신체에 대한 중대한 위협을 방지할 수 없다고 인정되는 때에는 필요한 최소한의 범위 안에서 이를 사용할 수 있다.
3. 특수경비원은 총기 또는 폭발물을 가지고 대항하는 경우를 제외하고는 14세 미만의 자 또는 임산부에 대하여는 권총 또는 소총을 발사하여서는 아니된다. (경비업법 제15조)

- **벌칙**

'총포 · 도검 · 화약류 등 단속법'에서 분사기와 관련 된 법규 또는 명령을 위반하였을 경우 징역과 벌금 등으로 엄격히 통제하고 있다.

① 5년 이하의 징역 또는 1천만원 이하의 벌금

- 분사기 소지허가를 받지 않고 소지하는 경우

- 소지허가를 받은 사람이 소지허가를 받은 사람 외의 사람과 분사기를 양도, 양수하는 경우
- 다른 사람에게 분사기를 빌려주거나 빌리는 경우
- 허가관청이 재해의 예방 또는 공공안전을 위한 조치 등의 명령 또는 조치를 위반할 경우

② 3년 이하의 징역 또는 700만원 이하의 벌금

- 취급(제조 · 판매 · 수수 · 적재 · 운반 · 저장 · 소지 · 사용 · 폐기 등)의 금지 위반
- 분사기를 위장하거나 다른 물건과 혼합 포장하여 소지 · 저장 · 운반하거나 발송하는 경우
- 허가관청의 검사를 위반한 경우
- 거짓이나 그 밖의 옳지 못한 방법으로 허가를 받은 사람

③ 2년 이하의 징역 또는 500만원 이하의 벌금

- 모의 총포를 제조 · 판매 또는 소지한 자
- 분사기를 허가받은 용도가 아니거나 정당한 경우 외에 사용하는 자
- 소지허가를 받은 사람이 성능을 변경하기 위해 임의로 개조하는 자
- 발견 · 습득신고를 하지 아니한 자

④ 양벌규정

- 법인의 대표자나 법인 또는 개인의 대리인, 사용인, 그 밖의 종업원이 그 법인 개인의 업무에 관하여 이 법을 위반한 때에는 그 행위자를 벌하는 외에 그 법인 또는 개인에 대하여도 각 해당 조항의 벌금형으로 벌한다.

⑤ 300만원 이하의 과태료

- 분사기를 도난당하거나 잃어버린 때, 소유자 또는 관리자는 지체 없이 관할 경찰서에 신고하여야 하나 규정에 따른 신고를 하지 않거나 거짓신고를 한 자
- 분사기 소지허가를 받은 사람이 허가받은 용도 이외, 정당한 사유 이외의 경우로 분사기를 지니거나 운반한 자
- 허가증을 교부받은 사람이 그 허가가 취소된 때 또는 영업정지, 사용정지 처분을 받은 때에는 행정자치부령이 정하는 바에 따라 허가증을 허가관청에 지체 없이 반납하여야 하나 이를 위반한 자

- 허가증을 교부받은 사람이 그 허가증 기재사항에 관해 변경이 있는 때는 허가관청에 지체 없이 신고하여야 하나 이를 위반한 자
- 분사기를 소지하는 사람이 공공의 안전유지를 위하여 총포 등의 운반 및 nl급 등과 관련, 행정자치부령이 정하는 사항을 미준수한 자[21)]

4) 경찰관의 무기사용 규정

경찰관의 무기사용은 경찰공무원법 제20조 제2항에 의하여 무기의 휴대를 인정받고 있을 뿐만 아니라, 본 조항에 의하여 그 사용에까지도 인정받고 있는 것이다. 무기를 사용할 수 있는 공무원의 범위는 경찰관 이외에도 있으나 그 근거법령 중 그 허용요건이 명시되어 있는 것은 경찰관직무집행법 뿐이다.

경찰관직무집행법은 경찰관의 무기사용의 범위와 한계를 규정함경찰관직무집행법 제11조는 경찰관이 무기를 사용하는 경우 그 요건 및 한계를 규정한 규정으로 행정 및 사법상의 목적을 달성하기 위한 실력행사의 수단으로서 최강의 실력을 지닌 무기를 사용하는 경우를 예상하고 있다. 이는 경찰관에 의한 실력행사의 최종수단이며 가장 극렬 · 강력한 치안질서유지의 최후수단의 발동으로서 필요악으로서의 성격을 지닌 직권인 것이다.

경찰관직무집행법은 경찰관의 무기사용의 범위와 한계를 규정함으로서 형법 제20조의 정당행위를 사실상 제한하고는 있지만 다른 규정들은 그러한 요건을 구비하고 있지 못한 것이 사실이므로 본법은 엄격한 제한요건으로서 경찰관의 무기사용권을 창설한 것이라기보다는 사용의 기준을 설정한 것이며 무기사용의 한계에 관한 법리가 적용된다고 할 것이다.

(1) 경찰관직무집행법 제11조상의 무기 개념

우리나라 형법에서는 주로 흉기 또는 위험한 물건이라는 것으로 무기를 표현하기도 하는데, 무기란 사람을 살상하는 성능을 가진 기구로서 주로 사람을 살상하는 용도에 공할 목적으로 제작된 것을 말하며, 사람을 살상 또는 손괴하는 성

21) 사단법인 한국경비협회, 「일반경비」, 2010. pp.269~271.

능을 가진 흉기 중 특히 사람을 살상할 목적으로 제작된 것을 말한다. 사람뿐만 이 아니라 짐승을 살상할 목적으로 제작된 것도 무기라 하는데, 이는 군에서의 사용을 목적으로 한 병기와도 구별되는 개념이다.

통상의 무기로는 권총·소총·칼·창 등을 들 수 있으나 본조에서 말하는 무기는 경찰관의 무기사용에 관한 것이므로 주로 우리나라 경찰관이 소지하고 있는 무기를 말한다.

(2) 무기사용의 요건

① 위해를 수반하지 않는 경우.

위해를 수반하지 않는 경우로는 크게 네 가지를 들 수 있다. 그것은 경찰관직무집행법 제11조상에 명시되어 있는 ㉮ 범인의 체포·도주의 방지를 위한 경우, ㉯ 자기 또는 타인의 생명·신체에 대한 방호를 위한 경우, ㉰ 공무집행에 대한 항거를 억제하기 위하여 필요한 경우, ㉱ 무기의 사용이 필요하다고 인정되는 상당한 이유가 있는 경우 등이다. 여기서의 범인, 공무집행 등의 의미는 형법상에서 인정되는 의미를 뜻하며, 그 사용의 정도는 사람에게 위해를 주지 않는 범위내에서야 한다. 이 법에서의 무기사용의 의미에 대하여 인명의 살상이라고 해석할 수도 있을 것이나 본조 후단에 있는 사람에게 위해를 주는 것이 허용되는 요건을 따로 규정하고 있으므로, 여기서의 사용의 의미는 사람에게 위해를 주지 아니하는 범위내로 국한하는 것이 옳은 해석방법일 것이라 생각된다.

② 위해를 수반하는 경우.

위해를 수반하는 경우로는 ㉮ 정당방위의 경우(형법 제21조), ㉯ 긴급피난의 경우(형법 제22조), ㉰ 중범인의 체포와 이를 위한 경찰관의 직무집행에 해당한 때, ㉱ 영장집행(수색영장 포함)의 경우, ㉲ 위험한 무기소지 범인의 경우, ㉳ 대간첩작전을 수행하는 경우, ㉴ 무기를 사용하지 아니하고는 다른 수단이 없는 경우 등이다.

(3) 무기사용의 한계

전술한 무기사용의 요건에 해당하는 경우 무기를 사용할 수 있으나 그것은 어디까지나 그 사태를 합리적으로 판단하여 필요한 한도 내에서만 가능하다. 또한 무기를 사용하지 않고서는 다른 수단이 없는 최악의 경우에 무기를 사용할 수 있을 뿐이다.(본조 후단)

본조에서 규정하고 있는 각각의 개념들은 하나의 예시개념이라기 보다는 어느 정도 구체적인 개념인 것일 것이다. 그러한 측면에서 볼 때 우리나라에서의 경찰관의 무기사용은 상당히 엄격하고 명확하게 법에 규정되어 있다고 할 수도 있을 것이다. 또한 총기를 사용할 수 있는 상황이라 하더라도 되도록 총기보다는 경찰관직무집행법 제10조(장구의 사용) 내지 제10조의 2(최루탄의 사용)을 고려하여야 할 것이다. 그리고 어떠한 상황에서든 그러한 판단의 요소가 되는 범죄의 종류, 죄질, 태양, 범인의 태도 및 동태, 제3자의 응원유무, 시간과 장소, 위해의 급박성 정도, 피해법익의 경중, 저항의 강약, 상대방과 경찰관의 수, 사용무기의 종류, 사용의 태양 등을 비롯하여 상대방과 경찰관 및 주변의 상황 등 모든 사정이 총합적으로 고려되어야 한다.

(4) 범인검거 5대 안전수칙

① 2인 1조, 권총 들고, 현장 임장

② 총구 공중, 사주 경계, 범인대항

③ 범인과 3m, 투기 · 투항명령, 공포발사

④ 기선제압, 범행포기, 항거불능 조치

⑤ 1명은 경계, 1명은 몸수색 후, 검거연행

'위해당할 우려가 있는 범죄현장에서는 반드시 먼저 총기로 경계태세를 갖추고 범인 검거에 임해야 경찰관 자신의 안전을 지킬 수 있고, 범인과 3m정도 안전거리에서 범인을 제압, 항거 불능케 한 후에 총기소지 여부 확인 후 범인을 검거한다'는 기본 원칙을 준수하여야 한다.[22)]

---

22) http://kin.naver.com/qna/detail.nhn?d1id=11&dirId=110501&docId=48262541&qb=7Zl47Iug66y06riw7IKs7

Jqp6rSA66Co67KV6rec&enc=utf8&section=kin&rank=1&search_sort=0&spq=0&pid=gylRDF5Y7thsscgD4tossc--078848&sid=TyV5lvFeJU8AADjYFRA(검색 : 2012.02,01)

참고문헌

1. 단행본

경찰공제회,「일반경비」, 일반경비교재, 2011.
고성혜 외,「청소년 문제행동의 이해」, 서울특별시 자녀안심운동서울협의회, 2000.
권봉안 · 정순광, “청소년 수련원의 실태조사를 통한 안전교육 필요성의 고찰”, 「청소년 안전교육 실천방법모색」, 201년도 하계학술세미나, 2001.
김두현 · 김상철,「생활과 안전」, 도서출판 동화기술, 2003.
김수근 · 정동혁,「사이버시대의 건강관리」, 대경출판사, 2001.
김용국,「현대인의 건강과 스포츠」, 한올출판사, 2002.
김용수 · 김창은 · 심종칠,『안전공학론』, 한올출판사, 1998.
김천수,「성희롱예방과 대책」, (주)중앙경제, 2002.
박영규,「성폭력 예방, 처벌의 법률지식」, 청림출판, 1998.
박경식. ‘스토킹 : 새롭게 인식되는 범죄행위’, 경찰대학교 논문집 제19집.1999.
서진석,「현대사회와 안전」, 무형출판사, 2004.
신정호 외,「인간과 행동」, 연세대학교출판부, 1997.
신동운,「형법총론」, 법문사, 2001.
오영근,「형법총론」, 대명출판사, 2002.
이경순 외,「정신건강간호학」, 현문사, 2000.
이상원,「범죄예방론」, 대명출판사, 2005.
이소우 외,「정신간호총론(제3판)」, 수문사, 1994.
이시형 외,「현대사회와 스토킹」, 삼성생명 사회정신건강연구소, 1998.
이원숙,「성폭력과 상담」, 학지사, 2003.
이윤군,「민간경비론」, 엑스퍼트, 2004, p.251, 재인용.
이윤희, ‘성폭력의 사회적 통념과 피해영향에 관한 연구’, 인천대학교, 2001.
박영규 · 서광호,「성범죄예방 · 처벌의 법률지식」, 청림출판사, 1998.
전대양,「현대사회와 범죄」, 형설출판사, 2002.

최선우, 「민간경비론」, 도서출판 진영사, 2008,
최인범 · 정용승, 「안전교육」, 도서출판 21세기교육사, 1997.
청소년폭력예방재단 편저, 「학교폭력 고통받는 아이들을 위해 무엇을 할 것인가?」, 한울림, 1996.
청소년폭력예방재단, 「폭력은 싫어요: 학교폭력의 예방과 지도」, 1996.
충남청소년종합상담실, 「청소년과 폭력」, 1994.
한국성폭력상담소, 「성폭력 해결을 위한 진단과 전망」, 1994.
한국청소년개발원, 「청소년인권보고서」, 인간과복지, 1997.
현송자, 백승국, 「운동과 건강」, 동아대학교 출판부, 1998.
Mullen, Pathé, Purcell, Stalkers and Their Victims, 2000.
Lamplugh, D., Infield, P., "Harmonising Anti-stalking Laws", George Washington International Law Review 2003.

2. 논문 · 보고서

강대형 · 이태원, "수사경찰의 의식에 관한 연구", 한국형사정책 연구원, 1991.
강선미 외, "천황제 국가와 성폭력", 『한국여성학』 제9집, 한국여성학회, 1993.
경찰대학, 「경찰경비론」, 1998.
공미혜, "가족주의와 가부장적 테러리즘으로서의 아내구타", 한국사회학회, 1997.
김성언, "나이와 범죄", 『형사정책연구소식』, 한국형사정책연구원, 1990.
김성천, "한국에서 성차별적 가족문제에 대한 페미니스트 가족치료의 수용가능성에 관한 연구", 중앙대학교 사회복지학과 박사학위논문, 1992.
김성천, "신용카드의 소비자문제와 법제개선방안" 한국소비자보호원. 2000.
김윤수, "지역사회 범죄예방활동과 민간경비의 역할에 관한 연구", 용인대학교 경영대학원 석사학위논문, 2001.
김준호 외, "청소년 범죄피해에 대한 연구", 한국형사정책연구원, 1991.
김준호, 김선애, "한국인의 폭력에 대한 태도 연구", 한국형사정책연구원, 1992.
김준호, 노성호, 곽대경, "한국의 청소년 비행집단에 관한 연구", 한국형사정책연구원, 1992.
김철주, "아파트 단지 범죄에 관한연구", 건국대학교, 2000.

문영호 외, "조직폭력의 실태와 대책", 한국형사정책연구원, 1993.
박병식, "침입범죄와 주거안전", 한국안전교육학회지 제1권 제1호. 2000.
박선숙, "한국여성의 성역할 특성과 우울 및 불안의 관계에 대한 연구", 이화여자대학교석사학위논문, 1988.
박철현 · 이상용 · 진수명, "스토킹의 실태와 대책에 관한 연구", 한국형사정책연구원, 2000.
신성자, "직장에서 발생하는 성적 성가심의 유형, 부정적 영향, 그리고 피해여성의 개인적 상황적 특성에 관한 연구", 『사회과학연구』 제5집, 경남대학교 사회과학연구소, 1993.
심영희 외, "성폭력의 실태 및 대책에 관한 연구", 한국형사정책연구원, 1990.
심영희, "몸의 권리와 성 관련법의 개선안 : 권력과 성의 관계를 중심으로", 『한국여성학』 제11집, 한국여성학회, 1995.
송광성 외, "정학/퇴학 청소년 선도방안", 한국청소년연구원, 1992.
송철호, 대규모행사 시 안전관리 작성 방법, 서울특별시 시민안전대책 워크샵, 2001.
이건호 · 김은경 · 황지태, "스토킹 피해실태와 입법쟁점에 관한 연구", 형사정책연구원, 2002.
이건호, "스토킹행위에 대한 형사법적 대응과 그 한계", 형사정책 제16권 제2호, 2004.
이영란, "성폭력범죄의처벌및피해자보호등에관한법률", 수사연구, 1994.
이명선, "강간에 대한 여성학적 접근", 이화여자대학교 석사학위 논문, 1989.
이영자, "성일탈과 여성", 『한국여성학』 제5집, 한국여성학회, 1989.
이민희 외, "청소년폭력 대책 모델 개발", 한국청소년개발원, 1998.
이호준, "성범죄의 대처방안에 관한 연구", 한양대학교 석사학위논문, 1993.
전겸구, "스트레스 시대에 건강하게 사는 법(건강박람회강의안)", 대구대학교 재활심리학과, 2000.
전명기, "청소년 문제행동의 이해", 자녀안심운동 서울협의회 연구보고서, 2000.
조구이, "성폭력의 실태 및 대책에 관한 연구", 영남대학교 행정대학원 석사학위논문, 1992.
청소년폭력예방재단, "청소년 폭력실태와 예방대책에 관한 한/일 국제세미나", 1996.

최윤진 외, "소년교정기관에서의 상과 벌: 비행청소년 교정프로그램의 실태와 개선방안 연구", 한국청소년개발원, 1994.

최인섭 · 전영실, "강간범죄의 실태에 관한 연구", 한국형사정책연구원, 1992.

최환영, "아파트 형태에 따른 범죄유형과 범죄예방 방법모색", 경북대학교, 2006.

황선영, "GIS 활용한 범죄의 공간패턴 분석 - 주거침입절도를 사례로", 경희대학교, 2001.

허경미, "노인의 범죄피해 특징 및 대책에 관한 연구", 한국공안행정학회지 제17호, 2004.

3. 기타

경찰청 통계 연보(1995-1999)「범죄분석」

행정안전부 국민안전처, 재난포털사이트

한국성폭력상담소(1991-1997),『나눔터』,1991년 7월 창간호-1997년 6월 제22호

법무연수원, 범죄백서, 2006.

보건복지부 운영 건강길라잡이(http://healthguide.kihasa.re.kr)

대한심신산부인학회(http://www.simsin.org/index.asp)

건강매거진(http://healthguide.kihasa.re.kr)

소방방재청, 공연 · 행사장 안전매뉴얼, 2007

외교부, 해외안전여행, http://www.0404.go.kr

http://blog.etnews.co.kr/seipy/117629

http://cafe.naver.com/presidentt.cafe

http://cafe220.daum.net/_c21_/bbs_search

http://deungdae.hihome.com/jetech-26.htm

http://drchoi.pe.kr/STRES2.htm

http://economyplus.chosun.com/special/special_view3

http://hoff.hihome.com/effect/physical7.htm

http://ikismain.ikis.re.kr/search

http://ikc.korea.ac.kr/~bmkang/britanica_murder.htm

http://joynews.inews24.com/php/news_view

http://k.daum.net/qna/view.html

http://kuic.kyonggi.ac.kr/~yhlee/crime-3.html
http://movsvr.sportal.or.kr/jidoja/html/2_climb_c_06.html
http://news.media.daum.net/politics/administration/200708/30/govpress
http://newsmaker.khan.co.kr/khnm.html
http://wellbeing4u.snu.ac.kr/html/stress
http://www.ad119.go.kr
http://www.ddorang.com/board/jobpds_view
http://www.e-payworld.com/cgi-bin/read.cgi
http://www.emergency.or.kr/sens/html/emer01_02.htm
http://www.gunbuk.ms.kr/edus/edus_22.htm
http://www.hani.co.kr/arti/society.
http://www/medcity.com/julbyung/faq/stresslink.html
http://www.mojra.or.kr/thesis/upload_files
http://www.police.go.kr.
http://moa21.co.kr/www/index.html
http://love.yeungjin.ac.kr/~nursing/cgi-bin/free2/free5/files....
http://www.kams.or.kr/db/su240.hwp
http://www.lawpia.pe.kr/build/board.
http://med.yu.ac.kr/college/html_backup/story02_04_215.html
http://www.hallym.ac.kr/~neuro/mind/5스트레.html
http://www.healthpro.or.kr/health/viewC
http://www.pion-tech.com/knowledge/stress.
http://www.safety.go.kr/community/html/community05
http://user.chollian.net/ ~ gos5410/cf1.htm
http://www.0404.go.kr/safety/danger
http://blog.naver.com/yhkcool/70010998869
http://hosp.ajoumc.or.kr/emc/program/aid_read.asp?c_idx=358
세계일보, 2001. 4. 23.
동아일보, 1993. 11. 27
시니어저널, 2000.07.24.
중앙일보, 헬스케어, 2002. 10. 5.

저자소개

❑ 정 준 식 (경호안전학박사)

• 학 력

- 서울스포츠대학원대학교 경호학 석사
- 경기대학교 일반대학원 경호안전학 박사
- 용인대학교 무도대학 용무도지도자과정 수료
- 한세대학교 사회교육원 탐정(민간조사)과정 수료

• 자 격

- 전기기기 기사 1급
- 전력기술 감리원자격증
- 전력기술인 자격증
- 위험물안전관리사 자격증
- 방화관리자 2급자격증
- 스포츠마사지 1급자격증
- 운동처방 1급자격증
- 민간조사원 자격증(FPI탐정)

• 경 력

- 활동학회: 한국테러학회, 한국융합보안학회, 경호경비학회, 한국치안행정학회 외
- 대전광역시 합기도협회, 대전광역시 공수도연맹, 대전광역시 용무도협회 회원
- 주식회사 이지스경호 대표이사
- 경비지도사 출제 및 검증위원(기계경비)
- 수도방위 사령부 생물테러 특강
- 경운대학교 평생교육원 교육강사(특수경비원, 경비지도사, 일반경비원)
- 사단법인 한국경비협회(대전,충남) 교육강사

- 경호무술원 원장
- 한국SS경호협회 회장

• 저서, 논문

- 생물테러 대응방안에 관한 연구(석사학위 논문)
- 해외한국인 인질납치 사건을 통한 인간안보 위협요인(박사학위 논문)
- 한국인 해외인질납치테러 실상 및 대응방안
- 해외 한국인의 납치사건 문제점과 대응방안
- 한국인 해외인질납치테러 대응방안
- 생물테러
- 호신술교본
- 탐정학
- 현대사회와 생활안전
- 경호호신술
- 보안장비활용의 이해
- 스마트 보안장비 기술과 활용
- 스마트 보안장비 및 실무
- 스마트 보안상비 이론 및 기술

❑ 강영숙 (경호학박사)

• 학 력

- 건국대학교 대학원 졸업 후
- 중부대학교 안전경호학과 졸업(경호학전공)
- 용인대학교 일반대학원 경호전공
- 용인대학교 대학원 경호학 박사졸업

• 경 력

- 검도4단, 합기도3단
- 여성부 사이버멘토링 대표멘토(2008,여성부장관 위촉)
- 여성인재 데이터베이스 등록
- 활동학회:한국테러학회, 한국경호경비학회, 한국치안행정학회, 한국경찰연구학회 外
- 경비지도사(일반경비, 기계경비)
- 경비협회(대전충남지부) 교육강사
- 용인대학교, 중부대학교, 우석대학교 경호학과 외래교수
- 중앙경찰학교 외래강사
- 경운대학교 경호학부 연구교수
- 경운대학교 경호학부 외래교수

• 저서, 논문

(논문)

- 한국의 공인탐정제도 도입에 관한 연구
- 미국의 탐정제도에 관한 연구
- 일본의 탐정제도에 관한 연구
- 한국인의 해외 인질납치테러에 관한 연구
- 일본 탐정업계의 운용현황과 문제점 분석
- 극단주의 이슬람 테러조직 IS(Islamic State) 위험 실태 外 다수

(저서)

- 테러의 이해
- 생물테러
- 테러리즘의 이해
- 프로탐정의 테크닉
- 안전관리학
- 탐정학

- 테러학
- 스마트 보안 이론 및 기술
- 스마트 보안 장비 및 실무
- 탐정학(민간조사)개론
- 탐정(민간조사)실무 外 다수

❑ 김 재 호(체육학박사)

• 학 력

- 용인대학교 유도학과 졸업
- 서울스포츠대학원 경호학과 석사 졸업
- 서남대학교 대학원 박사졸업

• 경 력

- 서울시 유도회 섭외이사 활동
- 대한유도회 지도위원 활동
- 서울시 용무도협회 경기이사
- 서울시유도회 경기이사활동
- 경찰대학교 무도연구위원활동
- 대한 용무도협회 경기진행부장
- 장애인 유도협회 경기이사활동
- 서울시체육회 전임지도자
- 금천경찰서 무도지도사범
- 대한유도회 생활체육위원장
- 터키입사국제대회 전임코치역임
- 고려대학교, 용인대학교, 중부대학교 외래교수
- 경운대학교 경호학부 조교수 外 다수

- **자격, 수상**
  - 유도 생활체육 3급 자격증 취득
  - 체육 실기교사 자격증 취득
  - 용무도 6단, 유도 6단
  - 유도 1급 지도사범 취득
  - 용무도 1급 지도자자격증 취득
  - 유도 1급 심판자격증 취득
  - 장애인유도 1급 심판자격 취득
  - 용무도 1급 심판자격증 취득
  - 유도 본(KAKT) 국제심판자격증 취득
  - 경기지도자자격증 (유도 2급)
  - 문화체육관광부장관 표창장 수상(2016)
  - 충북도지사 표창장(2016))
  - 서울특별시장 표창장 수상(2016) 外 다수

- **논문, 저서**
  - 경호원의 무도수련형태가 신체조성과 심폐기능에 미치는 영향
  - 유 · 무산소 복합운동이 비만청소년의 스트레스 및 비만관련 호르몬에 미치는 영향
  - 경호 호신술 外 다수

□ 함 우 형(안전학박사)

• 학 력

- 용인대학교 졸업
- 상지대학교 일반대학원 졸업(체육학 석사)
- 경운대학교 일반대학원 경호학부 박사과정 졸업(안전학 박사)

• 경 력

- 대한유도회 생활체육 분과 부위원장
- 서울시 생활체육 유도연맹 전무이사
- KBS스포츠예술과학원 외래교수
- 경운대학교 경호학부 외래교수